养一只神气猫

猫咪养护及猫行为
完全指南

[美] 杰克森·盖勒克西 著
Jackson Galaxy

向丽娟 译

弹簧小姐王佳妮 审校

U0217688

TOTAL
CAT
MOJO

电子工业出版社
Publishing House of Electronics Industry
北京 • BEIJING

版权贸易合同登记号　图字：01-2021-5106

图书在版编目（CIP）数据

养一只神气猫：猫咪养护及猫行为完全指南 /（美）杰克森·盖勒克西（Jackson Galaxy）著；向丽娟译. —北京：电子工业出版社，2022.3

书名原文：Total Cat Mojo——The Ultimate Guide to Life with Your Cat

ISBN 978-7-121-42421-2

Ⅰ. ①养… Ⅱ. ①杰… ②向… Ⅲ. ①猫—驯养—指南 Ⅳ. ① S829.3-62

中国版本图书馆 CIP 数据核字（2021）第 240040 号

责任编辑：周　林　　　　　　　特约编辑：濮逸雨
印　　刷：天津千鹤文化传播有限公司
装　　订：天津千鹤文化传播有限公司
出版发行：电子工业出版社
　　　　　北京市海淀区万寿路 173 信箱　　邮编：100036
开　　本：787×1 092　1/16　　印张：23　　字数：309 千字
版　　次：2022 年 3 月第 1 版
印　　次：2025 年 4 月第 15 次印刷
定　　价：118.00 元

凡所购买电子工业出版社图书有缺损问题，请向购买书店调换。若书店售缺，请与本社发行部联系，联系及邮购电话：(010) 88254888，88258888。

质量投诉请发邮件至 zlts@phei.com.cn，盗版侵权举报请发邮件至 dbqq@phei.com.cn。

本书咨询联系方式：25305573（QQ）。

献给巴里①：

　　你是师者、喜剧天才、疗伤师，你善解人意，但从不按规矩出牌。

　　你用整个猫生与万物为友。

　　我爱你、想你，这种感情没有语言能够描述。

　　希望来世还能和你共度。

① 译注：巴里是杰克森·盖勒克西的妻子米诺的爱猫，它见证了两人从相识到走入婚姻殿堂的全过程，但在 10 岁时不幸患上癌症。巴里去世后，盖勒克西夫妇成立了"杰克森·盖勒克西基金会"，主要为患甲状腺功能亢进的猫提供资金支持，帮助它们获得有效但也很昂贵的放射性碘治疗。（本书译者：向丽娟 杨春华）

前言:什么是神气猫①

有一年,我在拉丁美洲做巡回演讲。在此之前,在马来西亚和印度尼西亚等地,我已经习惯了与翻译合作,通过同声传译进行演讲。同声传译可真是一种意想不到的绝佳体验,观众戴着耳机,紧跟你的节奏——发出笑声、惊叹声、掌声(但愿会有掌声),这些反应只比听得懂英语的观众迟几秒钟。而从整个演讲效果来看,这点延迟完全不是问题。

但有时候演讲人和翻译没衔接好——我的一整段内容都讲完了他才开口。这种情况往往让我头疼得要命,近乎崩溃。翻译也不容易,我的翻译如影随形地站在我身边,一边小心躲开我的手舞足蹈,一边还要迅速翻译出我激昂的、意识流风格的演讲。但我讲得兴奋了,就会忘记我还有个"影子",也就顾及不了他的需要。有些翻译转换不同的语言得心应手,他们能让我讲完一个完整的段落,才轻轻拍拍我的肩膀,或者给我提示性的一瞥,然后飞快地翻译给听众,毫不拖泥带水,一点儿不损失原话中的激情。

① 译注:"神气猫"的英文为"Cat Mojo",作者创造这个词是为了展现猫在自己领地里自然流露出的自信而轻松的状态,当猫缺乏或失去"Mojo"时,就会出现争抢领地、四处大小便等问题。经作者认可,这里将"Mojo"译为"神气"。

一次，我在布宜诺斯艾利斯演讲，下面坐满了热情的观众。这个夜晚，我新换了名翻译——一名双语新闻主播。我和我的翻译"舞伴"肯定不是绝配——在整场翻译的"舞池"里，不是我踩了她的裙子，就是她踩了我的脚趾。

演讲时，除了即兴发挥，我总少不了把神气猫（Cat Mojo）这个概念介绍一下。这是我一整场演讲的灵魂。那天晚上，介绍的部分至关重要。我一口气讲完了神气猫是什么样子——厚着脸皮学猫梳毛，比画猫尾巴和猫耳朵怎么动，还用自信的猫的步态走了一圈。我用一句问句把演讲推向了高潮："听众朋友们，我们把这些叫作什么呢？我们把这叫作'Cat Mojo'，你们的猫都有……Cat Mojo！"我故意拉长腔调，让这句话在礼堂中久久回荡。这句话的确回荡得够久，不过，这充满戏剧性的停顿最后变成了一段尴尬的沉默。我对我的翻译示意了一下。她一言不发，眼神里有掩不住的慌张。

她把新闻播报员干练明快的身段放在一边，靠过来小声地问："什么是Mojo？"我回答（事后回想起来声音可能有点大）："什么？什么是Mojo？你不知道Mojo是什么意思吗？"我们在台上对话，随着每句话传来的空洞的回响，我想我正在失去对观众注意力的掌控。于是我转向观众，想要寻求肯定的回答，但同时一丝担忧也慢慢涌上我的心头。我用街头卖艺的吆喝声问道："我说，朋友们，你们都知道什么是Mojo，对吧？比如'你运气好得很哦！''你运势好旺哦！'里面的那种范儿。咱们有多少人听明白了？"

场下静得能听见蟋蟀叫。之前担忧的感觉已经变成一个让我汗流浃背的噩梦经历。我12岁的时候，有一次在基督教青年会才艺表演里把吉他弹断了一根弦，从那以后，我还是第一次在观众面前卡壳。我想不出任何救场的办法。

2002 年,我坐在科罗拉多州波尔得市的临时办公桌前;所谓办公桌,就是两个锯木架上放一大块胶合板。当时我灵机一动,想把我关于猫咪的知识提炼成宣言一类的东西。好吧,不是灵机一动,而是被一股动力推了一把。独立做了几年动物行为咨询后,我一直竭尽全力想把我脑子里这座猫类知识的金矿提炼成含金量极高、易于理解的信息,以便我的客户在了解自家猫咪时能更好地学以致用。今天,这个需求依然存在,但那时解决起来要更困难一些。那时,人们认为猫的行为不可捉摸——远远超出人类行为和经验领域的范畴,以至于在处理人猫关系时人们无从着手,于是人们干脆不再去费这个心。我决心找到一个入手点。

寻找这个入手点可一点也不轻松。记得吗? 我在动物收容所工作了 10 年,我的感情投入相当大。在收容所里有太多的猫——每年数百万只——被杀死。现在这种情况也没变好。我一次又一次地看到,因为无效的沟通,使得猫和主人之间产生了一道难以逾越的鸿沟,导致一段又一段脆弱易碎的感情以破裂告终。其罪魁祸首就是猫行为的"神秘感"——它们天性不可捉摸,而人类有着一种天真的自尊,他们认为,和猫沟通就像操作自动售货机一样简单——我投入硬币,你就得把我要的泡泡糖给我。结果猫的躲闪不定成了一种轻辱,受挫后的人们选择把猫交回收容所,甚至直接赶出家门。我想要试一试,至少在这道鸿沟上搭座小桥,让人们和猫能有安心接触的可能,然后再对这座桥进行加固,让两边的关系不至于破裂。

最初我和我的学生及客户建立的入手点是"原初猫"的概念——从进化学而言,睡在你腿上的猫和猫的祖先几乎一模一样(第一章中将有详细介绍)。原初猫代表着猫在走遍天下时影响其行为的内在驱动力:捕猎的需求、对自己处在食物链中层的认知,以及占有并保护领地的需求。

　　我因而认为，让我的猫客户们头疼的大多数问题甚至所有问题（未确诊的身体问题除外）都能归因于领地焦虑。原初猫在大多数时候都是泰然自若的样子，可一旦领地安全遭到威胁，它们就会一反常态地尖叫起来。这种威胁究竟是真实的还是错觉并不重要。事实上，只要它们感觉自己受到威胁，必定会有所反应。所以，仅对因领地受到威胁所引发的各种棘手症状进行处理是不够的。我们应该给猫创造非焦虑的环境，让猫性格中原初猫的部分冷静下来，直到它认为自己处于掌控地位，最终消除焦虑。

　　再回到我的临时办公桌上：那时已经很晚了，我在挥之不去的困意中硬撑着。不管我愿不愿意，睡魔都会将我压倒。冒着睡着以后脸部朝下砸中键盘的风险，我打着字，发现自己进入了"僵尸模式"，我回过头检查一遍，把写下来的东西几乎全部删掉，然后重新开始。

　　我差点就昏睡过去了，于是我站起来，专注于想象自信的猫应该是什么样子，而不再去想如何解释自信。我在办公室里走来走去，最后确定"猫昂首阔步就是自信的样子"：尾巴高翘着，就像一个反过来的问号的形状，双耳放松，瞳孔没有放大，胡须既不怒张，也没耷拉着；猫长时间地、深深地感到身边世界的安宁，它眼前没有威胁，"战斗或逃跑"机制未被触发，不需要武器或雷达，不用将猫科动物警报系统设定为一级战备状态，不用打开那个有"红色按钮的盒子"。这种昂首阔步不是矫揉造作，猫不会特地摆出这个样子来给大家看。换句话说，这种步态的起因并非是骄傲自大，而是自信，而这种自信的来源，是深知自己在这个世界上拥有一定的地位。在这种情况下，它们可以无忧无虑地度过一天，不用担心忽然失去自己拥有的东西，比如被人把脚下的毯子突然抽走。这种本能根深蒂固，已经远非医学能解释。这是远古猫和现代猫在历史长河中传递着的感应，是一种"量子交流"。我在寻找的入手点和我希望人类能理解的就是这一点，即当猫展示出这种行为时，是因为它们感受到了自己领地的安全，是一种最纯粹的自信。

我认为，如果宠物抚养人能辨识并理解这种和自信有关的状态，他们的猫就不会老是"闯祸"了。抚养人往往气愤地抱怨自己的猫又闯祸了，比如有攻击行为或到处乱撒尿。当我在办公室里踱来踱去，试着用人的肢体模仿这种昂首阔步——这趾高气扬的猫步时，我的嘴巴里不由自主地蹦出来了我的音乐英雄穆迪·沃特斯（Muddy Waters）那句激情四射的副歌："我感觉好得仿佛走上了人生巅峰！"

入手点出现了，我得把它抓住不放。我必须把自己叫醒，我往脸上泼水，我拍打我的后脖颈儿……这是我一个高中同学教我在课堂上保持清醒的办法。我甚至走出公寓，步入科罗拉多冬天的深夜，除睡袍外什么都没穿。这样做部分是为了保持这一身"神气"的完整性（这一灵感），部分是为了让我更深地感知这一时刻，因为我确信我将永远不会忘记这一时刻。确实如此，今天，我可以毫不夸张地说，我为了帮助猫而进行的工作全都建立在人类能够理解神气猫的基础上。

现在，我们回到布宜诺斯艾利斯，回到听得见蟋蟀叫和我汗流浃背的那一刻。我在舞台上，对观众提了一个简单的问题："这里有多少人知道'Mojo'这个词是什么意思？"500个人里，大概有2～3个人举起了手。我把我的事业建立在了一个人家听不懂、更没听说过的词上。

由于语言上的障碍（实际上，当时我几乎慌得说不出话，不管是英语还是其他任何语言），我没其他办法，只能用身体来演示。我被迫回到了在波尔得市的那个晚上，被迫去寻找、重现那个入手点。我既要让观众能看懂，还要翻译能译得出来。我心慌意乱，能想得起来的只有《周末夜狂热》

（*Saturday Night Fever*）这部电影。

我没时间来考虑这个选择是不是明智，甚至会不会太过糟糕……我就这样开始了，根据我十几岁时留下的记忆，再现出这部电影的开场画面：

比吉斯（Bee Gees）乐队的"活力无限"（Stayin' Alive）响了起来。摄影机对着布鲁克林的人行道，镜头慢慢从"酷毙了"的 20 世纪 70 年代风格的皮鞋开始，慢慢朝上摇，到招摇的喇叭裤的宽裤脚，到皮带，再到纽扣开到胸口的丝衬衫，再往上，演员约翰·特拉沃尔塔（在电影里出演托尼·马内罗）精彩亮相。他一手提着一罐油漆，另一手拿着一片比萨。从他的鞋到他一丝不苟的发型，我们可以感受到趾高气扬的定义。穆迪·沃特斯一定也在蓝调的天堂中激动地点头肯定——托尼·马内罗正走在人生的巅峰。

我顿了一下，对观众的反应进行评估。我的翻译语速越来越快，语气越来越活泼，观众席中传来一阵阵会心的笑声，我知道他们开始懂了。于是我开始模仿托尼走路。

托尼心里明白着呢！他意气风发，不需要任何东西来定义自己的地位。他天生如此。女孩们都想和他在一起，男孩们都想成为他。最重要的是，托尼知道他拥有布鲁克林，至少是布鲁克林的这几个街区。这都不用解释，一看他走起路来趾高气扬的样子就明白。托尼的步态不是为了显摆，不是为了借此证明他的地位。他内心有稳固的归属感，对人生有充分的把握，所以才有这样的外在表现。他的嘴角往下滴着比萨酱，手上提着油漆罐，表明他没什么地位；他一路上对着各种美女献媚，却每次都遭到拒绝，但这一切都不重要。

我在宽阔的舞台上来回学着托尼走了好几圈，把我给走累了。我双手挂着膝盖，抬起头来，看到观众兴奋地低声交谈，边说边点头，这情景告诉我：

救场成功了！这个由于语言障碍导致的事故让我受惊不小，最后却变成了一次天赐良机。在布宜诺斯艾利斯的这个晚上，"神气猫"这个概念真正成熟了。不仅仅因为我用一种我从没想到过的方式进行描述，还因为现在我能冲破文化差异的屏障，对所有人展示什么是神气（Mojo），这种神气和猫的神气是一回事。

从波尔得市的深夜顿悟到17年后布宜诺斯艾利斯的晚会，再到每一次现场表演、每一次家庭上门咨询、每一堂我教的课、每一集《家有恶猫》——都通往了同一个终点，成就了这本书：《养一只神气猫：猫咪养护及猫行为完全指南》。这些年来，我的主业实际上并不是解决猫的问题，而是教你如何寻找、培养和延续这样的神气。我在这里说的是你的神气还是你的猫的神气？这个嘛，当然是你们双方喽。因为如果你能每天得意得快要飞起来，让你的猫也发自内心地感到快乐就容易多了。如果你的猫能幸福快乐，就足以让所有人脸上露出羡慕的微笑……甚至是托尼·马内罗。

目录 *Contents*

第三部分　神气猫工具箱

第四部分　疑 难 杂 症

第一部分
猫咪的前世今生——从原初猫到宠物猫

猫爸爸词典

神气（Mojo）猫

对于猫来说，它们的神气来源于自信。神气是内在的、自发的，而不是由于外源被动产生的。猫的神气来源于对领地绝对的所有权，获得神气也是猫在自己领地上完成的一项重要工作。这项工作是猫从野猫祖先那里遗传来的一连串生物行为，我归纳为：捕猎、追逐、杀戮、进食、睡觉。一旦我们能为现代猫营造原初猫——它们的祖先——那样的生活节奏，我们就成功了。只要猫能心情宁静，这就是一个安静祥和的世界。

第一章　什么是原初猫

你的猫的身体里还生活着另一只猫，它并不是那个睡猫窝、玩假老鼠玩具、天天望着窗外或者安安静静地躺在沙发上、有着各种"物质享受"的猫。你见过那只猫，它会在半夜隔着被子抓你的脚趾头，把你弄醒——就是它了。我把这另一只猫叫作原初猫。从本质上讲，它是你家猫的祖先的双胞胎。这

你好，我是神气猫。接下来让我带你去见原初猫吧！

对双胞胎之间隔了数不清的年代，但依旧联系密切，两只猫之间的 DNA 紧密相连，犹如把两个空罐头瓶用基因的电话线连接起来，当作沟通的"土电话"。原初猫通过这部不受干扰的专线电话不断向你的爱猫传递保卫领地、捕猎、杀戮、进食和保持警惕的重要性，因为猫是捕猎者，同时也是被捕猎的对象。

从大到小的演变

1100 万年前，猫科分化为至今还存在的两个种类：豹亚科（7 种大型猫科动物：老虎、狮子、美洲虎和 4 个种类的豹子）和猫亚科。猫亚科主要是小型猫科动物，包括住在我们家里的猫咪。（比较而言，人类和有着共同祖先的近亲的分离则要晚得多，大约在 500 万～700 万年前。）

940 万年前——最早的婆罗洲金猫从当时的猫亚科祖先中分离出来，形成一个独立的谱系。

1100 万年前

940 万年前

　　家猫的一切行为特征，从认定自己的领地、营养需求、玩耍到行为方式，都可追溯到它们的原生双胞胎身上。这些特征都代表了一个共同的首要目标——这个目标历经数万年却变动不大。事实上，如果你仔细想想你的猫在身体及行为方面保留了多少原初猫的特质，就可以肯定地说，从进化的角度来看，这对双胞胎太像了。

　　在这本书中，我要你自始至终都去感知你的猫的原始性，因为猫的神气就

850万年前——分离出狞猫谱系，包括薮猫（Serval）、狞猫（Leptailurus）、非洲狞猫。

800万年前——分离出虎猫谱系，包括虎猫、长尾虎猫、南美草原猫（Leopardus）、乔氏猫。

720万年前——分离出猞猁谱系。

940万年前

来源于此。你会看出它什么时候转入了原初猫模式、产生变化的原因和触发的时刻，把这些弄清楚非常重要。我也希望你能对它的即时行为进行准确的、360 度的观察。只有摸准原初猫那跃跃欲试的冲动，才能对猫的行为进行合理的解释。

原初猫溯源

很久以前——相当久的很久以前——当地球上出现食肉动物时，最初的"猫性"也就产生了。体型较小的哺乳动物在大约 4200 万年前进化成为食肉动物。很多动物（包括猫、狗、熊、浣熊和许多其他种类的动物）被划归这一目，依据是它们的牙齿——天生能切割肉——而非饮食习惯。（一些食肉目下的动物是杂食性的，有的甚至是吃素的。）

食肉目（从进化论上来说）分为两种，或称两个"亚目"：像狗的——犬型亚目，和像猫的——猫型亚目。那么"像猫的"究竟是如何定义的？这个嘛，

670 万年前——猎豹谱系，包括美洲狮和猎豹（Acinonyx），从其他小型猫科动物中分离出来。

620 万年前——猫属（欧洲野猫、南非野猫、中亚野猫、中国荒漠猫和近东野猫），也包括我们的家猫，从其他小型猫科动物（亚洲豹纹猫、渔猫和兔狲）中分离出来，形成了独立的谱系。

620 万年前

一个善于伏击的狩猎者,还往往比其他食肉动物更爱吃肉,你会怎么描述这种动物? 要我来说,这就叫最纯正的原初猫!

 猫爸爸的小提示

　　老虎和家猫基因组的相似度超过了96%,即在许多猫科动物身上,决定基因蓝图的蛋白质结构是差不多的。

美丽的变种诞生了

　　看着猫的进化时间线时,你可能会问:"这些分叉是什么？"它们标志着猫祖先们(各种猫的祖辈)生活的时期,以及从这些祖辈分离出去的各种"自立门户"的猫。

　　具体地说,随着时间流逝,基因发生变化并导致种群变异时,新物种就形成了。这种变化往往发生在一群动物从同一种类的群体中被隔离开的时候。原因可能是环境的变化,也许是一个地区的保护被加强了或减弱了,也许是猎物来源紧缺,一些动物只能选择离开。也可能是有回不去的,比如冒出来新的

　　13万年前,近东野猫,也就是我们的猫最近的亲戚,从其他猫属中分离了出来。2009年,人们在对979只猫(家猫、流浪猫、野猫)进行的基因研究中发现,所有家猫都是近东野猫的后代,近东国家最早开始了对猫的驯养。

620万年前　　　　　　　　　　　　　　　　　　　　13万年前

岛屿,涌出来新的河流,把一大家子分隔成好几群。还可能存在行为因素,例如,夜间动物不太可能与在白天活跃的动物进行交配。

从本质上来说,这些基因变化通常体现在身体上(如果两个种类看起来区别很大),或繁殖上(如果这两个种类无法杂交)。但两种基因变化之间的界限比较模糊——人类以实际行动证明了,借助人力可培育出很多种杂交猫。而且动物繁殖的速度越快,改变就越快(当然是以进化学上的时间来说),最后产生新物种。

 一本正经的科普

在那遥远的远东:暹罗猫的起源

家猫大约在 2500 年前迁徙至远东,那时当地并没有野猫来和这些新移民进行杂交。这种遗传隔离导致了外表的变化,也造就了东方品种的猫(包括暹罗猫、东奇尼猫和缅甸猫)独有的特征。最近的 DNA 研究表明,东方品种的猫经历了 700 年独立繁殖,未与其他品种有过交集。虽然和其他家猫同属一种,但由于起源于东南亚,东方品种的猫的基因档案与众不同,从中可以得知它们的进化轨迹和其他品种的猫略有不同。

1.2 万年前——中东新月沃地,人类最早的粮仓导致啮齿动物高度集中,也就吸引了各种小型食肉动物。

 9500 年前——考古学家在塞浦路斯发现一个人猫合葬墓,还有各种装饰品,这个坟墓建于至少 10,000 年前。野猫不是这个岛上的原生动物,也就是说它们是由人类以某种方式带上岛的。这只猫可能已被驯服,不过当时的猫并没有被彻底地驯养。

12,000 年前

9,500 年前

小型猫科动物

小型猫科动物可以进一步分为旧世界猫（来自非洲、亚洲或欧洲）和新世界猫（来自中美洲或南美洲）两种。旧世界猫包括家猫、野猫、渔猫、猞猁、短尾猫、狞猫、薮猫和猎豹，新世界猫包括虎猫、乔氏猫和美洲狮。

新世界猫和旧世界猫之间的区别并不像它们和其他种类的动物的区别那样一目了然。从进化学上来说，新世界猫和旧世界猫差别不大，但它们之间还是存在一些行为上的差异。例如：

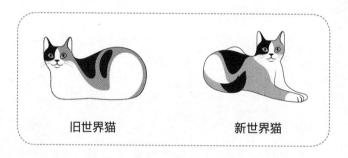

旧世界猫　　　　　　　　　　　新世界猫

• 旧世界猫俯卧时会把爪子揣起来压在身体下面（像一个"肉卷"），而新世界猫不会这样做。

• 旧世界猫不大会将捕捉到的小型鸟类的羽毛拔掉，而新世界猫则倾向

5000 年前 ——在中国驯养猫的历史中，最先是亚洲豹猫（Prionailurus bengalensis），但时间不长，也许因为亚洲豹猫是出了名的狂野，比非洲野猫（F.s.lybica）还难驯服，后者通常生活在离人类很近的地方。（如今中国所有的家养猫都是非洲野猫的后代。）

于先把鸟毛拔光再开始吃。

· 旧世界猫会把自己的粪便埋起来,而新世界猫不会。(想象一下,如果我们心爱的家猫是新世界猫,而不是旧世界猫的后代,猫砂盆看起来会是什么样?!)

猫爸爸的小提示

几乎所有大型猫科动物都会吼叫(雪豹除外),但它们一般不会发出咕噜声(猎豹除外)。小型猫科动物会咕噜,但不会吼叫。部分原因是猫颈部的一块叫作舌骨的小骨头。在大型猫科动物身上,这块骨头有弹性,但在小型猫科动物身上它是硬的。大型猫科动物还有能拉伸开的方形声带和较长的声道,能轻松发出更响亮、更低沉的声音。人们普遍认为小型猫科动物通过喉咙中坚硬的舌骨和声带相配合,发出了咕噜声。

吼叫是大型猫科动物守护领地的一种方法,这样它们就不用去战斗或产生面对面的冲突。光靠音量就足以警告四面八方的潜在对手——"本王在此,切勿来犯"。(更多关于咕噜声的内容见第四章。)

说了那么多关于新旧世界猫、大小型猫、几种小型猫之间的区别,我们可

4000 年前,埃及发现了驯养猫的证据:坟墓中出土了猫的遗骸,猫脖子上戴着颈圈,还有描绘猫和人生活在一起的绘画和雕塑。

2500 年前,尽管埃及禁止将猫带出国内,但猫还是来到了印度,猫的足迹遍布了希腊、远东、欧亚大陆和非洲。

2,500 年前

别忘了一个重要的、不可否认的、"骨灰"级的事实：现在所有的猫种类（目前估计有41种）都源自一个共同的祖先。也就是说，所有猫科动物都是绝对的食肉动物，它们长着大大的眼睛、尖尖的耳朵、强有力的下颚和有利于厮杀的身体。所有猫的爪子都能伸能缩，用脚趾走路时能不发出一点声音，十分有利于它们无声地跟踪和追击式的狩猎风格。最后，同等重要的是，也许所有猫科动物——从狮子到虎斑猫，它们胸中都涌动着的一股力量（肯定也是最能让它们雄赳赳、气昂昂的力量），那就是宣布领地所有权、占有领地的欲望。

驯悍记：家猫的养成

科学家很难为驯养猫的过程绘制出一张清晰的时间表，因为从遗传学角度以及身体和行为方面来看，家猫和血缘关系最近的野生亲戚相似度都太大了（家猫和其他野猫品种之间甚至自然而然地就发生了大量杂交）。事实上，家猫这个词总让我感觉非常……不科学。家猫，意即被驯化的猫。但我不相信猫能被完全驯养。所以我一直坚持一定要看到你的猫的原始性格。要我来说的话，每次你看出你的猫在某个时刻表现出原初猫的样子，就驳倒了驯养的

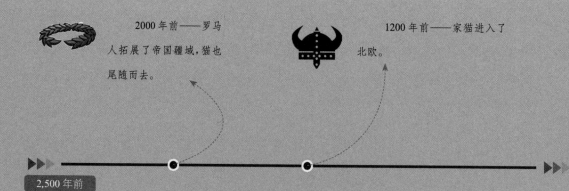

2000年前——罗马人拓展了帝国疆域，猫也尾随而去。

1200年前——家猫进入了北欧。

2,500年前

说法。即使如此,在我继续讲述我们的故事之前,让我先谈谈我对原初猫慢慢转变为家猫这个过程的认识。

几千年来,猫都和人生活在一起,但从来都没有完全依赖人类。一种原种野猫——非洲野猫曾表现出愿意和人类生活的倾向,这也许是血缘关系较近的几种野猫中最易驯服的。然而,猫的进化之路是在人猫互惠互利的基础上铺就的。随着人类最早定居地的农业逐渐繁荣,啮齿动物的数量急剧增加。猫被这些美味的猎物引到了人类身边,而人类也十分欢迎猫这样天生的害虫捕手。事实证明,这就是不断推动历史进程的"双赢"主题。

神灵与木乃伊

人与动物之间所有长期关系的消极面就是:这不是一直平衡的关系。不幸的是,几个世纪以来手握王牌的一直是人类,把这些牌打出去后总会让对手损失惨重。一般来说,猫受喜爱的程度与它们对害虫的控制能力成正比。话虽如此,最初的人猫关系是真挚的,人类的确喜欢这种个性独特、适宜做伴的动物。可是,人类与猫的关系类似过山车,步步爬升后飞速下落,往往造成巨

500 年前——家猫进入美洲和澳大利亚。猫可能也是"五月花"轮船乘客中的一员,作用是灭鼠。

500 年前

大的冲击力。历史上人们对猫的喜爱既有逐渐升温的蜜月期，也有将猫视为寇仇的时期。

　　我们都听过埃及人崇拜猫的故事。但值得注意的是，埃及的经济发展高度依赖谷物生产。农业发展带来了大量啮齿动物，这意味着猫又能再次扮演"大自然的灭鼠专家"的角色。猫在埃及有那么高的地位，也许基础就是从这里打下的。（与之相对的例子就是在欧洲的许多地方，"灭鼠专家"这个角色已经由黄鼠狼扮演了，所以猫在那些地方并无用武之处。）

　　今天，除了南极洲，每个大陆上都生活着猫。它们可能是地球上适应力最强的物种之一———仅次于人类。

总之,埃及文化中对猫的崇拜程度,其他文化恐怕都无法比拟。埃及的艺术品中随处可见猫的身影;猫作为宠物被养在寺庙里;故意伤害猫将招致严重的惩罚;如果家里的猫自然死亡,全家人都会剃掉眉毛表示哀悼。猫木乃伊也记录了这种对猫的崇拜。猫被制成木乃伊后,还有木乃伊老鼠陪伴它们迎接来世。

但即使在埃及那样爱猫的社会里,之前提到的"感情过山车"也有几次跌落到了最低点。并非所有木乃伊猫都是备受呵护的宠物。它们也被当作祭品献给神灵,供奉的需求导致了猫"繁殖厂"的出现。人们把猫杀死,然后做成木乃伊。

先知穆罕默德也是一个爱猫人,伊斯兰文化一直对猫赞誉有加,其原因不仅仅是猫有捕捉老鼠的技能。穆罕默德爱护猫出了名,据一个广为流传的故事说,当穆罕默德被召唤去做礼拜时,他的爱猫米埃扎却睡在他做礼拜的长袍袖子上。于是穆罕默德割断袖子,只为了不把米埃扎吵醒。(是不是有点儿耳熟?你们中有多少人因为猫在大腿上睡着了,只好坐在沙发上不起身?)

但是,中世纪时,我们的猫朋友的处境极为悲惨,它们被指和邪教有染,是邪恶的代名词。据说有数以万计的猫在女巫审判中被判死刑——被扔进火堆中烧死。如果猫主人胆敢保护他们的宠物,就会被送往异端裁判所。

这段悲惨的历史具有讽刺意味,在此期间,欧洲流行黑死病,导致千万人死亡。老鼠(或者说它们身上携带的跳蚤)是公认的细菌携带者,杀死大量的猫肯定有利于老鼠的大量繁殖。当然,考古学家最近对老鼠和鼠疫传播之间的关系提出了疑问,认为鼠疫传播速度那么快是由人与人的近距离接触所造成的,不是由于人和老鼠的接触。无论如何,杀死几万只猫对控制鼠疫的传播是没有好处的。

　　即便在今天，迷信和偏见还在影响着人们对猫的看法。我们都听过这些说法，"不要让黑猫从你前面横穿过去"，或者猫会"偷走婴儿的呼吸"。尽管猫比以往任何时候都更受人们欢迎，但收容所里每年都杀死大量的流浪猫，社会上甚至还有一种逐渐增大的呼声，要求把户外的流浪猫消灭干净。希望这些想法能很快成为历史。

第二章 维多利亚时代的转折点

尽管原初猫经历了几个世纪的起起落落，但对它们影响最大的变化当属移居到室内生活。其实对人类来说也是一样。从移居到室内开始，猫的进化时间线开始弯曲回转，由于有了新的近距离生活状态，人和猫的关系也在不断更新。但此前，在"你们在户外，我们在室内"的协议下，我们和猫的一直都相安无事，改变是如何发生的？还有，从那以后人和猫的关系又走向了什么样的方向？

平步青云：从户外到室内

大约在 150 年前，人类决定让猫进家。很多人认为，"我喜欢猫，所以猫应该养在我家里"这个想法的普及，要归功于维多利亚女王。

从野外来到室内

下图简明地记录了室内生活模式普及开来后，猫在现代社会中地位的稳定上升：

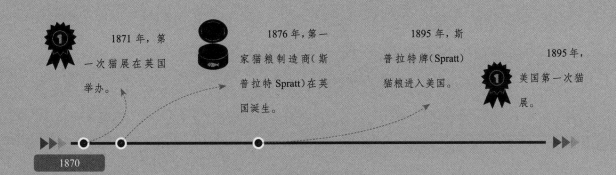

1871 年，第一次猫展在英国举办。

1876 年，第一家猫粮制造商（斯普拉特 Spratt）在英国诞生。

1895 年，斯普拉特牌（Spratt）猫粮进入美国。

1895 年，美国第一次猫展。

1870

维多利亚女王有些孤僻，但很喜爱动物。她推进了动物福利事业的发展，授予"防止虐待动物协会"以"皇家"的称号，将其更名为"皇家防止虐待动物协会"。除了养了许多狗、马、山羊等，她还有两只心爱的波斯猫。女王过世后，她的最后一只猫"白石楠"，在白金汉宫度过了很长的余生。

养宠之风在这个时期（维多利亚时代，19世纪的英格兰）盛行不衰。人们对待其他动物也越来越人道，宠物是身份的象征，上流社会还借此展示自己有战胜自然的力量。猫很注重个人卫生，"虽为野兽但干干净净"，这个完美的习性也许是人类愿意接近它们的原因。此外，许多作家和艺术家都表达了他们对猫的爱，人们还开始为心爱的猫科动物举行葬礼。

20世纪30年代，美国开始生产猫粮罐头。

1930

转变还在继续

显然,从地球上最早的原初猫到现在的猫,它们与人类的关系发生了巨大的变化,虽然它们在基因组成上的变化不那么明显。猫和狗在与人类共存方面都取得了巨大的成功,但在猫没有做出巨大改变的情况下,我们与猫的关系还是变得越来越亲密。当年捕捉啮齿动物、保护我们的谷仓的猫,本质上与今天睡在我们床上的猫并无二致。

当大量的猫从"农村户口"转为"城镇户口"时,人与猫的关系也发生了重大转变。之前讲过,猫在农村生活模式中的角色更多的是灭鼠的帮手,而不是家庭中的一分子——即使人们允许它们待在室内。相比起来,在城市生活模式下,猫和主人有更亲密的关系,两者之间是一种家庭成员的关系。这种变化的原因有很多。

首先,都市化意味着群居的人少了,独居的人多了,附近也很少住着亲戚。再加上离婚的人多了,生育的孩子少了,这样,人与猫的关系就在主人的生活中占据了越来越重要的地位。此外,城市人的居住空间往往较小,工作时间较长。从实际出发,人们更愿意养小型伴侣动物(比如猫)。哦,对了,我们可别

20 世纪 30 年代,猫和狗绝育手术的开始。

20 世纪 40 年代,肉类短缺造成:

· 20 世纪 40 年代肉类配给受限,由牲畜下脚料和鱼类制成的干粮由此发展起来。

· 干粮最终成为产量最大、最畅销的猫粮。

1930

忘了猫在城市背景下受欢迎的头等原因（在我看来）：在大家眼里，它们是一种"不用操太多心"的宠物！当然了，如果事实果真如此的话，我就得失业了吧？

然而，这种从农村转移到城市、从户外进入室内的模式转变并没有完成——还早着呢。变化仍在进行中，我们都还在继续转变。首先，世界上仍有许多地方把猫看作对人畜无益的害兽。在爱猫、崇拜猫的文化（比如我们这样的）中，许多人还认为猫是典型的"生而自由"的动物，应该让它们像它们的祖先那样，采用四处游荡的生活模式，并且把室内养猫看作是对猫的拘禁，是一种残忍的行为。浏览完原初猫和人类伴侣的故事后，我们可以得出这样的结论："从此在一起过上了幸福快乐的生活"真是可望而不可及。

与人类共同生活如何改变了猫

如今，大约有96%的猫仍然自主选择配偶。结果就是现代大多数猫的遗传基因自然天成，基本没怎么改变。但这并不意味着猫没有因为和我们共同生活而改变。从某种意义上说，这些特性都是猫自己选择的：变得更友好；对人类更有耐心；更愿意接受人类的喂养和庇护；更有可能与具有友好和耐心基

1947年，艾德·洛韦发明猫砂。在此之前，人们用煤灰、泥土或沙子当猫砂，不过大多数人还是让猫到外面去"解决"。

20世纪四五十年代，绝育手术已经有了，但并不常见。

• 全身麻醉只是推荐使用，不用也行！

• 应该让母猫至少生一窝小猫，否则就是反"人道主义"的说法莫名地盛行了起来。

1950

因的猫进行交配。所以，虽然我们并没有从身体和行为特点方面对猫进行目标明确的筛选，但我们和猫的关系本身就给猫带来了最显著的遗传变化。

一本正经的科普

今天的猫有哪些变化

2014 年，科学家收集了多种家猫和野猫的口腔拭子进行 DNA 分析。其中包括 22 只不同种类的家猫（缅因猫、挪威森林猫、缅甸猫、日本短尾猫、土耳其梵猫、埃及猫和阿比西尼亚猫），以及近东和欧洲野猫。通过测试所得出的信息，他们确定了驯养猫身上发生的一些显著的基因变化。

相关的基因变化：

• 形成记忆的能力更强；

• 将刺激和奖励联系在一起的能力更强（比如当人类给它们好吃的东西的时候）；

• 条件性恐惧发生的频率降低——就是说如今的猫不会过早进入战斗或逃跑的模式。

身体特征的变化：

• 体型变小；

• 下颚变短；

20 世纪 50 年代，各种猫粮品牌猛增。

1969 年，第一家低价绝育诊所在洛杉矶开业。在此之前，安乐死的数量居高不下。

1950

- 脑变小；

- 控制战斗或逃跑本能的肾上腺变小；

- 为了适应吃人类的剩菜，肠道变长；

- 所有猫都长着长长的犬齿，有利于咬住猎物的脖子，一口毙命。家猫的牙齿间距比其他猫的更窄，因为它们习惯捕捉较小的啮齿动物。

今天的猫在哪些方面没有变化？

- 头骨形状——所有猫类的头骨形状都差不多。它们的下颚构造特殊，咬合力强大，能一口将猎物咬死。家猫的头骨可能比狮子和老虎的小很多，但结构非常相似；

- 行为（各种各样的日常行为）；

- 大多数猫都能自主选择交配对象，基因库得以保持多样化；

- 没了我们，猫（大部分的猫）能继续活下去。

人类的创造物：纯种猫

19世纪晚期，格雷戈尔·孟德尔发表了关于豌豆苗中显性和隐性性状遗传的著作，人们才第一次得以较全面地了解遗传学原理。在之前的年代中，人们

1972年，美国爱护动物协会（ASPCA）要求必须先对流浪动物进行绝育，它们才能被收养。

20世纪70年代，猫逐步形成了室内的封闭生活方式（尤其是在美国）。

- 越来越多的猫成了人类家庭中的一员，兽医和人道组织开始向人们提供各种建议，教大家保护猫的生命安全、保护野猫不被捕杀。

1970

也繁育动物,包括农场动物,也包括狗。那时,繁育动物大多是为了确保有可靠的食物来源,狗的繁育则有特殊用途——打猎时的帮手,用来驱赶、拣回猎物和打斗。但由于人们当时对遗传学的工作原理知之甚少,在试图繁育具有理想的外形或行为的品种时,就没那么顺利了。

在对遗传学有了一定的了解后,人类就开始通过人工育种来"影响"猫的进化——即为它们选择交配对象。为猫选种繁育的出发点是观赏性,而非功能性。我们并不要求猫大变样,只想让它们变得更漂亮。

为追求某些外表特征进行选种交配后,一些早期的品种猫(如波斯猫)诞生了。事实上,最早对猫进行配种是为了得到特定的毛色(曾有过这么一种误解,让白猫和黑猫交配会生出灰色的小猫)。在1871年英国举办的第一届冠军猫展上,登台亮相的除了马恩岛猫和各种颜色的短毛猫,还有波斯猫、暹罗猫、安哥拉猫和阿比西尼亚猫。

有了与众不同的品种猫后,各种猫粉丝俱乐部也应运而生,还出现了"猫达人"。猫咪戴着蝴蝶结,参加才艺表演,还有专门的裁判,当然,也有自豪的

20世纪90年代,流浪猫犬绝育计划(TNR:诱捕、绝育、放归)出现。

1994年,人们意识到需要给宠物绝育的主人不一定能前往兽医诊所,于是第一部绝育车出现在得克萨斯州休斯敦的街头。

1990

家长，就和"选美小皇后"[①]一样。只是这些选手们没做艳丽夺目的全身美黑，也不表演踢踏舞。重度猫粉丝们制定出一系列的标准，给特定品种的猫应具备的身体特征打分，如眼睛、耳朵、脸型、尾巴，甚至还有爪子的形状。但最初的标准很简单，类似规定皮毛颜色这样的水平。例如，波斯猫最早的标准是身披毛丝鼠般致密柔软的灰色长绒毛，并不要求脸部扁平。把暹罗猫和普通猫区分开的标准则是在头、尾、爪上要有深棕色斑点。这些品种外貌虽然特殊，但和其他家猫的差距也不是太大。

今天的选种繁育能培育出品种大不相同的"喵星人"，得到专业血统认证的就有近 60 种。在这个过程中，我们将追求猫的外貌做到了极致，却没有重视繁育品种的健康问题。我们让波斯猫的脸变得更扁，暹罗猫的脸更瘦更尖。我们通过育种强行让猫变了模样，但在很多方面，这些变化对猫的健康却有不利影响。

我们为波斯猫培育出短头颅（短鼻）的外貌，却导致波斯猫呼吸不畅，还增加了它们皮肤、牙齿和眼部的患病概率，使它们的生育风险也更高。苏格兰折

---

① 译注："选美小皇后"，即 Toddlers and Tiaras，一档儿童选美真人秀，小参赛者们妆容精致，衣着华丽，与成年人的选美比赛一样。

1999 年，国际保卫动物组织（IDA）开始了"抚养人"运动，希望在用语上将"宠物主人"改为"宠物抚养人"，同时借此改变伴侣动物的法律地位。

2003 年，西好莱坞成为美国第一个禁止为宠物做去爪手术的城市。

2003

耳猫经常被作为研究疼痛和关节炎的典型品种,因为让耳朵产生褶皱的基因突变也会导致骨骼和软骨的退化,并带来疼痛感。由于脊髓畸形,马恩岛猫容易产生背疼、便秘和其他排泄问题。缅因猫易患心脏病,暹罗猫患哮喘和知觉过敏①的可能性更高。

这里只是举了几个例子。当你对猫的基因库进行筛选时,就增加了危险的基因突变和患病的概率。而且这样的结果是无法逆转的。

也许人类可以掌控猫的外表,但在解读猫的内心世界这一方面,我们有没有做出什么成绩呢?

我们成功地让猫生活在了室内,但猫的驯养又产生了一系列新问题——至少就我的了解来说。命运的天平起起落落,却一直没有倾向猫咪这一边。从前它们做农场帮手得到了温饱,但我们也知道,却没得到地位。现在它们常被看作“半个家庭成员”,但和人类之间更多的是一种喂养与被喂养的关系,而没有拥有真正家庭成员的地位。

我不是在对人类进行指责;现今人猫关系在不断发生重大调整,对双方都有利有弊,让任何一方为了适应另一方而去改变生活方式都是不合理的。我只想请你考虑一下这个问题:自维多利亚女王时期到现在只过去了不到150年的时间,在进化史上就是一眨眼的工夫,而我们现在就要求猫把尿撒在一个盒子里,整晚地睡觉,坐在沙发上,不许跳到橱柜上,不许踩计算机键盘……最要命的是,还把它们的领地从数十平方千米缩小到了一个公寓房里。最终的结果是,你越是把猫看作一个家居摆设,猫就越不可能成为你理想中的那个样

---

① 译注:知觉过敏,又称感觉过敏,英文为 hyperesthesia(FHS),症状为:皮肤抽动,躺在地上滚动身体(又称皮肤滚动症候群);无缘由、无目的地攻击或逃避;强迫性地梳理毛发,甚至达到自残程度;长时间、猛烈地追逐啃咬尾巴;情绪不稳定地吼叫,以及类似癫痫发作时的行为。

子，也就越有可能落得被始乱终弃的结局。

本部分就是这样：4200 年的进化史、对原初猫的全面介绍，都浓缩进了这两个简短的章节中。在第二部分中，我们将谈谈你的猫，在它今天的生活中那些你一直想知道却不敢问的问题。

第二部分

猫咪简史

第三章　跟随原初猫的舞步

在我刚开始工作的时候，我单纯地觉得我的客户和学生，以及各地的养猫人都太渴望了解所有和猫有关的知识了。所以我用了无数个夜晚，通宵达旦地整理我的理论，好让它们更通俗易懂。后来我才发现，我接触到的这些养猫人最关心的只是和他们自己的猫有关的知识。他们雇我去家里，当然只想知道怎样才能让家里的猫别再闯祸，这我也能理解。结果就是，我兴致勃勃地解释猫行为中的前因后果，他们却不为所动。我这才意识到：想要让他们全面地看待猫的问题，必须找准契机，否则他们听一会儿后就会变得目光呆滞。

我知道，就像当初解决"Mojo"这个词的问题一样，我需要一个切入点：直白地告诉猫主人，他们的猫的行为和原初猫的行为是紧密关联的。在这种情况下，我希望他们能清楚：猫的生活中，有一个至关重要的"日常三程序"——惯例、仪式和节奏。这个"日常三程序"是从猫祖先的生活方式中传承过来的。如我们所知，原初猫要通过完成一些特定的任务来获得每天的"神气"。

我研究出来的简单易记的切入点，就是"作息六诀"：捕猎、追逐、杀戮、进食、梳理、睡觉。我会让我的客户有节奏地、饱含深情地重复这些词语，就好像啦啦队员喊口号一样，最后能做到脱口而出。一旦记牢这个口诀，猫主人就会一直记得：让猫的世界顺利运转，原初猫有其基本的舞步。猫主人的工作就是跟上节奏，与猫共舞。之后就会记得安排游戏时间、休息时间和用餐时间——甚至把猫每顿吃什么都计划好。让猫充满"神气"的大道有千万条,每条道路旁边都少不了霓虹灯路牌,每个路牌上都闪耀着"作息六诀"。

捕猎、追逐、杀戮、进食

我们在第一部分已经讨论过,过去我们希望猫能成为捕鼠能手,而猫也希望自己能成为光荣的除鼠专家,两者的目标是一致的。原初猫的节奏基调——捕猎、追逐、杀戮、进食——也是猫获取食物时的四个步骤,对人和猫是互惠互利的。这就是这么多年来我们与猫的关系沿着一条轨道向前发展的原因。但在过去短短的 150 年中,这条轨道慢慢萧条下去,同时出现了一条分叉道,通往家养猫的方向。在这之前,人们认为猫应该生活在外面,把它们关在室内太不人道。

现在这个时刻对我们未来的关系至关重要,原因就在于此:猫们享受了数千年的福利突然没了,为了让它们适应更安全、优渥的室内生活,我们在不断地对猫的天性和生物驱动力进行打磨。捕猎、追逐、杀戮、进食这一套"活力四步走"比只管猫的吃喝拉撒要复杂得多。这四个动词提醒着你,你的猫和它的原初猫祖先有着相同的需求。这也就是我一直在解释的,一根基因的"电话线"如何将远古和现代的猫连接在一起。

尽管如此,还是有很多人问:"我能不能不陪我的猫玩?"或者"我可以买个自动喂食器,让我的猫自己在家待两天吗?"我的回答并不是摇晃手指,直接告诉他们:"不行!"因为我的目的是让大家从最关键的四个动词开始学习,为什么答案显然是"不行"。学成之后,你们就再也不会问这种问题了。如果"活力四步走"是我们的跳水板,猫的"神气"是我们即将跳入的水池,那么了解猫的关键生理机制——尤其是和狩猎相关的——就是跳水板上的弹簧。

猎手猫如何探索这个世界

猫是天生的猎人,它们依靠多种感官来行事——主要是触觉、视觉和听觉。这意味着猫的所有生理机制在狩猎过程中都会起作用。

触觉

猫对触碰非常敏感。这在一定程度上是因为它们的皮肤感受器一旦被触碰就会持续发出信号,也就是说,这些细胞无法适应肢体接触,因为它们的大脑会不断地收到一个信号:"我被触碰了"。人类则完全不一样。人类的感受器能适应触碰,比如,我们不会随时都意识到自己身上穿着衣服。猫拥有的这种细胞(梅克尔细胞)灵敏度很高,就像人类指尖上的细胞一样。甚至连它们的毛囊里都有神经分布,所以剪毛对猫来说是一件很难受的事情。

有关猫的触摸的小知识点:

• 猫身体上有一些部位特别敏感。它们的鼻子、脚趾和前脚肉垫上的感受器比身体其他部位更多。(约翰·布拉德肖博士[1]将猫的脚称为"感觉器官"。)

• 猫的鼻尖可以探测风向、感知温度。

• 猫的脚趾上有毛发感受器,这是某些长毛猫对爪子粘了脏东西和被梳理特别敏感的原因。

---

[1] 译注:约翰·布拉德肖博士,英国人与动物关系学专家,著有《猫的秘密》和《狗的秘密》等。

• 猫在口周和腕关节处有短硬毛，可以探测到振动。

• 猫爪根部可以感知位移。在它按住老鼠而老鼠扭动试图脱身的时候，这种感知的用处就很大。

过度兴奋、过度自我清洁和其他强迫症往往都与猫的敏感性有关。所以下次当你抚摸你的猫，或给它梳毛时，如果它对着你的手或梳子大咬一口，它不是故意的！（详见本书第三部分。）

同时你要明白，所有这些知觉的存在并不仅仅是为了适应猫的狩猎活动，猫也是一些动物（如土狼和鹰）的猎物。对触摸敏感意味着对疼痛也敏感。猫需要判断自己是否受到了攻击，并对攻击的警告做出快速反应，才能启动它们敏锐的"战斗或逃跑"机制。

猫的胡子——摸不得！

要论触感，猫身上没有哪个器官的灵敏性能和胡须相比。和狗比起来，猫的大脑中专门接收来自鼻口部信号的区域更大。胡须的感受器和大脑皮层相联通，能提供周围环境温度、身体平衡状态，以及它们想要穿过的空间大小的信息。胡须还能探测运动和气流，并将四周空气流动的强度、方向和速度传达给大脑，然后大脑对猎物接下来的动作进行预测。

猫的近距离视力并不好，所以当猎物在它们嘴里或在嘴边时，它们就只能靠胡须上传回的信息做判断。处于狩猎模式时，猫鼻子两侧的12根胡须会伸向前方，探测猎物的动作，于是猫就能对夺取猎物性命的撕咬进行微调。它们上唇的胡须和脸颊、眼睛、下巴、脚腕内侧和腿后部的须毛结合起来,就能让猫"看到"3D 的效果。

猫爸爸的小提示

在夜间捕猎的猫比在白天捕猎的猫有更长的胡须。

视觉

从解剖学上看,猫眼睛的所有特点和功能都是为其猎手的身份服务的(这个结论也适用于原初猫的肌肉、身体结构和本能反应)。猫的眼睛很大(相对于其身体和头部来说),脸面向前方,这一点在肉食动物中很常见。猫眼的视野广度(包括外周视野)约为 200°。其中双眼并用时重叠视野为 90°,用来进行深度感知(例如判断一只鸟距离自己有多远)。猫眼对快速运动中的物体反应很快,所以这些可爱的猎人要抓住匆匆逃走的老鼠很容易。

然而,它们的视觉不利于近距离的捕食,眼前的东西在它们看来是模糊的,不像人类那样能看到各种细节。猫眼的最佳焦距在 2 米到 6 米之间——非常适合跟踪鸟或老鼠。如果猎物在 30 厘米之内,猫眼甚至无法聚焦;在这种情况下,就得靠指向前方的胡须来捕捉细节。也就是说,猫在室内时会看不太清楚,因为它们看到的东西往往距离很近;而在外面时猫看得就非常远,就和它们的原初猫祖先一样。

答案都在眼睛里:猫眼与人眼的不同

猫眼的工作原理和人眼很像:光穿过角膜,进入虹膜(眼球上有颜色的部位)中心的开口(瞳孔)并通过晶状体,经角膜和晶状体折射后聚焦,然后投射到眼睛后部的视网膜上。视网膜上有两种感受器：视杆细胞和视锥细胞。视杆细胞在低光照条件下发挥作用，视锥细胞主要负责在日光下进行颜色识别。猫眼和人眼最主要的区别是：猫眼的视杆细胞数量是人眼的三倍，但视锥细胞比人眼的少。所以，尽管它们在日光下能看出一些颜色，但颜色对于它们来说并不鲜明，或者说，其实颜色对它们并不重要。光线不足的时候，它们只能看到黑色和白色，但看得比我们更清楚。还是那个老道理——一切都为了捕猎活动服务。所以它们当然宁愿牺牲色彩，换来清晰度。

谈到进化如何让猫这种天生的猎手更加勇猛，下面有一系列要点：

• 猫的瞳孔不同于人类的圆瞳孔，它是竖缝形状的。这样就能根据光线强弱做出更快的收缩或扩大的反应。

• 猫眼聚焦并不快，因为它们的晶状体比较坚硬。当瞳孔高度收缩时，比如在明亮的阳光下，聚焦就更困难。

• 人眼有中央凹，就是在视网膜上有一个小坑，专门负责细节成像。猫则有"视觉带"，功能差不多，但视杆细胞丰富，于是猫在光线不好的时候也能看得很清楚。

• 猫视网膜后面有一层反光细胞组织，被称为照膜。这些细胞组织就像一个内置的手电筒，可在低光照条件下提高光线的接收率。顺便说一下，用闪光灯给猫拍照时，它们的眼睛"发光"就是这个原因。

听觉

猫的听觉和触觉、视觉一样，也是完成捕猎、追逐、杀戮、进食必不可少的工具。猫的听觉范围是食肉动物中最广的，足足有 10.5 个八度音阶。猫和人类在低音阶范围内的听力类似,但猫可以听到相当高频的声音(比如老鼠的吱吱叫),比我们人类能听到的声音要高大约 1.6 个八度音阶。猫在听觉方面的功能是为了利于捕猎,而不是为了和其他猫沟通。

猫外耳的形状像一个漏斗,这有利于让细微的响声传入耳道,再加以分析。猫的两只耳朵都能独立转动,精确定位声音的来源。不管是猎物或捕食者发出的动静,还是小猫哭喊着要妈妈的叫声,猫都能精确感知到。猫耳朵的转动角度几乎能达到 180°,有东西从身后靠近也能被它们发现。

从生理学和解剖学角度分析了猫为什么是捕猎高手后,现在我们来具体地看看猫捕猎的方法及捕猎的对象。

"不能比鸽子还大":猫的猎物

猫能够捕捉比它们身体小的动物,但它们更偏爱比鸽子更小的猎物。最受它们欢迎的猎物是小型啮齿动物,鸟类屈居第二。猫也会抓虫子、爬行动物和两栖动物。

最近的研究表明,家猫和它们的美洲狮亲戚一样,选择猎物时各有偏好。大多数猫有专门的研究方向——专攻一到两个种类的猎物,但有些猫是通才,对猎物有着更广泛的偏好(它们会捉"所有会动的东西")。

对于猫来说,捉鸟有一定难度,这可能就是为什么在野猫的食物中,啮齿动物所占比例超过了 75%。什么猎物最易到手、小时候猫妈妈给自己带回去什么样的食物,都有可能影响猫对猎物的偏好。当然最终,猎手只能适应环境。

因此，如果没多少老鼠可以捉，猫就必须去捕鸟……否则只能饿肚子。

捕猎习惯无疑会受到食物来源的影响，所以我们就能通过猫的猎物偏好推断出猫惯用的狩猎方式。不同的猫会发展出不同的捕杀策略，比如：

- 在开阔的空地上进行伏击；

- 先尾随，再从藏身处出击；

- 等猎物自己从地洞里跳出来。

别忘了，所有的猫都一样，也就是说你家里天真纯洁的猫伴侣也有它们喜好的狩猎风格。等到第七章讲猫咪游戏时，你的任务就是发现你的猫最得心应手的狩猎方式。

"我要吃了你"

一般来说，猫先用爪子按住猎物，然后"一招毙命"——用牙齿深深地咬入猎物的后颈，切断猎物的脊髓。如果猫尚未成为老道的猎手，或者不能确定猎物是否会反击，就可能会多咬几次。它们也会表现得好像在和它们的爪下囚玩耍，对猎物残忍地又打又抓，或者抛来抛去。但这不表明猫很残忍，其实这只是一种战斗策略，把危险的对手搞到疲惫不堪，最后致命的一口咬下去就容易多了。

猫有条不紊地进行猎杀游戏，直到猎物断气。确认猎物已最终毙命的感觉器官除了胡须，还有猫的牙齿。猫牙齿中的神经能察觉到猎物的移动，于是它就能对撕咬的位置进行微调。它们一气呵成的猎杀行为与生俱来，干净利落，还能把风险降到最低。

虽然以上种种因素使猫成为大自然中最完美的猎人之一，但所有这些能力和天赋都不是随机产生的，而是特定环境所造就的。同样我们也要明白，猫同时身为捕食者和猎物，不管捕猎还是自保都十分得心应手。依靠这一套天生的本领，它们进可攻，退可守。想要了解更多猫咪独特的混合型才能，以及这些才能如何影响猫的具体行为，如何影响与其在同一块地盘上的其他动物，请看第十章中的"猫下象棋"。

现在我们对猫的身体、行为和猎人一般敏锐的直觉，以及从中提炼出的简单的"活力四步走"有了更好的了解，就更能清楚地看出为什么这四个动词是猫的"神气"不可或缺的一部分。对猫来说，捕猎是一件愉快的事。对原初猫来说，实现捕猎目标就等同于收获快乐。简而言之，捕猎是每一只猫每一天的终极目标。如果你能围绕"活力四步走"建立一系列惯例、仪式和节奏，帮助猫在不同于野外、有各种局限性的家里实现它的最高理想，对它来说就最好不过了。这方面更多的内容请看第七章。

猫的饮食——"肉，我只要肉，每一口都是肉"

狩猎之后——无论是真的在野外，还是在猫主人忠实地通过游戏为猫重建了捕猎体验后，接下来就该进食了。讨论了那么多，现在你应该能明白，猫不是素食主义者。不，猫是专性食肉动物：它们的消化系统天生适合消化肉类。猫是机会主义猎人（机会主义的意思就是，它们只能靠运气——不管进入火力范围内的是蚱蜢还是小鸟），不是食腐动物，它们的消化系统也不适合食草。虽然这并不意味着它们顿顿都要吃大餐。

猫的味蕾比人类少，味觉一般较弱。嗅觉对捕猎更有用，对进食来说也很

重要。嗅觉至关重要，所以鼻子塞住了的猫往往也会没食欲。就好像一根电线受损，整台机器就瘫痪了。不过，猫仍然可以尝出咸、甜、酸和苦味，并会表现出对酸味和苦味十分厌恶（这可能是一种进化产生的反应，为了防止摄入危险的毒素）。此外，猫有三磷酸腺苷（ATP）的味觉感受器。三磷酸腺苷是一种为所有活细胞提供能量的分子，有时被称为肉的信号灯，但很有意思，我们人类是尝不出来的。

猫怎么吃东西？

- 猫是机会主义者，它们会根据能获取食物的多少来对活动进行调整。

- 在食物普遍匮乏时，猫会一次性吃很多。

- 一只老鼠能提供大约30卡路里的热量，一只普通的猫每天可能需要猎食10～30次，才能捕到大约8只老鼠。

- 猫经常把猎物从捕猎现场带走。

- 猫蹲伏着吃东西，如果猎物个头够大，它们甚至会躺着吃。

- 猫会歪着头吃东西。这是一种遗传行为，原因是猫的祖先是从地上吃猎物，而不是从碗里吃。食物越难咀嚼，它们头部的倾斜角度就越大。

- 猫会把很小的食物从地上叼起来，并快速地晃一晃头。这也是一种遗传行为，目的是把肉从骨头上甩下来，或把鸟毛从鸟身上拔掉。

- 猫吃东西不怎么嚼。它们的牙齿结构是为了把肉撕成容易吞咽的小条。

梳理被毛和睡觉

猫生来就很挑剔，它们把醒着的时间里的30%～50%都用来梳理被毛，将自己从头到尾打理得干干净净。梳理的主要工具是有倒刺的舌头,不容易够到的地方就用爪子帮忙。

在野外的猫为什么也要把自己弄得那么干净呢? 舔毛可以保持被毛清洁,防止寄生虫滋生,还可以帮助猫增强自身的气味,去除猎物留下的味道,免得引来其他捕食者。

至于睡眠,猫的自然昼夜节律会随昼长和阳光照射时长而改变,就和我们人类一样。猫在一天里能小睡数次,而不是长时间一睡不起。它们也和我们一样有深度和浅度睡眠周期。在深度睡眠期间,你也许能看见它们的四肢或胡须会抽搐,这是因为某些肌肉正在梦中收缩。

但它们不是每次躺下睡觉都能进入深度睡眠。猫最有代表性的睡眠法就是打盹儿,睡得很浅,时间也短。朋友们,这就是在食物链中层的生活——睁着一只眼睛睡觉——既能不放过走过路过的猎物,还能保护自己的生命。在一个"螳螂捕蝉,黄雀在后"的世界里,这么说吧,呼呼大睡不一定是最明智的选择。

猫能睡上一整天吗

如果我问你,你觉得你去上班的时候你的猫在做什么? 我敢打赌你会说:睡觉。人们认为猫整天都在睡觉。但在 2009 年的一项研究里,人们把摄像机装在猫项圈上,记录结果表明,猫独自在家的时间里只有 6% 是在睡觉,却有 20% 以上是在往窗外远眺。(如果这还不能让你意识到"猫电视"的重要性,那我也没办法了! 有关"猫电视"的更多信息详见第三部分。)

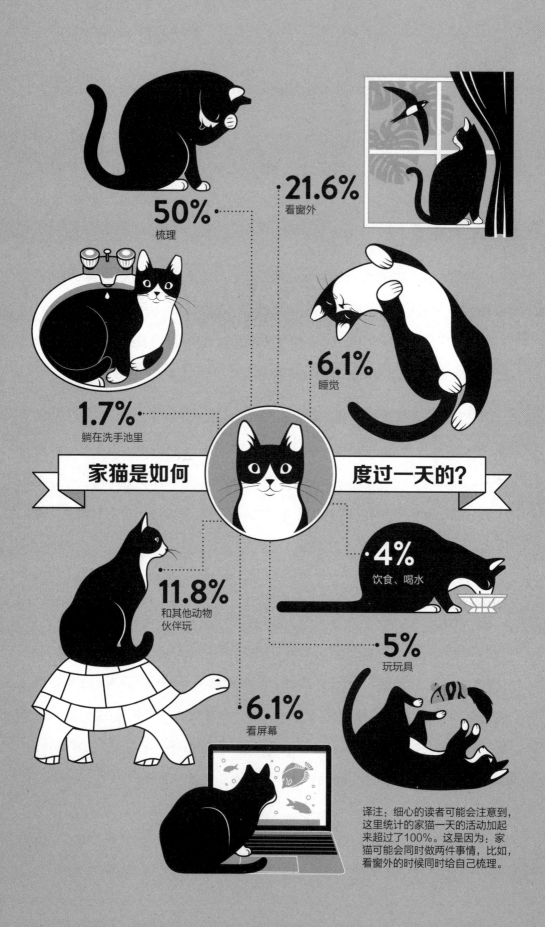

50%
梳理

21.6%
看窗外

1.7%
躺在洗手池里

6.1%
睡觉

家猫是如何 度过一天的?

11.8%
和其他动物
伙伴玩

4%
饮食、喝水

5%
玩玩具

6.1%
看屏幕

译注:细心的读者可能会注意到,
这里统计的家猫一天的活动加起
来超过了100%。这是因为:家
猫可能会同时做两件事情,比如,
看窗外的时候同时给自己梳理。

流浪猫白天夜晚都很活跃，但夜间它们的活动范围更大

最大的威胁是汽车和土狼

年龄较大的公猫会群居，但年轻的猫大多是独行侠

15%的时间用来捕猎，每天捕猎20~30次，成功率约为30%

流浪猫是如何 度过一天的？

在树枝、树桩和栅栏上蹭、抓挠和撒尿，在它们和其他动物常走的路上做标记，同时划出活动范围的边界

有专门晒太阳的地方——野猫也有自己的日晷

白天的大部分时间都待在隐蔽的地方，在灌木丛、栅栏、长长的草下乘凉，还能躲开捕食者和人类

猫是不是夜行动物

好多人都认为或者猜测猫是夜行动物；这些人很有可能是那些被半夜闹翻天的猫吵得睡不着的人。猫在夜间比我们要更活跃，但它们不是真正的夜行动物，而是在黎明或黄昏时活动的动物。在不受外界影响的情况下，它们在黎明和黄昏时更活跃，和它们的主要猎物——啮齿动物一样。

现在你一定也明白了，每一只猫的体内都有一只生气勃勃的原初猫，猫每天的捕猎、追逐、杀戮、进食、梳理、睡觉都有它的参与。弄清这一点不是我们最终的目标——差得还远呢！如果你曾经对自己说过"真希望我的猫能告诉我它在想什么"。很好，它能告诉你，也一直都在对你说话。你只需要竖起耳朵听一听原初猫想要表达什么，你就能知道你的猫在说什么。

第四章 交流——破解谜一样的猫语

多年来，我从流浪猫收养者、客户、《家有恶猫》①（*My Cat from Hell*）的观众，乃至街上的陌生人那里得到的反馈（确切地说，他们气得快说不出话来，一个个青筋鼓胀、怒眉睁目）就是：猫都是些不可理喻的家伙。一谈到猫和抚养人之间的关系，空气中便弥漫着灰心丧气的气氛。当我们看不懂猫通过某种举动想要表达什么意思的时候，便只能瞎猜，结果就是相看两茫然。那一片茫然就像一张空白的画布，人类在上面画出各种一厢情愿的猜想。假设你坐在客厅看电视，你的猫走进来，毫不犹豫地走向你的健身包，然后一泡尿就撒了上去。要我说，这绝对是一个出其不意的重磅炸弹！如果你自以为知道它想说什么，那你就是在搬石头砸自己的脚了，"我讨厌今晚的猫粮！""你今天把我一个人扔在家里十二个小时，而且天天如此，我恨你！""我讨厌你的新女朋友！"顺着这样的思路发展下去，你只能一头钻进死胡同："我也恨你！"

那一天你过得有多糟糕，以及你的猫在过去干过多少次让人血压数值爆表的行为，都将决定你和猫的关系是不是会迅速恶化，甚至最后你们反目成仇。我见过人猫之间已经有些隔阂的养猫家庭，就在这种时刻像一座纸牌屋一样分崩离析。屋子一塌，你的猫就已经有一只脚踏在门外了。我的工作最基本的部分就是打破这样的恶性循环，在人猫关系坏到不可逆转的地步之前对其加以阻止。别忘了，我还在动物收容所工作的时候就开始为猫主人提供

---

① 译注：《家有恶猫》是美国的一档以猫咪行为纠正为主题的真人秀节目，由本书作者担任主演。

咨询服务了。他们会在电话里问我，把猫送回来要付给我们多少钱。我深知恶性循环的终点——关在笼子里的一只无家可归的猫。

　　产生这个问题的部分原因是，我们可能不经意间用有色眼镜来看猫，把我们和狗的交流方式生搬硬套了过来；也就是说，我们希望猫能用我们一看就懂的方式来进行沟通。现在大家都知道了，从人猫关系的历史来看，这种期望是不切实际的。我们数千年来对狗的行为的塑造为它们建立了一种直观的沟通方法，使其可以与人的性情相呼应。我们挑选那些讨喜的狗进行培育，归根结

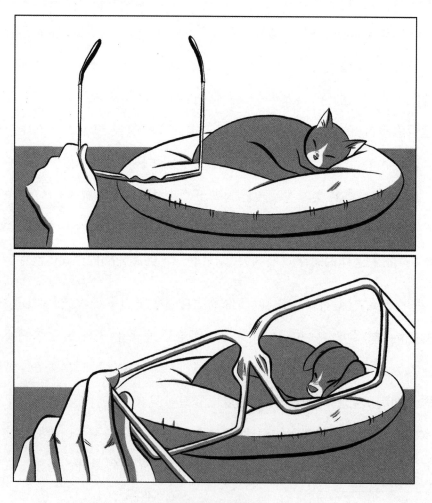

戴着有色眼镜看猫

底,我们最大的愿望就是得到陪伴。而在过去我们和猫的关系中,无论是亲近与否,找伴儿从来都不是重点。要记住,猫替我们保护粮仓时,我们双方都获利了。所以,如今忽然要求猫改变它们和人的基本沟通方式未免太过强求。

人与猫的两个世界和两种语言之间隔着一道深沟,我们必须在上面搭起沟通的桥梁。狗能开心地跃过深沟跑到我们身边;猫却不会。因为我们从来没有过对话的需要,这种情况直到现在才有所改变。

话虽这么讲,其实猫语与地球上任何生物的语言一样丰富多彩。你只需要走上沟通的桥梁,与它相会。从猫特有的叫声到肢体语言,再到……没错,撒尿这样的行为,所有这些加在一起形成了一个语言整体。通过学习,你就能和你的猫相处得更愉快,再也不是一对冤家。

我们这就开始深入了解猫如何"说话"。

"喵"的言外之意: 话痨猫

咕噜噜的声音、奶声奶气的颤音、打呼噜的声音、嚎叫声、龇着牙的低吠声,当然还有喵喵叫,你的猫可以发出多达一百种不同的声音,比大多数食肉动物(包括狗)都要多。当然,如果你家养的是一只"话痨猫",发出的声音恐怕还不止一百种。猫有表示敌对的叫声,也有示好的叫声;有的可能是"走开"的意思,有的可能在说"过来呀"。为什么猫有这么多话要说? 因为比起身体语言,猫的叫声可以将信息传播得更远,甚至可以让听者知道发声者有多高大、多强壮。

让我们看看这三个事实:野猫通常比家猫更安静;猫的许多叫声都只针对人类;爱说话的猫又各有各的不同。这里面可能有遗传的原因,因为一些品种——比如暹罗猫、东方短毛猫和阿比西尼亚猫——比一般的猫更"能言善道"。但我们可以认为，猫之所以变得那么"健谈"，是因为我们人类在这方面发挥了重要作用。毕竟，猫喵喵一叫就能得到关注，还能要来食物，得到爱抚或得到帮助把门打开。有一个事实很有意思，猫很少互相喵喵叫，唯一的例外就是小猫找不到猫妈妈时会发出伤心的叫声。

猫与猫之间用其他声音进行交流，其中有些声音听起来和喵喵叫很像。它们先张开嘴，在发出声音期间数次把嘴合上，发出如嗷嗷嗷的吼叫和猫叫春的声音。在发出不太友好的声音时，它们的嘴巴是一直张开的，比如打斗或受伤疼痛时发出的嚎叫、低沉的怒吼、龇牙咧嘴的厉声喊叫、威胁的嘶嘶声和尖叫声等。

也许猫能发出的最可爱、最友好的声音根本不需要张嘴。打呼噜、咕噜噜叫、奶声奶气的颤音都专门用在和人接触时对人表示欢迎。

猫打呼噜到底是怎么一回事

猫为什么打呼噜是我们至今仍无法完全理解的一个谜题。通常打呼噜是一种正向的反应，但有时猫在承受压力、疼痛甚至在濒临死亡时也会打呼噜。无论出于哪种原因，我们基本上能确定打呼噜不受猫的意识控制，更像是一种反射行为。大脑向喉部的肌肉，或我们叫作"音箱"的部位发出信号，猫吸气和呼气时，这些肌肉以大约每秒 25 次的速度牵动声带震动，就发出了我们称作打呼噜的那种独特的咕噜噜声。

原初猫妈妈通过呼噜声告诉小猫不要跑远了，小猫的呼噜声告诉妈妈它们就在附近。呼噜声释放出可以安抚情绪的内啡肽，能加强两代猫的感情，还能哄小猫睡觉。

呼噜声可能有治愈的力量；它们的频率范围（20～140赫兹）和有助于疗伤和加强骨密度的声音频率相似（至少对猫来说是有用的，但迄今为止还没有证据证明对人类骨伤也有治愈作用）。这可能有助于解释为什么受伤或生病的猫经常会发出呼噜声。

我听说过这样的猜测，猫在将猎物杀死时发出的呼噜声可以让猎物不再挣扎，进入僵直状态。呼噜声也能影响我们。卡伦·麦库姆博士和同事在2009年进行的一项研究表明，人类能够分辨出猫的呼噜声是为了乞求食物——他们取名为"紧急"呼噜——还是"非紧急"呼噜。紧急的呼噜声具有高频的特点。我们能发现呼噜声中显示出的不同兴奋程度，然后做出加以关注或提供食物的反应。

猫爸爸的小提示

猫的最大呼噜声的吉尼斯世界纪录保持者是一只名叫斯莫基的英国猫，它的呼噜声可以达到67.7分贝（相当于餐馆里人们大声谈话的分贝数）。

猫学鸟叫

这是一幕常见的景象：你的猫盯着窗外的一只鸟，全神贯注地盯着看，然后像疯了一样开始牙齿打战，嘴里发出咯咯咯的声音。这是在干吗？

很多猫看到它们够不到的猎物时就会开始牙齿打战。有些猫甚至会对着其他猫发出磨牙齿的声音。有一种猜测是那么美味的鸟到不了手，所以它们表示沮丧。有些人则认为磨牙齿是猫在练习"一口毙命"。

可能最有说服力的解释是猫在模仿猎物的声音。长尾虎猫，一种亚马逊野猫，就能模仿绢毛猴的声音，并把它们引入袭击范围加以捕杀。2013年瑞典的一项研究表明，几种鸟鸣声，比如短而高的唧唧声、低而略微弱的幼鸟吱吱声、尖锐的啭鸣声和猫磨牙齿发出的声音有部分一致性。挺有道理的，对吧？比起大多数捕食者，原初猫更能积极地另辟蹊径来确保捕食成功。古有披着羊皮的狼，今闻学鸟叫的猫。无论如何，如今我们只能把这个问题归入未解之谜，但这也可能是猫的捕食技能进化的旁证。

肢体语言

我们能从猫的身体姿态上解读出很多信息。尽管猫在表达自身感受——无论是自信、放松、恐惧、警惕还是准备进攻——的方式上有着各自微妙的差异，但它们对人还是有一些通用信号的。这些信号大多是从原初猫祖先那里继承下来的，有时，这些信号会让现代猫吃了苦头。

尾巴

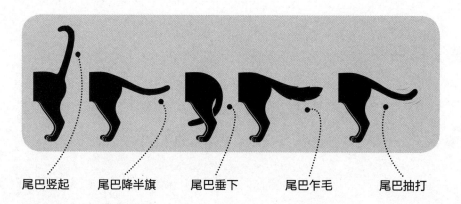

尾巴竖起　　　尾巴降半旗　　　尾巴垂下　　　尾巴乍毛　　　尾巴抽打

猫的尾巴有很多用途。尾巴可以帮助猫跳跃和保持平衡，甚至能起到保暖和保护的作用。猫坐着或慢慢走动时则可以尽情地用尾巴表达各种情感。

猫的尾巴尖端可以独立于尾部其余部分灵活摆动,所以可以发出数种不同的信息。

在原初猫祖先生活的环境中(草原),尾巴就像一个远距离信号灯,指示着猫的情绪状态。翘着尾巴大摇大摆地走就是猫神气的样子。尾巴竖起、尾巴尖打一个小勾则是典型的表示友好或笑着问候"你好"或在说"这边,跟我来。"

尾部放低,含义就有所改变。心情复杂时,猫尾巴就会略微放低,一般是45°角或再高一些。

"降半旗",或和地面水平的尾巴表达的是一个中性、友好的状态,甚至是试探性的,我们需要结合现场的情景才能破译含义。

"尾巴垂下"则有不同的应用场景。猫在跟踪猎物时会把尾巴放低。在摆出防御性姿势,或感到恐惧时,猫也会放低尾巴,使自己身体变小。在极端情况下,猫放低尾巴后会"匍匐前进",或者尽量贴着地面然后迅速远离潜在的威胁。

把尾巴夹在两条后腿之间是最明显不过的害怕的表现。

尾巴乍毛通常表明进入戒备状态,猫可能进行攻击,也可能进行防御。这是猫对周围环境中令它感到惊恐的事物做出的反应。

猫的尾巴抖动(又叫作"假喷尿",因为看起来就是这个样子)通常是快乐兴奋的标志。根据我的经验,我发现猫和它喜欢的人在一起,或者距离很近的时候就会做这个"假喷尿"的动作。我只能猜测这种姿态表明了猫在宣布所有权时,在自信(用身体摩擦人,留下身体气味标记)与不自信(撒尿做标记)的心境间游离。不管真相到底是什么,我的结论是:这是猫在向你表达浓浓的爱意!

尾巴抽打这个动作说明猫正在酝酿着它的攻击或自卫,而幅度小、轻微的抽动可能说明它有些沮丧或心烦。(更多相关内容详见第7章"能量气球"。)

 一本正经的科普

对尾巴竖起的研究

在 2009 年对意大利的野生动物群落的一项研究中,研究人员对猫进行了 8 个月的观察。他们注意到猫与猫之间存在对战行为,比如撕咬、怒目对视、追逐和打斗。他们也发现了回避行为,比如蹲伏、退缩和发出威胁的嘶嘶声;还有友好的行为,比如嗅闻、互相蹭来蹭去和竖起尾巴。

非攻击性的猫经常对攻击性强的猫竖起尾巴,说明这个动作可能传达了"我不是来打架的"这样的信息,以此平息另一只猫的敌对情绪。

为了进一步证实尾巴竖起的作用是表达"嗨,我很友好"的意思,约翰·布拉德肖和夏洛特·卡梅隆-博蒙特让一些猫看尾部姿态不一的猫的侧影照片,然后对它们的反应进行研究。这样就排除了研究中的猫被尾巴竖起以外的事物(比如信息素、猫叫声或场内互动)干扰的可能性。结果呢? 猫会更快接近那些尾巴竖起的侧影,并且也把自己的尾巴抬起来作为回应。看到"尾巴垂下"的侧影时,猫的回应往往是尾巴抽动,或把自己的尾巴也放低。

耳朵

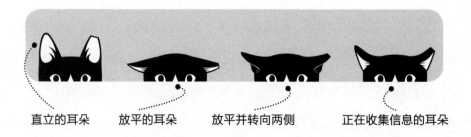

直立的耳朵　　放平的耳朵　　放平并转向两侧　　正在收集信息的耳朵

猫的耳朵十分灵敏,每一只都可以快速地单独转动,所以说耳朵是猫的肢体中表达能力最强的部位,它们能第一时间反映出猫的情绪状态。猫耳中共有 20 多块肌肉控制着耳朵的运动,这意味着即使你的猫正在休息,它的耳朵也能立即开始工作。

猫能通过直立的耳朵接收周围的听觉信息,并做出反应。放松状态下的猫的耳朵也是直立的,但会稍微偏向侧面。如果猫耳朵转向前,说明这只猫处于警戒状态,甚至可能正心烦易怒呢。

放平了的耳朵有不同的含义。如果你的猫耳朵倒向两侧,说明它很害怕,但仍想更多地了解所处的情境。猫耳朵放得越平,说明心里越害怕。猫预感即将遭到攻击时会把耳朵完全向后转,因为这对耳朵能起保护作用。

当猫两只耳朵动作不一样的时候,我就没法做出准确的判断了。在这种时候,猫的情绪其实也同样是七上八下的。

眼睛

避免对视　　　　瞳孔放大　　　　瞳孔收缩　　　放松的眼睛　　眨眼睛

猫的瞳孔在光线较弱时会放大,在做出战斗或逃跑反应时也会放大。放大的瞳孔能接收周围更多的光线和信息(比如当猫在对危险进行评估时,看清更多细节就能制定更多逃生路线)。瞳孔放得越大,猫的防备心可能就越重。反过来说,猫瞳孔缩小时多半是自信又放松的。

然而,传情达意可不仅仅依靠瞳孔大小的变化,还要依靠眼神交流。对猫来说,互相瞪着看通常是一种挑衅行为,但瞪眼的专注度和抗干扰度能告诉我们它是不是真的"想搞事"。

如果一只猫避免与另一只猫进行对视,其中必有原因——通常是为了将发生冲突的可能性降到最小。

缓慢地眨眼睛是心满意足和放松的标志。我们对猫表示问候或和猫交流时,应该引导它们也对我们慢慢眨眼。(详见第十一章中的"猫的问候:眨眼"。)

胡须

猫胡须的主要功能是提供触觉信息,但我们也能通过胡须的状态看出一只猫是放松还是恼怒。

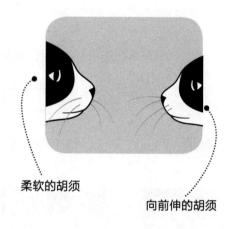

柔软的胡须

向前伸的胡须

一只放松的猫,胡须会柔顺地指向两边;而一只害怕或处在防御状态的猫,胡须会紧贴面部两侧,这也是一种让自己"变小"的方式。

猫的胡须向前探,说明它想要了解更多情况,因为胡须能探测空气流动和物体的移动。胡须越是向前伸,说明猫越专注。猫的胡须指向前方时,可能表明它感觉到了威胁,也有可能是单纯的感兴趣。所以,还是那句老话,现场情境很重要。

没有任何行为或体态是毫无来由的,所以记得要从全局的角度来评估猫的状态:它在沙发上是不是放松的样子?是盯着窗外的另一只猫看,还是缩在床底下？你不仅仅要看清身体、尾巴、眼睛、耳朵和胡须的动作,聆听猫的叫声,还要看到这片领地上其他人或宠物的动态,甚至此刻的时间,千万别"管中窥猫"。如果要概括我在破译猫语时的最大体会,那就是必须要重视现场情境。

体态

猫和其他动物不一样,它们意在求和时并不会发出明显的信号,或者说,它们没有表达"请原谅我"这样的顺从性的肢体语言(多半是因为它们根本不可能有这种想法!)。但这种交流上的限制影响了猫解决冲突的能力。在这种情况下,猫是怎么处理的呢?

我们回到时间线上,看看如今的猫是如何社交的——不仅仅是和人类的社交,还有猫与猫之间的社交。猫的祖先并不是一种社会性的动物,现在的家猫也经常通过回避和防御行为来解决冲突,并用交换气味和竖起尾巴这样的动作来维系良好的关系。了解猫的交流局限性将有助于我们明白为什么猫和猫之间有时无法相处。

猫不开心时有两种表现途径。它们可以"变大":毛发根根竖立,体态夸张——经典的"万圣节猫"弓背龇牙的样子。这样的猫处在高度警戒状态,必要时可能进行反击以自卫。猫的腿蹬直,尾巴乍毛,尾部撅高时,就是做好了进攻准备,相当于在说:"来啊,开战吧。"

另一方面,让自己"变小"的猫则试图表现得不具有威胁性。它们耳朵向后倒,缩着肩膀蹲伏在地——毫无张扬之势。但如果被逼入死角,它们该出手时还是会出手,尽管那是不得已而为之。

有一点要说清楚，不要觉得猫和猫在一起时总是防御心很强，猫有表示友好的全身动作——那就是打滚和蹭来蹭去。母猫发情的时候会在地上打滚，公猫也会打滚。许多猫闻了猫薄荷就会打滚，它们也会在其他猫（通常年龄更大）的面前打滚。打滚和竖起尾巴一样，基本都是在表达"我很友好，我没有威胁性"的信号。互不相容的猫在一起时就很少会打滚。

小猫和小猫之间露出肚皮的意思是：来呀，陪我玩吧。但在成年猫之间，露出肚皮就是一种防御的姿势，因为这个时候猫能用牙齿和爪子进行自我保护。这些露出肚皮的成年猫通常并不愿挑起事端，但也表达了必要时会进行自卫的意愿。在本章后面的"猫式拥抱"中，我们会对猫露肚皮的动作进行更多的探讨。打哈欠和伸懒腰都是猫心情舒畅的好迹象。放松的猫会把爪子都揣起来，压在身体下面，俗称"肉卷式卧姿"。相当于猫把所有的武器都藏起来了，也没有立即逃跑或防御的意图。

"斯芬克斯式"是另一种放松的姿势，这时猫的前腿是往前伸出去的。摆出这两种姿势的猫必定是心满意足的，表现出一副昏昏欲睡的样子。

"肉卷式卧姿"和"斯芬克斯式"与蹲伏的区别很明显——蹲伏是一种紧张的姿势，猫会弓着腰，部分身体重心放在前腿。你能看到它脸部紧绷，或紧张地眯着眼眨巴。猫的这种动作通常是疼痛的表现。因为猫很会把疼痛隐藏起来，所以留心这些细节十分重要。

你的猫生气了吗？

许多抚养人都说他们的猫"莫名其妙"地咬了人，但其实大多数猫会预先发出各种警告，只是这些警告很容易被人所忽略。有些猫可能会走开或背对着你，这是它们想从这段互动中抽身而退的意思。也许你还会看到它甩尾巴，或者抽动背部。猫对你挥了一掌也是一种警告，就好像在说："我不喜欢你这样，你必须尊重我的感受，再这样我就要尖齿利爪伺候了。"

 猫爸爸词典

猫式拥抱

我们把猫对你翻肚皮叫作"猫式拥抱"，因为这是猫能对主人做出的最接近拥抱的姿势。身为猎物，一旦把肚皮露出来，就等于在说："肚皮是我身上最柔弱的部位，你完全可以用你的爪子把我从喉咙到下腹整个地开膛破肚，掏出我的内脏。但我现在对着你把肚皮翻了过来，我把最脆弱的一面展示给你了。"打滚也一样，都是信任的表示。这些动作是从猫的基因里传下来的。明白了这一点，你就更能珍惜猫咪对你的忠心了。

但你是不是读到这里就想把手放到猫肚子上？别！还是那个老道理，如果你尊重它们身为猎物的自我保护本能，理解它们每一根神经下达的指示，那么你就应该退到一个安全距离来欣赏猫的拥抱（除非你已经和猫达成默契，明确知道它想要被摸肚皮）。另外，我之前也说过，因为这个姿势有时用作防卫，所以如果它们觉得你的手靠近它们的腹部是一种威胁，就很有可能突然咬你或抓你。

猫的社交：嗅觉和信息素

嗅觉

猫的狩猎方式是"尾随—出击"，其间不大用得上嗅觉。这一点就和狗形成了鲜明的对比。狗会长距离追踪猎物，而猫的追踪距离很短。

但气味对猫与猫之间的相处十分重要。它们的嗅觉能力是我们人类的14倍，嗅觉信息与大脑中负责情感和动机（比如焦虑和攻击）的部分直接连通。记住这一点非常重要。

猫还可以用犁鼻器（VNO，也叫茄考生氏器）探测信息素。信息素是特殊的化学信号，可以反映有关性别、生殖状况和个体特征的信息。你可能见过你的猫做出"张嘴嗅闻"的样子，或闻东西的时候表情怪异，这就叫作裂唇嗅反应。这种行为表明猫正在吸入信息素（通常是从其他猫的尿液里散发出来的）。通过裂唇嗅反应，猫能知道什么动物来过这里，什么时候来的，甚至能知道对方的情绪好坏。猫还能以此推测出对方是不是自己认识的猫，是不是入侵者，是不是发情的母猫，是不是没做过绝育的公猫，是不是很紧张……这些信息可以帮助猫避免与其他猫接触和产生冲突。

一只猫故意到处撒的尿会引得其他猫来嗅闻，如果它们和这只猫并不熟悉便更是如此。但如果陌生的猫跑来撒了尿，其他猫并不会因此就避开这个区域——尿不一定是"禁止进入"的标志。

信息素

猫可以通过脸颊、前额、嘴唇、下巴、尾巴、四肢、胡须、肉垫、耳朵、侧腹部和乳腺传递信息素。把这些腺体在物体或人身上摩擦就能留下猫的气味。这些不同的信息素的功能仍是未解之谜,但研究人员已经确定了三种面部信息素的功能。

其中一种信息素(F2)来自公猫,表达的信息就是"我准备好交配啦"。猫用脸颊或下巴摩擦物体时能释放出 F3 信息素,作用是宣布所有权。F4 信息素是一种社交信息素,用来标记猫熟悉的个体,包括人类、其他猫等。F4 信息素降低了猫与猫之间发生冲突的可能性,还有助于猫对其他个体的识别。

你可以从猫蹭你的方式看出它们的情绪状态。用脸颊蹭你是一种有信心的表现,用脑袋轻轻地撞你则是猫在说"我爱你"。

猫抓挠物体也是它们标记领地的一种方式,有时猫在抓挠时会释放出表示警告的信息素。

撒尿标记是一种发情期行为,也是猫对领地变化做出的反应(比如地盘上来了新动物,或者出现新物体)。虽然撒尿标记是猫科动物的一种完全正常的行为,但这种行为和洋溢着爱意的面部标记截然相反,这是类似欧洲昔日霸主拿破仑那样对领地极度敏感的反应。

这些原始行为在猫的族群中通行,但只看到它们普遍的行为规律是不够的。我们已经完成了对猫的大体的探究,接下来就该深入挖掘,探讨一下为什么每一只猫都是独一无二的。下一章,让我们来更深刻、更透彻地了解你们的猫同伴吧。

第五章 神气猫之范例及自信据点

讲到这里，我希望我已经为你们讲清了猫族的前世今生。所有的猫都不例外。它们尽管身处窄室，但仍心怀原野，遵循着原始的指引，把进化赋予它们的本领用来实现日常目标。同时，实现目标的过程就像给猫搭建了一个跳台，纵身一跃便能投入"神气"的海洋。现在，我们要开始思考如何用对猫通用的规律分析自己的猫，比如利用原初猫帮助家猫表现出它们最好的品质；研究如何让我们的家给猫带来最大的幸福感；改进我们和猫的日常关系，等等。

神气猫之范例

说实话，我从来都不喜欢划分"某某型人格"，或者给人贴上几种性格的标签。这也是我不肯在名字后面加上"猫行为专家"的原因。如果用了行为专家的头衔，感觉好像只要我看一看某个"闯祸精"，稍加指点，它就能幡然醒悟，变成好宠物的榜样。如果你看见心理咨询师自称为"人类行为专家"，你是不是也会感到有点不开心？这个名称有点冷冰冰的，对吧？

话虽如此，遗憾的是，在出诊时，我并没有时间对每一只猫进行深入了解。我必须在几个小时内见面握手，观察环境和家庭氛围，和猫做些对它而言有挑战性的练习，然后诊断，留家庭作业，最后收工。我想对我所有的动物客户和人类客户保证，我见过的每一只猫内心深处都绝对希望成为一个神气的猫主子。所以,能尽快弄清猫的问题,探明它们距离成为猫主子还有多远,我和抚养人的工作就好办了。

当猫很自信地拥有自己的领地时,它就有了最基本的神气。满足这一点之后,我们可以把标准提高一些,让猫不仅有领地,还有自豪感,领地的背景也不再是荒蛮的大草原,而是家。如果能弄明白猫属于哪个气场,我们的工作目标就能更清晰。于是我总结出了神气猫的范例——"莫吉托猫",以及反神气的范例——"拿破仑猫"和"壁花猫"。

"莫吉托猫"

假设你家旁边来了新邻居,搬进来几个星期以后,他们邀请你去做客,庆祝乔迁之喜,和街坊联络联络感情。你敲了敲门,门一打开,一股挡不住的热情向你扑来,让你有些招架不住。你的新邻居笑容满面地同你问好,亲亲热热地喊着你的名字,给了你一个温暖的拥抱,就好像你们已经认识了很多年。但抱住你的只有一条胳膊,因为,你发现女主人的另一只手还托着一盘饮料。

"来点莫吉托?"她问,"我们有几种不同的口味。这个柠檬味更重,那个黄瓜多一点,这几个杯口滚上了盐粒,那些没有。"

你还没回过神来,只有一愣。主人看你说不出话来,就笑了——但她还是递给你一杯饮料,然后轻轻地推着你的手肘,带你进屋。

"我来带你到处看看……"

你们先到壁炉跟前，女主人把度假、生日和婚礼的照片指给你看。讲到她和祖母的往事，她停下来，拿起一张旧照片，一边深情地用手指在上面滑过，一边讲述她和祖母的感情有多深。说着眼泪流了下来，她擦去眼泪，继续带你参观。

她给你看了房间里的每一个角落。太神奇了，这里处处都有一段历史，在这个展示和讲述的过程中，你被这家人的故事深深地吸引住了。

等一下！你猛地停住了。这些人不是刚搬进来吗？怎么看起来——还有感觉上——好像他们已经在这里住了好多年？这是一种气氛。搬家公司的卡车开走后才过了两周，而今天，这里就成了一个家，你觉得不可思议。

你发现这个好客的女主人没有纯粹为了让你感动而忙里忙外，也没有你一放下杯子就赶紧递过来一个杯垫。你意识到这种轻松感源于她无心打动客人。她并不想追求"完美"以带来身份的抬高。她只想认识你，也想要你认识她。在这个家里无须刻意之举。你来之前不是准备了一个提前告辞的借口吗？你再也用不上了。为什么？因为你想留下来。

现在，想象一下把这个女主人换成一只猫。

……你一走进家，这只猫便径直来到房间正中，高高地竖着尾巴，挺胸抬头。它耳朵向前伸，而不是想要把来人探个究竟那样往四面八方飞快转动。眼睛直视前方，满眼问候的神情，而不是四下搜寻逃生路线。"莫吉托猫"并没有捧来饮料，而是在你和所有来人的双腿间画着"8"字钻来钻去。你俯身伸手打招呼，它抱住你伸出的手指往额头和脸颊上蹭。它主动和你这个陌生人接触，让双方都感到愉悦，还自信地在你身上做标记，把你变成一个两足兽

"气味吸收器"。当你走进家庭活动室时,它便爬到门旁猫爬架上的第三层,向你展示它如何俯瞰这片领域,显得对自己的领地十分自豪。你走进厨房,它蹿到你前面,在你开始谈话时埋头吃起了晚餐。你和"莫吉托猫"再次走进客厅,路过猫抓柱的时候,它过去练了练爪子。在这段参观过程中的每一站,它都在用脑袋拱你,用脸颊蹭你,在你身上留下气味标记……最后你们坐在沙发上开始聊天时,它就睡着了——不是趴在你身上就是靠着你。

在神气猫咪的测量仪上,"莫吉托猫"的读数位居正中。它就是自信的指标。它无须向别人证明任何事情;它就是神气活现地走在布鲁克林的托尼·马内罗。它爱自己的领地,它为此而自豪,它对领地所有权无可置疑——这就是它的家。"莫吉托猫"有着如下特点:它深深地爱着这片土地,迫不及待地想要和别人分享。这一点,从它在生活环境中的行为,以及居住在那里的人和动物的身上都能看出来。朋友们,这就是神气猫该有的样子。

"莫吉托猫"为神气猫树立了标杆。它给了我们一个为之奋斗的目标,它就像一颗恒星,而另外两个范例就像两个行星一样绕着它转。"莫吉托猫"可以自信到向你炫耀它的家,请你分享它的财富,而我们另外两种猫却有着深深的不安全感。它们不会向你展示稳固的江山,而是要么战战兢兢地担心你会把它们拥有的东西夺走,要么觉得它们一开始就不值得拥有任何东西。

请看我们的第二个范例。

"拿破仑猫"（又名"霸占狂猫"）

我在纽约长大，那会儿帮派活动曾经猖獗到让人熟视无睹的程度。我的父母教过我哪些地方安全可以去，哪些地方不能去。

有一天我在公共汽车上睡着了，醒来后发现自己多坐了大约二十个街区。我小心翼翼地下了车，然后穿过百老汇去等下一趟回家的公交车。我走到靠市中心那一侧的街道时，我被拦住了……被一个小孩拦住了。我是说，他不可能比当时的我更大，那时我大约十三岁。我不记得他所属的帮派的名字，但我知道他是其中一员。为什么？好吧，首先，他穿了一件肩膀上磨毛了的牛仔背心，前胸和后背上都写着帮派的名字。他往我面前一站，挡住我的去路，挺着胸膛，双臂交叉抱在胸前。

"你知道这是哪儿吗？"他问道。他的脸离我的脸很近。"我来告诉你……"他指了指一个巨大的"标签"，他那帮派的名字用白油漆写在一栋楼的砖墙上。

我记得我完全反应不过来他到底想要我干什么。我猜他身上有武器，因为大人告诉我坏人身上都带着刀，我也信了，但又没见他把刀掏出来。他就这么站在我面前，两只眼睛眯成了缝儿，一副要动手的样子。

这个孩子显然不打算杀了我，但每过一秒，他对我，至少对我这不上道的样子就越不耐烦。他并非想要阻止我进入他们的地盘（当然，除非我是敌对帮派的人)——他只是想让我承认这里属于"他们"。我也有点不甘示弱的意思，但忽然意识到他年纪不大，却那么能吓唬人。他抱着双臂的姿势，他俯身压过来的样子，还有一身帮派打扮——加在一起营造出了吓人的氛围，当时很多孩子都把这一套玩得很溜。

天下有许多帮派接纳这些没地位、没依靠的孩子，让他们成为一个大家庭中的一员。其他的帮派完全可能在这个星期晚些时候跑来这里，用他们的帮派名字把这个男孩的帮派名字盖住。然后这个男孩就得回到这块属于"他的地盘"，再把名字涂写一遍——他们要告诉那些抢地盘的(还有整个世界)，这堵墙、这条街、这片社区都是他们的……你们都给我记住了。

我想回答他的问题，我真的很想……但我做不到。恰恰相反，我准备以暴制暴。我身上每一块肌肉都绷紧了。我想回敬他一个不客气的眼神，但我像是一条被扔上岸的鱼，这一眼瞪得极其无力。我想要绕着走过去，他一个滑步挡过来。我又想往另一边走，他一扭身还是把我拦住了。我也

不知道接下来我做了什么，但我当时的动作一定十分卑躬屈膝，惹得这个孩子哈哈大笑起来。他扯着嗓子，笑得脑袋直往后仰。那阵笑声摧毁了我仅剩的自信心；我就像他鞋底的烟头，一下就被踩灭了。他的自尊得到了满足，他的领地毫无疑问地未受侵犯，他终于让我过去了。

从某种意义上说，他需要通过恐吓和羞辱来强调他的所有权。只有在确认我被他打倒在地后，他才能在这里称王称霸。所有帮派都具备这种直觉；这

个孩子对我的所作所为，也是那些帮派对整个社区的所作所为。抢劫、无休止的标地盘，一小撮暴力分子以争夺领地的名义打斗，各自画地为界，社区整体的神气因此备受摧残。

尽管"拿破仑情结"不是一个公认的病症，但一直以来，我们都用这个词来描述占有欲特别强的人，比如我描述的帮派成员。因为在内心深处，他们对自己的所有权完全没有信心，在不断的追求中却已看不清真正的目标。于是他们需要看到另一个人的失败，以此来证明自己仍然是这片土地的主人。全世界都有拿破仑的身影——摧毁古代文物的宗教激进主义者，感到王位不稳就采取焦土政策的暴君……在拿破仑的世界里，他得不到的东西，别人也休想得到。

是的，所有这些都适用于反神气的终极恶霸——"拿破仑猫"。当你在"拿破仑猫"的领地上与它相遇时，它迎接你的姿态将是耳朵向前伸，眼睛几乎是直勾勾地盯着你，可能还会做出蹲伏，甚至摆出咄咄逼人的姿势。它脑海里的第一个想法是："你是谁？你想来这儿偷什么？"正如拿破仑情结这个名字包含的意义，这是它疑心权力将被颠覆，于是做出的过度补偿的反应。在这只猫的家里，它会在最出人意料的时候伏击其他人和动物，即使他／它们长久以来一直在将各类权益拱手相让。

要是猫也能把双手叠在胸前，"拿破仑猫"也会这样做。"拿破仑猫"不会托着一盘莫吉托在门口迎接你，而是会站在门道里，或者挡在别人最频繁出入的地方，和我小时候遇到的那个帮派成员一样。但在"拿破仑猫"的世界里，它在墙上涂写时用的不是油漆，而是尿液。我们能看出，这种行为就是没有底气的表现。它在房屋的边角、窗户下面和门上撒尿液，好像在说，"我要保护这座城堡，所以我应该造一条护城河！"

有意思的是，我将这个范例定义完整后，当我再次在一对一的工作中见到"拿破仑猫"时，我发现它们在家里很少得到爱，它们的主人很少设身处地为它们考虑。如果想要"拿破仑猫"一步步变成神气猫，帮助它们成长为最好的"莫吉托猫"，我们要做的就是给予同理心，不偏不倚地将我们的育猫技能用在每一种脾性的猫上。

"壁花猫"（又名小可怜）

"壁花猫"这个名字就相当不言自明了，但你一般得在来你家玩的人问过"你还有另一只猫吗？我以为你只有一只猫！"以后，才会知道自己的猫属于这种范例。"壁花猫"是那种深藏不出、躲在床下的猫，它们的主要生活目标就是不被人发现，不受监视。

它行动谦恭，希望偷偷从你身边溜走时不会被你发现。当"拿破仑猫"躺在门道里，而"莫吉托猫"正在四处走来走去并喊道"嗨！你好吗？"的时候，"壁花猫"贴在墙边（它因此而得名），怎么都不敢走过去。"壁花猫"说："这里不是我的地盘。我觉得你一定是这里的头儿……这样完全没问题。但如果不是太麻烦的话，我只想去一下那边的猫砂盆。我没看着你，我只是路过，不用管我。再见！"然后它夹着尾巴，一眨眼就跑不见了，或者，它会以"壁花猫"特有的方式离开，即匍匐着后退。

谁能想到呢，正是"壁花猫"缺乏神气的种种表现——偷偷摸摸地走在家里的角落，不惜一切代价避免冲突，表现顺从，总是过度恐惧和胆小——导致它在有多只猫的家庭中落得个受害者的角色，也就是人们常说的"弃儿"。在这样的家庭里，它要么躲在衣柜里或床下不出来，要么蜷缩在架子上，或冰箱顶上的一角。在极端的情况下，当"壁花猫"认为自己无法走出那些"安全区域"，它们甚至会在这些地方大小便。

正如"拿破仑猫"位于"自信测量仪"的一个极端，"壁花猫"则在另一个极端。它是神气的，因为它的躲避是不得已，而非欣然为之。不管威胁是真实的还是它想象出来的，这并不重要，它都必须拿出全副精力应对，迅速采取行动。

我们希望所有的猫都是带有各自特色的"莫吉托猫"——换句话说，我们不用要求它们按照我们心目中自信的样子去做改变。我们要理解它们的偏好，安抚它们的焦虑，让它们成为它们能做到的最好的"莫吉托猫"。但是让"拿破仑猫"和"壁花猫"踏上"莫吉托乐土"的障碍，却往往是我们对它们抱有的成见。"拿破仑猫"总是被我们嫌弃，"壁花猫"只让我们觉得可怜。于是我们把"拿破仑猫"单独锁在一个房间里，让它攻击不了任何人，给"安全区"里的"壁花猫"一点特殊照顾，也许在冰箱顶上或床下面放一盘猫粮，或者在衣柜里给它一个舒适的猫窝。正如那句老话说的："毁灭之路由善意铺就。"记得，通往"莫吉托乐土"唯一的方式就是跨过"挑战线"（见第九章）。

与原初猫共处

在野外，虽然没有墙壁、门或窗户来界定猫的领地，但猫有自己的地图，标明各自领地的边界。大多数猫都有一个核心活动区域,它们把那里认作家。核心活动区域之外领地的大小可能取决于它们是雄性还是雌性、生活的区域内猎物的多少、周围有哪些捕食者、有没有交配对象,以及有多少直接竞争者,等等。

没有门和墙,猫就用地盘性标识来标记它们占领的空间。如果我们要放大所有猫科动物的共同点,那就是,从狮子到猫,它们不仅都是地盘性动物,还有一模一样的霸占地盘的方式。所有大小型猫科动物都做标记,或使用标志物——撒尿、抓挠、用脸颊或其他有气味腺体的部位蹭,甚至用大便——来绘制边界线。

原初猫用抓挠的痕迹来标记常走的路线,还会在栅栏或倒下的树枝等物体上蹭脸颊。它们用尿液在树桩等其他突出物体上粗略地标出活动范围的边界。正如上一章里讲的,做标记的行为表达的是"我住在这里",而不一定是"禁止闯入"。尿液标记传递的是有猫最近来过这里、它的生殖状况等信息;所以到了交配季节,"尿液标记"也会进入高峰期。

但所有这些标志物的重点在于让猫能和平共处。这就像留下一条消息说:"你好,我想在下午 2 点到 4 点预定这块地儿——没问题吧?"这样就顺应了猫科动物的社交风格,避免冲突,确保单独使用资源(食物),并根据需要分享时段。当然,我们都知道有时猫不愿分享——于是战争爆发。标志物可以帮助猫确认不该待在什么地方,什么时候应该离开,这就是为什么它们对猫十分重要。我们用房屋将猫的边界框住后就更是如此了。

自信据点

猫以三维的方式看待领地,而其他物种(包括人类)都不会这样做。例如,当我们两足动物走进一个房间后，我们通过地板上放了什么东西来感知这个环境——我们目测出最舒适的椅子或沙发，靠近窗户或电视的最佳座位，甚至最合适放钱包和钥匙的地方。面对现实吧，我们是十足的陆栖动物。

而猫呢，从地板到天花板的每一寸空间都被它们考虑进去了。它们评估出可做休息点的地方和有利的蹲守地点，从而可以审视共享这片土地的其他生物的来来往往。它们还会找出可以捕猎、玩耍的空间，或者可以藏得让人找不到的隐蔽点。

正如我之前提到过的，神气猫的范儿，部分得靠那种"就和在家里一样"的感觉。棒球运动员的精气神不仅来自他每天的惯例、仪式、节奏（对于他们来说包括击球练习、理疗和他穿制服的方法，等等），而且还来自举行仪式的场所——球场。如果我们把托尼·马内罗从他的布鲁克林社区带走，放到斯塔腾岛上，他还能保持那股精气神吗？大概不会。

一样的道理，猫的神气也不能只依靠捕猎，还要依靠猫最容易获得成功的地点，依赖在这种地方建立起的自信。每只猫在垂直的世界里都有各自偏爱的有利位置，我称之为"自信据点"。我们的任务是发现并鼓励它们多去这些地方，让它们以更以美好的面貌、元气满满地去征服这个世界。为达到这个目的，我们所要做的就是观察。当你的猫走进一个房间时，它往哪里看？许多猫进屋的时候会把头抬得高高的，一直往上面看，好像在说："那里！我要那个！"它依靠神气的指引来确认垂直轴上的某个地方是不是适合逗留。搞清楚你的猫有着什么样的逗留偏好，将大大有益于建造长期有效的神气地盘，培养一只神气满满的猫！

请看下面三个类型：

上天下地的猫们

"钻草族"指那些在咖啡桌下面或植物后面静静等待的猫。它们经常处于"原初猫"的思维模式中,无时无刻地等待狩猎或突袭。"钻草族"喜欢四只脚都踩在大地上的感觉。

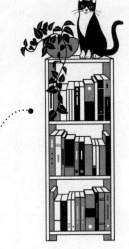

"爬树族"决不肯待在地上。这些猫通过爬高望远来获得自信。它们不一定非得爬到房梁上,而是站在椅子上或沙发上。身居高位时,它们便表现出自信的样子。

"游走族"喜欢站在坚实的土地上,但它们不会在咖啡桌下面蹲守,而是四处闲荡。"游走族"喜欢开阔的地方。天天都能把你绊倒的,就是这种猫。它们向你和家中的其他人发出的信息是:"你们都得绕着我走。"

在你认定你家猫是"游走族""爬树族"还是"钻草族"之前,你首先要知道逗留和躲藏之间的区别,然后再做分类。你可以通过猫的肢体语言判断出它是不是在安心逗留:耳朵向前伸,认真审视这片空间,不怀有警戒心。

躲藏则明显不一样。想要躲起来的猫会努力"变小",让自己不被发现。

这就是我们说的"畏缩据点"。它们趴地蹲伏不是为了舒适，是因为没有自信而寻求安全。如果你的猫一直躲着不见人，或者大部分时间都在床底下，你就不能把它归类于自信的"钻草族"。一样的道理，如果你的猫待在冰箱上不下来，它多半也不是一个"爬树族"，而是一个"冰箱囚"。

"冰箱囚"就是指猫住在高高的冰箱上——但它还是害怕。虽然这种行为深深地打动了你的心弦，但你不能出于心疼就允许这种生活状况持续下去。如果你的猫不仅仅是愿意待在上面，而且是表现出必须待在上面的样子，而你还把吃的也放上去。你这样做并不能解决问题：你的猫想逃离某些东西——一般是其他动物或人，只有在冰箱上它才觉得安全，因为它觉得地板上有些东西就像碎玻璃一样恐怖。

除此之外，猫也会找窝洞躲藏，当它们出于恐惧藏身窝洞时，我们把这叫作"洞藏"。我们经常把它们需要的东西拿到窝洞里去，放任"洞藏"的行为——我们在床底下喂它们，或将猫砂盆放在它们身边，误以为这样能帮它们感到安全。但"洞藏"不会让猫感到安全，只会让它感到自己的卑微。

我们把猫躲着不出来的地方叫作"藏猫洞"。这种地方可能是床底下最远的角落、弹簧床垫的木架子里、衣柜后面的深处，甚至可能是墙上的洞里（这些情况我都见过）。"藏猫洞"代表了最极端的窝洞。我建议，所有的"藏猫洞"最后都要移走或封死，让猫再也不能进去。当然，我们这样做并不是为了夺走猫的安全感。

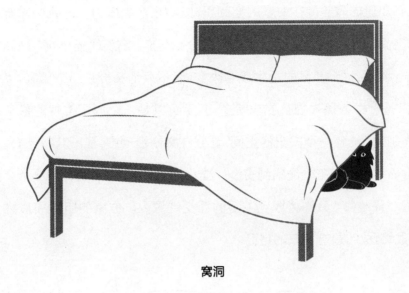

窝洞

 猫爸爸词典

窝洞和猫小窝

窝洞只能让猫躲藏，但猫小窝可以帮助猫得到蜕变。

猫小窝

我们知道猫需要待在安全的空间里，以防止产生压力。但我们需要对这些安全空间加以掌控。所以我要向大家介绍"猫小窝"。"猫小窝"是你给猫安排的一个藏身处，其目的是挑战与改变，而不只是又给它一个猫窝。"猫小窝"可以是一个帐篷式猫窝或猫隧道，甚至可以是一个放了柔软的毯子的猫笼。"猫小窝"给猫一个安全的空间，让它在家庭活动中，逐渐获得信心，在猫小窝里，猫不用藏起来就能感到安全。猫小窝就像一个茧，孕育着一个焕然一新的猫。"猫小窝"最终将放到主要的社交区域内。你家的胆小猫最终也将能化茧成蝶，成为最有神气的自己。

在第八章中，我们将讨论领地的问题，以及如何消除猫的隐身模式。

猫世界中真的有领头猫吗

我不太相信领头猫这种说法,即一只猫在领地上或家庭里建立起统治权,施行首领的支配权。"领头狗 / 猫"和"支配权"这些提法用得太多,有时并无益处,尤其对猫狗来说。

事实上,现今并没有证据表明猫群内有严格的等级制度,即一只猫长期稳坐王位。我认为住在一起的猫没有高下之分,只有分工不同。猫咪们分时段共享那几个它们都喜欢的地方,有的猫喜欢四处巡逻,保证家里一切正常,就像一个心存善意的独裁者……或者这片屋檐下的惩戒教官。在我家,担任这个角色的是皮什,比如它走过来,嗅一嗅我另一只叫卡罗琳的猫的屁股,卡罗琳就明白它的意思了:"我来了,让开!"

我想很多人都会把皮什看作领头猫。然而,一个社会由形形色色的角色组成,简单粗暴地就把"头领"的称号赋予其中一个是很不恰当的。应该承认,为了防止社会陷入无政府状态,每个社会成员都必须各司其职。"头领"这个称号所指的是一只猫所处的支配地位,但这种地位并非这只猫内在特征。你可以用它来描述两只动物之间的往来模式,但实际上我们并没有确切的证据证明狗会遵守"群狼规则",更不用说猫了。还有研究表明,很多时候我们看见的"支配"行为或攻击行为,其实更可能是因为猫的年龄和相互之间的熟悉程度的不同造成的。简而言之,没有什么领头猫。

把一只猫称为"头领"或"支配型"导致的一个大问题就是,实际上这不能帮助我们理解它的行为。这样并不能解决任何问题,只会在你眼前蒙上一层带冲突性的滤镜:通过它来观察猫,无论你看到什么都会觉得猫带着攻击性;结果,你的反应就是试图去控制这只猫。

神气猫范例之间的联系

正如之前我们讨论过的，"莫吉托猫"就像一块社交磁铁。人们往往愿意亲近"莫吉托猫"，因为它有自信——不会过度自我保护。"壁花猫"和"拿破仑猫"就不一样了，它们执着地守护自己的东西（并且感到焦虑），反而看不到家里或领地上有其他更美好的事物。

"莫吉托猫"绝不会为此所累，它能轻松游走于它世界里的"猫情世故"中。这能说明"莫吉托猫"是"支配型"吗？不！如果你仔细观察你的猫，你会发现，大多数猫都能用妥协变通和时段共享来处理相互间的关系。（详见本书第三部分。）

第三部分

神气猫工具箱

第六章　欢迎打开工具箱

在前面两部分,我们谈了历史上的猫如何学习与人类共处(这样的转变并不容易)、如何适应在室内的生活(难度更大的转变),等等。基础课程到此为止,下面我们要开始新的篇章。我将要说的是日复一日、年复一年地发生在我们身边的故事。我将告诉你的是:我们不仅仅是那个为猫咪们守护家园、提供资源的人,我们还要和它们同处于感情联系中,并利用各种机会引导我们的伙伴成就最幸福的"猫生"。

在接下来的章节中,你还将获得很多实用的知识。这些知识经过实践检验、上手即用、操作性很强。它们将有助于提高你和你的猫的生活质量。但如前所述,实用知识并不是这一部分的重点,这一部分的重点是告诉你:你和你的猫是在一段感情关系里。

想象一下:你有一个 15 岁的儿子,他友善、外向,又大方——他是一个永远不会给你或其他任何人带来麻烦的人。一天下午,你接到学校校长的电话。校长告诉你:你儿子不知怎么地就和另一名学生打架了,还把那孩子的鼻梁打断,让他进了医院。你的儿子必须被停课处罚,直到事件调查清楚。你儿子现在在校长办公室,等你来接他。

你挂上电话,整个人都震惊了,家长焦虑达到五级强度。你无法理解你儿子可能做出这种事的原因。从你拿上车钥匙那一刻到你开车到学校的这段时间里，各种极端情绪在你心里逐一爆发——从愤怒到沮丧再到恐惧，还觉得有点丢人。尽管内心风暴肆虐，但在安静的风暴中心，你想象他坐在那里等着你，又害怕又愧疚，甚至可能依旧满心愤怒。不管事实如何，你知道他肯定不好受，因此，你也不好受。他是你的孩子，你只想知道发生了什么，你好帮助他。

现在，想象另一幅场景：你工作劳累了一天，回到家一打开门，就被猫尿刺鼻的氨水味儿熏到了。你以前听说过猫会乱撒尿，但你的猫这辈子从来没干过这种事。你立刻开始四处寻找，一边找一边骂……找到了，就在全新的香草奶油色沙发正中的坐垫上，你看到一大块橙黄色尿渍。

你抓起抹布就去擦坐垫，这一擦，震惊变成了"黑云压城城欲摧"的暴怒。不管你怎么用清洁喷雾喷了又喷，用干毛巾吸了又吸，你最终还是发现，这块坐垫已经报废了：尿渍变淡了一些，但无论如何也去不掉了，那股味道似乎永远都散不尽。你气得火冒三丈，怎么想都觉得你的猫干这种坏事都是为了报复你。明摆着的，它作了恶，不管是为了什么原因，你知道反正你是没做错任何事的。你看到它坐在厨房门那里，就和每天晚上一样等着吃饭。几个小时前它决定报复你，现在就一切照常了？没那么好的事。经过一番利弊权衡，你摇了摇头，因为你意识到你的猫永远无法理解它给你带来了多大的伤害和痛苦。

然后，我们做一下对比：

在这两个场景中，孩子和猫的表现都说明有些事情出了问题。在孩子的例子中，你的关注点很快就转移到了孩子身上。一个大大的问号占据了你的脑海——到底是什么事让他觉得有必要诉诸武力？为什么我没能看到征兆？之后你想到的就是怎么办，比如要怎样才能帮助他，一家人要如何共渡难关。而在猫的例子中，你脑海中的问号指向的是为什么你的猫会对你做出这种事情，而你考虑的"怎么办"是你怎样才能把坐垫上的尿液洗干净。你没有费心思去想它乱撒尿是不是因为家里什么地方出了问题,而"五级家长焦虑"的缺失也没让你想到第二天早上就赶去找兽医,看看它是不是有什么感染,还是有其他导致行为异常的健康问题。

简而言之:在第一种场景中,你的反应是全身心关注你的孩子;在第二种场景中,你的反应是全身心关注你的沙发。

问题就出在这里。

家庭是神圣的,和家庭成员相处时,你不能把真正的同理心只给一个人而不给另一个人,也不应该只给某些人而不是所有人。虽然我们自以为已经相当开明,但只要我们把宠物当作我们的所有物而不是我们所爱的家人来对待,就会污染我们的家庭关系。

猫不是你的所有物,猫是你的爱

撇开物种的不同,纯粹地把你的猫看作家里的另一个成员;这就是你们之间的关系。要成功地维护这段关系,你得做到以下几个要点:

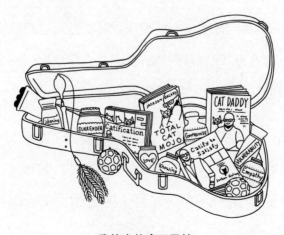

我的吉他盒工具箱

- 了解——你的猫喜欢什么，不喜欢什么，有什么是它害怕的、厌恶的，它在过去形成的好恶如何决定了它现在的行为。

- 倾听——当它们向你有所求的时候，无论是爱、保护还是陪伴，你都要给予一分关注，即使那一刻你什么都给不了。

- 妥协——在任何关系中，你最终都会意识到你和你的需求并不是最重要的。你需要有付出，虽然其实这是你最不愿做的事情。

- 脆弱——感情关系是双向的，双方互相陪伴，但你要承认你不可能懂得一切，不能控制这段关系将走向何方。你不能控制别人的反应，以及他们处理身边事的方式。你能从对方的行为中发现一些东西，因此对自己的心态和行为进行微调，反过来也一样。换句话说，你勇敢地和对方在一起，不必依赖幻想中的安全网，也不需要让事事都在你的掌控之下。

- 当然，这一切的秘密配料，是爱——这种情感让你深切地感到，你们在一起的生活要比分开的更好，于是你乐于接受上面所有的条件（虽然做起来没那么好玩），不仅因为你对这段关系持续的投入，还因为我们在一起的原因——爱和被爱。

将所有这些基本要点放在一个熔炉里，锻炼过后，这段感情就有了自己的生命，能照着自己的意愿，踩着自己的节奏成长。而我们——尽管内心都在强烈抗议——在我们自己的故事中被降级成了演员，而不是导演。

最后一个元素——投降。不管你们的关系是"我和我的另一半"，还是"我和我的毛孩子"，投降都是其中必不可少的关键成分。诚然，放手所有权、接受平等关系是一件可怕的事情。但只有这样，和对方共度的此生才值得你们永久地珍惜。

讲到这里，我的目的就变得很明显了，我想让你改变视角，把人猫关系当作平等的关系来处理。从这个视角出发，在解决问题行为方面，你希望从本书中获得的一切都将得到十倍的提升。怀着同理心来观察猫的行为，你就能对在家具上撒尿和其他"闯祸"行为产生截然不同的反应。你再也不会对你的猫生气并把它大骂一顿（或自己生闷气），你的第一反应会是："啊！它一般不会这样，到底发生了什么让它做出这种反常的事情？"我们头脑中会自然产生"为什么"和"怎么办"的反应，这也是在讲这一部分里其他工具时我们应保持的思维模式。

此外，同理心还赋予我们些许预见的能力。下一次异常行为发生时，如果能够用心关注，我们就能及时发现问题的导火索，避免重蹈覆辙。沙发上的一大块尿渍可能是由外人无法察觉的行为引发的：也许猫的步态变了，还发出你以前从未听过的声音。有了感情关系的认知后，你将习惯和"直觉"进行对话，那些"看着有点不对劲"的琐事，往往能够拯救猫的生命……或者拯救那个沙发。

本章刚开头时，我们就说过，最重要的是明白你和你的猫拥有的是一段感情关系。这种关系也和你有过的各种关系一样，要借助外力才能成功地维系下去。在接下来的内容中，我会给你很多有用的工具。当然，如果你不把工具带到你的生活中并实际操作起来，那把全世界的工具都给你也是没用的。也就是说，遇上猫咪的问题，是否能见招拆招，都有赖于你，快快学起来吧。

第七章　原初猫基础知识和行为三规范

一只猫有趾高气扬的范儿和自豪感，它自信领地大权在握，并且本能地知道自己在领地上有任务要完成，它就像桃乐茜[①]一样，踏上了通往翡翠城的黄砖路。

让它沿着这条路走下去的是每天例行的捕猎、追逐、杀戮和进食，还有梳理和睡觉。如果它能每天持续、不受干扰、自信地进行这"作息六诀"，就能变身神气猫，抵达那座矗立在太阳升起之处的翡翠城。

为了去翡翠城，我们要给猫做好后勤工作，每天都毫无悬念地展开同样的活动。要做到这一点，我们的方法就是"行为三规范"：惯例、仪式、节奏。

随着起床、上班、回家、上床睡觉这些主要活动，每个家庭的能量都形成自然的上升和下降的循环。刚开始和猫建立仪式和日程时，要以家里的能量峰值为依据，创造出自己的节奏。你们之间所有主要的、支持性的、互动的活动，比如陪猫玩耍和喂食，都要按照这个节奏展开。

你不能单方面让猫来跟上你的节奏，而是要把它们的和你的需求串起来，成为家庭节奏。人类的仪式给了我们信心和安定的感觉，猫也一样需要自己的仪式。

---

① 译注：影片《绿野仙踪》的主人公。

所以你的一天不是光送孩子上学、带他们去练足球和上钢琴课,然后辅导家庭作业和做做晚饭就完了。我的意思是,这一天的节奏中还应嵌入"活力四步走",亲亲抱抱猫咪和清理猫砂盆。

能量气球

为了给捕猎做准备,猫能睡就睡。睡着的时候,它们就在为身体积蓄力量。基本上,它们就像气球,一开始里面是空的,通过睡眠它们为其填满能量。醒来以后,这些能量需要有一个去处,换句话说,就是需要一个发泄的目标。我们不要忘了它们的行为在多年的进化中已经定型,需要在生活中追求满足感。原初猫醒了,它就要开始捕猎。猫在一天中的其他亲身经历(比如被爱抚)和发生在它们周围的事情(一天中你的家事),都是打进气球里的气——于是它就有了更多的能量需要释放。

而帮助猫释放能量就是我们的工作了。我们能够帮猫咪保持一定的兴奋度,给它的生活节奏中这里加个长音,那里来个渐弱,主动给充气过快的气球放放气。和猫互动的时候,我们要么注入能量,填满气球,要么降低兴奋度,避免其精神紧绷。就这么简单。正如我们每天的节奏是由各种仪式和流程决定的,我们的猫也是如此。每天,我们的家里都会在一定的时间产生能量高峰,猫的兴奋度也跟着飙升。大家早上一起床,活力便开始注入。从闹钟响起、淋浴、刮胡子、化妆到吃早餐(人和猫),我们有一连串的仪式。

这些仪式组成了我们的晨间流程：人人都在家里跑来跑去，大声说话——你给我装好午餐了吗？能出发了吗？你喂猫了吗？能量继续聚集。房间里到处都是脚步声，门砰砰响，所有响声回音不断：聚集的能量越来越多。最后我们走了，在家里留下一个大气球（猫）。想象一下，随着时间流逝，在这一天里会发生些什么？窗外有鸟叫声，街上是车辆的噪声，邻居家里也在发出各种声音。

现在，你和你的家人回家了，晚餐时，所有人都到家了。能量再次达到峰值。你今天过得好吗？人和猫都吃了晚饭，该洗碗了！为第二天做好准备。在你放松身心的同时，气球还在充气。你睡觉前看了会儿电视，为第二天的又一次能量高峰做准备。此刻，深呼吸，别的什么都别做，因为气球即将爆炸。

一个打满了气的气球是什么样的？想象一下，如果你有一个气球，而且这个气球会思考，它能感觉到自己快爆炸了。气球自己开始调整——把气放掉一些。变相的暴躁行为就是你的猫在给自己"放气"，但也有很平和的方式。在我看来，甩尾巴就是你家毛茸茸的"气球"在减压。"气球"充满气以后，尾巴就有了排气的功能。类似的还有一种我叫作"背部闪电抖"的动作。这是猫背部发生的抽搐，大概能算是一种痉挛，也是一种排解能量的方法。你可能会看到你的猫在穿过房间时突然停了下来，就好像有只苍蝇落在了它身上，然后它就很不自然地去舔舔毛。这种自我安抚也是在做自我调节。

在这种一触即发的时刻，我们都做了些什么？对于一些猫来说，爱抚就是在给气球打气，只有进去的气，没有出去的气，让它们无法忍受。刚开始的三四十秒钟里感觉还很好，之后它们忽然觉得自己就是个快爆炸的气球。然后——砰！它们开始发出威胁的嘶嘶声、咬你、反抗你——这时猫咪的逃跑或舔毛行为都是猫咪试图给气球放气的对策。

原初猫基础工具箱里专门准备了重要仪式和流程的例子,让家庭生活的节奏能够提升猫咪的神气,让所有家庭成员都能享受每一天。

玩耍 = 捕猎

现在你已经知道了什么是原初猫节奏,你还会觉得在地板上扔一个小绒球就算是和猫玩过了吗?你是不是还以为在客厅地板上放些塑料老鼠和猫薄荷小布袋就算大功告成了?学习了那么多,你是不是还觉得猫的玩耍就是它们自己在地毯上追毛线球?如果是这样,那么我套用大富翁游戏的规则来说,"入狱时途经起点,不得领取 200 元"。请你回到原初猫节奏(第三章)重新看一遍,然后再回到这里。

我想教你如何让你的猫快乐又健康,要点之一就是:游戏不是奢侈品,不是等到有时间再说的一种好玩的消遣。你要这样看:如果你有一只狗,你会给它戴上项圈,牵上狗绳,每天带它出去散步。同样的,如果你有一只猫,你就用互动玩具每天花时间跟它做游戏。逗猫和遛狗同等重要,因为对猫狗来说,这些事在健康和调教方面都是必需的。

然而,有了互动玩具只相当于走出了万里长征的第一步。是这样的:做游戏是一种结构化的活动。随便和猫玩一会儿和真正执行"活力四步走"的区别在于,后者必须每日坚持。你的猫喜欢按部就班地生活,而以神气为宗旨的游戏时间也应该按日程表来。玩大富翁的时候,你不是坐下来,把牌和棋子拿来看看就等于玩了游戏了。不,这是大富翁:你要掷骰子、移动棋子、翻卡片、盖房子。和猫玩游戏也要投入到这种程度才行。

　　当你拿出一个互动玩具，模拟猎物的行为的时候，你就是在强调这是一场

捕猎——有追逐，有捕获，有杀戮——在捕猎过程中，猫的神气得到了增强。

你实际上为原初猫对狩猎的渴望创造了一个结构化发泄渠道。这就是你滋养猫咪神气的方式。

"但我的猫不玩游戏"

很多人对我说："杰克逊，我的猫不玩游戏。"他们觉得，猫玩游戏就是猫在房子里绕圈跑上一个小时。但请记住，游戏（捕猎）不仅仅只是奔跑的动作；攻击前的酝酿，也就是"跟踪"，和"出击、杀戮"那部分一样重要（甚至更重要）。

捕猎的时候，即使猫没有不停地奔跑也会累。盯着天花板上的飞蛾会累，尾随会累，突然猛冲猛跑几步也会累。身心的专注都能消耗猫的体力。捕猎是一个让猫百分之百全神贯注的定向行动。如果你的目标是把游戏玩得像田径比赛一样，结果就是猫不开心，你也不开心。不要南辕北辙，看清方向再出发。

每只猫都会玩游戏。你只需要弄明白你家猫适合什么样的游戏。你的16岁的体重超标、还得了糖尿病的波斯猫可能只能玩"看，天花板上有只飞蛾"。对于这只猫来说，那就是游戏。如果它只是看看天花板上的飞蛾，飞蛾飞下来，它就去拨弄两下——也算做了游戏。16岁的糖尿病波斯猫当然不能在家里跑来跑去，但如果因此你认为"我的猫不玩游戏"，然后再也不去尝试是不科学的。其实，你可以去找其他适合你家猫的活动来替代"活力四步走"。

然后，你是不是以为做完这些，我就会给你打满分啦？围绕游戏创建仪式，只算任务完成一半，还有一半是你对仪式的投入。

猫爸爸玩具指南

互动玩具：你在玩具的这头，猫在玩具的那头。你用"日常三程序"（惯例、仪式、节奏）重现捕猎过程。这类玩具能激发猫的狩猎动力——比如一头是羽毛的逗猫棒，或者逗猫棒的绳子上拴着小老鼠。不用说，这是工具箱里最重要的一种工具。

远距离玩具：就是你扔出去，让猫去追的玩具。这些玩具经常消失在沙发或冰箱下面，并在第二年的春季大扫除里又冒出来。例如毛绒球、响纸球、毛绒老鼠，还有那些奇奇怪怪的几何框架的中空球。这些玩具都不错，但并不是唯一的选择。

电动玩具：懒人的玩具，通常靠电池运转。你只要拨动开关，剩下的事就不用去管了。问题是，机器玩伴的动作总是不变的几个，完全剥夺了捕猎的刺激感。在某种程度上，"活力四步走"就像在秩序和混乱之间走钢丝。如果不能天不怕地不怕地闹腾，这个仪式对猫来说就变得毫无意义。那么是不是永远不要用这样的玩具？不。我理解你——你可能渡过了长得要命、忙到吐血的一天，能按下开关也比撒手不管要好。只要电动玩具不是你互动游戏库里的主力，猫主子的家里也能有它们的一席之地。

激光笔：激光笔可以激发猫玩游戏的欲望，但我坚信它作为玩具用处不大。猫和激光笔的游戏并不完整，结尾是残缺的。为什么？因为激光笔无法被"咬死"。它只能激起捕食欲望——没有撕咬，没有前爪环抱和后爪踢蹬——只有无休止的追逐。你当然可以用激光让猫兴奋起来；但时间不要太长，之后一定要换成可以被"捕获"和"咬死"的东西。

像猎物一样思考：论逗猫手法

逗猫是一项需要投入专注力的活动。我最不希望看见的就是你一只手拿手机发着消息，另一只手挥着羽毛棒，或者一边和猫做游戏，一边和你的家人说话或看电视。紧跟上原初猫的生活节奏，你的猫就能得到各种益处，但前提是你要踏踏实实地去付出。而且我说的不只是付出时间，比如花上 15 分钟玩游戏。我说的是承担起你在"游戏"中扮演的角色的责任。我把这叫作"像猎物那样思考"。如果你就是那只被追捕的鸟或老鼠，你会怎么样？一个疾如闪电、尖牙利齿的哺乳动物想要杀了你，这个时候你该如何逃命？有了这个做铺垫，我们再来看看猫是如何捕猎的，以及你如何在游戏中尽力还原逃跑动作。

首先，我要你假装你是一只鸟。

现在你是一只鸟，你就像天花板上那只飞蛾一样，轻轻悠悠，在空中盘旋上一分钟，然后做一个会让你被抓住的动作：猛扑下来，落在地板上。这时你的猫就要扑过来了。但你如何让这个游戏继续下去呢？你把玩具一拽，让鸟儿再次飞起来？不，你要装死。这样你的猫就会用爪子扒拉鸟，看看鸟是不是真的死了。之后，它就会走开，好让你再飞起来。

从这时开始，你就一边轻手轻脚地走，一边把玩具一点一点地往旁边挪，就好像要往沙发侧边躲一样。你朝着目的地的方向前进，而你的猫睁大了眼睛，全神贯注，肌肉紧张，尾巴末端还在轻轻地抽动。然后它瞳孔放大，头部贴近地面，也就是它在确定杀戮的范围。当你看到它做出扑杀前摆动屁股的动作时，你就知道你的猫已经进入了只属于捕食者的平行宇宙。就在这个时候，你的猫会向你扑过来……

现在到你做决定了：你想让它抓住你，还是再玩一会儿？如果你想要再来一次，就将之前的环节一一重复。一边玩一边让猫思考是能把猫的自信，也就是神气带出来的最好的方法。

就我个人而言，最开心的一刻就是在"活力四步走"接近尾声的时候。这一刻，猫嘴里咬着玩具上的羽毛，发出警告的咆哮，环顾房间寻找一个安全的空间把猎物带走，我顺势松开玩具让猫带走。这是一次成功的游戏，让我的猫步入了一个忘我的世界——原初猫的世界。然后我等它松开玩具，我就能再次飞走。这就是逗猫满分的实际操作。

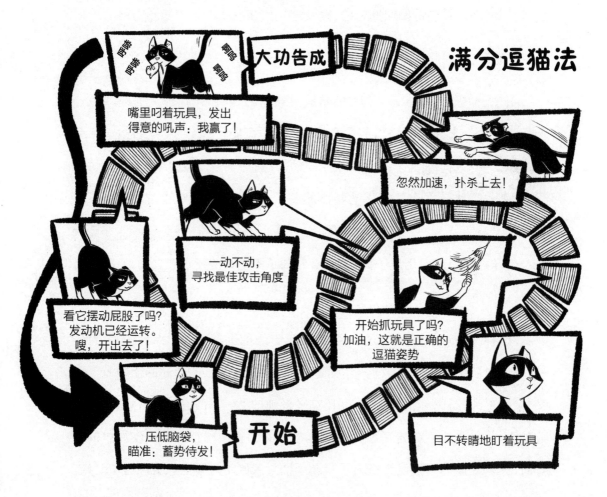

踏上原初猫之地：猫 + 原初猫 =2

我只在这里列出了一个大概，现在我们要做的就是找出你的猫属于哪一种类型。它喜欢地面猎物还是空中猎物？它喜欢捕蜥蜴还是捕鸟？它能轻松越过阻碍从一个地方跑到另一个地方吗？有些猫害怕鸟的扑腾——它们可能更喜欢地面猎物。

关于狩猎风格

我们在第三章中讨论过，猫会偏爱某种狩猎方式，这是它们先天决定的。一般来说，它们或喜欢在开阔平地上搞伏击；或喜欢先尾随再从隐蔽点后面出击；或等待地下的猎物跑出来。将这些不同的狩猎方式融入游戏中，看看你的猫对哪一种方式反应最强烈。

猫玩游戏的风格

说到不同的风格，游戏中的猫大概有两种类型。

一种是跑车型的，就是你刚亮出一个玩具，轰隆隆……它们就冲了过来，完全无缝衔接。就好像你一扭车钥匙，踩下油门，跑车就从静止状态冲到了60码。

另一种像是福特 T 型车，你必须用转动摇把才能启动引擎，有时候得转五分钟，然后它们才开始对玩具有反应。一旦启动，它们就会十分投入。摇把转动点着引擎，点火成功那一刻，它们的狩猎机制也就启动了，它们会立刻进入状态。这就是我们用激光笔那类玩具的原因，它们的功能类似福特 T 型车上那些旧式发动机的摇把。

猫爸爸词典

先烧开再慢炖

原初猫（还有你的猫）是那种有速度没耐力的猎手。要想让猫在游戏时间内连续跑上十五分钟是不现实的（除非它们是小猫或者青少年猫）。许多猫都会拒绝这样的玩耍，结果给养猫人带来挫败感（然后他们就会嚷嚷，"我的猫不喜欢玩！"）。

其实你应该按照原初猫的方式来做安排：先在较短时间里进行剧烈的游戏，之后安排一个短暂的休息。想象你在按一个简单的食谱做汤，先用大火将汤烧开，然后慢慢炖煮。这里唯一的区别是，在和猫游戏的过程中，我们要不断让汤锅冷却，然后再次烧开。

所以，正确的"先烧开后慢炖"的过程是这样的：让猫咪追一会儿玩具，燃烧掉一些能量，甚至让它们累得喘上几秒。（在这第一次"烧开"期间，先让引擎开始运转。这时候是让激光笔派上用场的好时机——如果你的猫爱追激光笔的话。）然后关小火（休息），接着再煮沸。你会发现它们很快就能恢复体力。猫恢复体力的时候，可能是一副无聊或无动于衷的样子（就是猫的本色模样），但你很快就能很把它们再次逗到"沸腾"状态。

接着进行重复：让它们累一会儿，休息一下，再次玩耍起来。当然，到了这个时候，你就要换一个比激光笔更真实的互动玩具了——也就是猫可以"杀死"的东西！玩过几轮后，你会看到它们的精力在减弱，能量爆发持续的时间一次比一次短。等它们到了"我只想做个动作意思意思"，或者干脆躺在地上，非得等到你把玩具送到面前，它们才肯半心半意地扒拉一下的程度，那么，这只猫已经"熟透"可以"上桌"了……当然，我只是打个比方！

一本正经的科普

如何防止玩耍时无聊

2002 年,约翰·布拉德肖博士和它的同事把猫对旧玩具和新玩具的感兴趣程度进行了对比。不出所料,给猫新玩具的时候,它们抓、咬的动作都增加了。换句话说,你的猫不是不想玩,而是对旧玩具不再感兴趣了。

虽然几乎所有像猎物一样的玩具都能让你的猫活动起来,但你可以把几个玩具轮换着玩,以保持猫对"活力四步走"的兴趣。

猫薄荷:子非猫,安知猫之乐

我们都会需要一些全身心放松的时刻。而猫呢,可以通过一些草药达到这个效果。猫对许多植物都会有兴奋的反应,其中最有名的是猫薄荷、缬草根、金银花和木天蓼(也称为银藤木)。

猫薄荷,即 Nepeta cataria,是一种唇形科植物。猫薄荷中引起猫兴奋的活性成分是荆芥内酯。大多数的猫科动物,不管大型的还是小型的,都会对这种成分有类似的反应——看起来介于致幻、催情、兴奋和放松之间。(哇——能给我来点儿吗?)

猫闻到猫薄荷时最常见的反应是打滚,和母猫发情时的打滚很像,但在猫薄荷的作用下,公猫母猫都会打滚。我们也无法确定猫对猫薄荷的反应是属于性行为、嬉戏还是捕食行为,有时似乎三者皆有。有些猫喜欢舔、咀嚼猫薄荷;有些则只是躺在那里,双眼迷糊,流着口水;还有一些猫会亢奋得不得了。

但也有三分之一的猫对猫薄荷没有反应——这是遗传的原因。小猫似乎不会对猫薄荷产生半点反应，这可能与性成熟有关（不过绝育过的猫反应也会很强）。猫薄荷反应的持续时间比较短：只有 5 到 15 分钟。之后，你的猫需要休息至少半小时才能再次对猫薄荷感兴趣。

当然，了解猫薄荷如何对猫产生影响，非常重要。总的来说，猫薄荷能减轻猫对行动的抑制力，这一点可能是好事也可能是坏事。你要问自己一个问题："我的猫喝醉以后会变得很开心还是会撒酒疯？"如果你要和一个朋友共度新年前夜，你也会问类似的问题——这样你才能有所准备。如果你的朋友喝醉后很快乐，那么你就能预知在庆祝节日的晚上，他会一把搂住你说："我爱你，我的好朋友！"然后找个地方昏睡过去。如果那个朋友会发酒疯呢？那你最好准备好保释金，因为他肯定会在停车场和什么人打一架。这就是说，当猫的抑制力下降时，你要能预测它会有什么样的行为。如果一只猫会欺负其他猫，那么这时它的暴力天性会被放大，拦都拦不住，它会激烈地和其他猫抢夺玩具。如果它有过激行为的倾向，这时候就会彻底表现出来。而其他一些猫呢，它们要么变得更加放松，要么胆子会变大（要是它们突然一反常态，在另一只猫面前变得强势起来，可能会引发矛盾）。

在有很多猫的家里，猫薄荷也是可以试一试的，但我建议先只给某只猫试用一下，不要一下子让所有猫都试用。如果你已经知道几只猫之间关系紧张，或者正在尝试让新猫融入家庭，那么家里最好不要有猫薄荷和猫薄荷玩具——何必冒这个险呢？还有，你要记住，猫单次接触猫薄荷后的反应时间不长（多次接触的效果是递减的），所以平时要把猫薄荷玩具加入猫薄荷粉、装袋收起来保鲜，等到特殊的时刻再拿出来。这样猫每次都能得到最好的体验，并且每次用这些玩具都能形成积极的联想。（更多相关信息，请看第九章的"'中大奖了！'奖励法"）

滋养身心的生骨肉

　　原初猫和我们的家猫都遵循着同一套生活方式,即"作息六诀":捕猎、追逐、杀戮、进食、梳理、睡觉。猫的天性决定了它们的生活要围绕狩猎展开,原初猫(和家猫)的心灵和身体都必须通过捕猎的结果而不是过程获得满足感。换句话说,原初猫和你的猫是专性肉食动物,完成捕猎仪式后,它们要吃肉。

　　我家猫的首选,也是我很推崇的猫粮是以纯肉为原料的生食,这种猫粮把猎物从里到外都包含进去了:骨骼、肌肉、筋腱、脂肪、内脏,甚至还有一小部分植物,植物的多少取决于猎物的胃里所含的植物的量。由于商业制作的猫粮用的不是新鲜宰杀的动物的肉,所以会缺乏一些营养素(如猎物血液里的微量元素)。当然,在这个时代,我们也还是可以通过商业猫粮提供猫食用生肉时的所有营养。

　　我知道你可能会觉得吃生肉很恶心,而且也不是所有的猫都会吃生肉,有时要想培养这种习惯也不容易。在这种情况下,我建议你给猫喂无谷物的湿粮。为什么有些猫粮里会有大米、麸质或蓝莓？因为这些东西比肉便宜！

　　总之,我宁愿你用市场上最差的湿粮喂猫,也不要用最好的干粮;如果你想用干粮,就拿它给猫当零食。当然,对于年龄较大的猫,干湿粮都可以,只要保持湿粮的比例更大就行了。这种时候,对猫粮的选择不用多想,如果它们坚持要干粮,就给它们干粮。但我要强调的是:湿粮对你的猫来说是最"自然"的。

我对干粮有很大的意见。让我们面对现实吧,大多数人喜欢干粮是因为方便。我敢说,只要你家喂的是干粮,你就很有可能一周7天、每天24小时都在猫碗里放满了食物,而这与原初猫的进食逻辑是不相符的。

为什么我不是干粮的粉丝?首先,干粮往往含有大量碳水化合物。研究表明,猫的尿路结晶、2型糖尿病和肥胖问题都和高碳水饮食有关。你愿意冒这些风险吗?

先把疾病风险放在一边,我们继续聊原初猫的饮食——猎物。猎物中富含蛋白质和水。干粮的制作过程中和挤压成型时,都会把食品中的一些营养成分分解掉。干粮成型后的水分含量还不到10%,湿粮含水量则约为60%,和老鼠的身体差不多(约75%)。你自己想想看吧。吃干猫粮的猫可能会喝更多的水,但研究表明,干湿粮之间的缺口很难通过喝水这一习惯补足。

如果有人说干粮可以清洁猫的牙齿,不要听信这种谬论。即使粗磨干粮能去除牙菌斑(这一点也同样值得怀疑),喂干粮也不能替代刷牙或者请兽医给猫洗牙。

最重要的是,如果你想满足原初猫的需求,干粮的效果远不如湿粮。

千挑万选的猫口粮

为了寻找猫最爱吃的口粮,你可能需要打开无数的猫罐头。但要记住,你收获的是一段感情关系。你刚开始和另一个人约会时,你会知道对方爱吃什么吗?你不知道,所以你会去问她。你虽然不能去问猫,但你可以把既有益健康、适口性又强的食物提供给它。

然后我们就要考虑食物多样性的问题。原初猫可能爱吃老鼠，但如果自然界还给它提供了其他唾手可得的美食，它也不会扭头就走。而且，猫的身体也不适合一直只吃同一种食物。再进一步说，你也应该时不时地换位思考，如果你每顿都吃同样的东西，我打赌迟早你也会变成一只挑食猫。

好消息是，如今迅猛发展的猫用品市场最不缺的就是多样性。花不了多少钱，你家的猫咪就能把不同蛋白质含量、口感，甚至制作工艺和搭配都不同的猫粮全试一遍，最终找到最爱。市面上有肉酱、肉丁、肉块以及基于这几种形状的再加工食物。你的猫可能喜欢"烘烤"或"烙烤"——或者你突然发现你的猫其实爱吃菠菜。总之，选择是成百上千的。你一定要找到让猫开心地大喊"中大奖了！"的那种食物。这一点，再怎么强调都不过分。

我在流浪动物收容所里什么事情都见过，所以我想提醒你一些我永远都不希望发生的事情，我也希望你为此做好准备：如果你的猫一生中只吃一种猫粮，然后你出了什么意外，结果为此遭罪的是你的猫以及后来照顾它的人。如果它最后流落到收容所或救援站，它面临的压力再加上它挑剔的口味将可能让它患上厌食症。从本质上讲，不断在你的猫的饮食上做出新的尝试，让它习惯不同口味和口感的猫粮不仅对它有好处，也能有助于它为新的生活挑战和变化做好准备。

如何过渡到原初猫饮食

对于一些猫来说，生肉就是家的味道。我建议先将生肉作为奖励零食，看猫是否能适应。

如果你的猫已经在吃湿粮，你可以在它现在的猫粮里混一点生肉，然后慢慢换粮。一般来说，换食不能太突然，不然猫可能拉肚子拉的满屋子都是。（处处是惊喜！）

如果你把生肉稍加热一下，让气味散发出来（同时让食物达到猎物的平均体温），马上就能勾起猫的食欲。有些猫还喜欢你在食物中添一点点水，就像裹了一层肉汁。你甚至可以在猫粮上撒一些脱水肉块，让猫更快进入状态。但猫习惯以后，你不用在食物里做任何添加，它也能立刻开吃。

你可以将生肉切碎后配上它喜欢的食物，还能搭配不同种类的肉和不同形状的肉块、肉末等。请记住，要想猫咪不挑食，就要给它尝试多种不同的口味……包括生肉！

定时喂食——猫爸爸的严肃建议

我们必须把捡食和机会主义狩猎区分开来。前一种生活方式指的是饲养，后一种则指的是捕猎、追逐、杀戮和进食。自由喂食就是每天 24 小时猫碗里都有食物，基本上等于捡食。捡来的食物不需付出任何努力。既然是不劳而获的，也就没有回报，更不能增加猫的神气。我从经验得出，自由喂养会破坏我们给猫的训练，还会影响猫的生理机能。

猫天生少食多餐，两餐之间最好能相隔五六个小时。我提倡按你家里的生活节奏，每天定时喂两到四餐。全天捕猎的野猫和家猫的不同之处在于，家猫的昼夜节律和你的作息是紧密相连 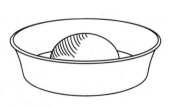 的。你们一家人在早上醒来时，屋子里的能量便飙升，猫的能量也一样。这时就是进行"活力四步走"最理想的时机。你下班回家时,同样的事情发生了:你的猫的能量急剧上升。在睡觉前还有一次。每次家里的能量照例上升时,你就该相应地给猫进行玩耍和喂食。控制喂猫时间就能调整猫的能量。调整好猫的消化时间,你就能知道猫什么时候排泄。我们总喜欢把事情搞得很复杂,简单一点,用原初猫的习性制订进食计划!

到底该喂多少猫粮

让我给出一个"一刀切"的喂养指南是不现实的。在你家猫到底应该吃多少这个问题上,不要把别人家的经验奉为信条。你要自己做研究,也要了解你的猫不喜欢吃什么、喜欢吃什么、吃多少,并监测它的体重和活动量的高低变化。

猫维持日常活动所需的热量是体重(千克)乘以55到77卡路里。一只老鼠大约能提供30卡路里。生活在户外的猫每天吃8~10只老鼠,但捉到这些老鼠要捕猎20~30次。户外猫生活节奏和室内猫不一样,它们为了食物要付出加倍的精力。

多猫家庭的喂食

我尽量用严格又速成的猫生活规则来帮助你,但如果家里有好几只猫,这些规则就玩不转了。在多猫家庭中,各个猫的进食速度和食量都不一样。如果其中有老猫或病猫,你就要给它们提供更多获得食物的渠道,甚至要让它们的猫碗里一直都有食物。此外,猫和猫之间不分享老鼠,大多数猫都不愿别的猫在自己猫碗里吃东西。所以应该把猫碗分开摆放。每一只家猫都需要自己的空间,你要尊重这一点。

有些猫就是我们说的"边吃边吐"类型:它们吃起东西来就好像今天是世界末日,狼吞虎咽,结果吃完就吐,而且速度奇快。你在清扫的时候就能看到,这些没消化的食物几乎就是刚才放在碗里的样子。猫"边吃边吐"的原因有很多种，有时是潜在的疾病问题，比如甲状腺功能亢进。如果反复发作，最好让兽医检查一下。但这种症状往往是心理问题导致的——这只猫以前可能流浪街头，只得跟其他猫抢夺有限的资源。也有可能来你家之前它和狗住在一起，狗也和它一样喜欢猫粮，它为了不挨饿，就养成了快速吃食的习惯。

　　无论是什么原因，我们用一个简单的方法就能解决。我最喜欢的方法是"慢食碗"。这些碗里有各种阻碍或凸起，让猫没法直接吃到食物。你可以自己做一个：用盘子喂猫，猫粮里放几块干净的石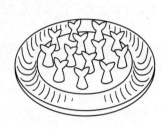头，它要避开石头才能吃到猫粮。"慢食碗"不仅能防止猫边吃边吐，还能给新来的宠物更多互相了解的时间（见第十章）。

听话就给好吃的

　　可能你家猫是一只"壁花猫"，只在独处的时候才敢吃东西。但是你不能因为它胆小就让它在另一个房间进食，而是应该利用喂食这个好时机来帮助它融入猫群体。

　　我们可以把给猫的各种好东西，比如食物等，全都利用起来进行挑战训练，因为猫行为的动力来源于获取食物和领地资源，而不是人类的赞美。你要把挑战和惯例、节奏结合起来，如果猫一点饥饿感都没有，你就别想让它们服从你的命令。我刚开始拍摄"家有恶猫"的时候，电视台的工作人员仔细地看了我的"听话就给好吃的"引导法，然后问我："你这不是在贿赂猫吗？"那当然，边吃边学嘛，合理又高效。

如何预防挑食

每天你要做的第一件事就是检查猫咪的进食情况。如果家里每周 7 天、每天 24 小时都放着一碗干粮，你认为猫会有动力去尝试新的东西吗？它到底是挑食还是肚子不饿？这就是为什么我们应该每天分几顿喂猫。它们需要饥饿感来促使自己去尝试新东西。

胡须压力：很多猫不喜欢胡须碰到碗边的感觉。用浅碗或小盘子喂猫吧。

猫粮的口感：有些猫很挑剔，只吃肉酱、肉块或肉丝，有的对干粮和零食的形状都有特殊要求。

温度：猫粮端上来的时候温度应该和老鼠身体的温度一样。相当有自尊心的原初猫是不愿吃刚从冰箱里拿出来的食物的。

种类：多给它们一些选择，不时换换口味，留心它们有没有偏爱的种类。

位置：猫碗一定要放在安全的位置——也就是说不同猫的碗应放在不同的地方，要能看得见家里其他生物的来来往往。我们可别忘了：狗爱吃猫粮；小孩子喜欢拿猫粮来玩。猫需要并且有权得到一个能清清静静吃饭的环境。

不要添食：有些猫学会了站在猫碗旁边喵喵叫，等着人类过来"再添一口"。

拒食与生病：不肯吃食的猫不一定是挑食。猫即使只拒食一两天，后果也会很严重。肥胖的猫特别容易患上肝硬化（脂肪肝），而这很快就会引起生命危险。

梳理和睡觉

比起原初猫生活节奏中的其他内容，梳理和睡觉都很省事；只要前四项的捕猎、追逐、杀戮、进食做好了，产生的动力就足以促成这两项的完成。原初猫和人类监护人合作愉快的话，全天的活动都能如行云流水般自然完成。当猫的捕猎、追逐、杀戮和进食都打上了圆满的句号——能量气球也瘪下去了——梳理和睡眠本能必然会被触发，为"作息六诀"顺利收尾，同时为下一个生活周期的到来做好准备。

关于梳理和睡觉的注意事项：

我到底要不要给猫梳毛

你最近一次看到猫自己梳毛是什么时候？如果它们不舔毛了，那就有问题了。此外，如果猫的毛发变得油腻，或者打结，而以前从来不会这样，你就得注意了。无论发生哪种变化，你都要保持警惕。如果猫不梳毛，可能是疾病或

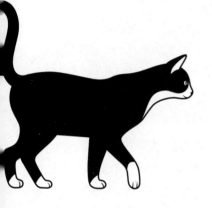

抑郁的征兆，有时也可能是太过肥胖。留心一下你家的猫是不是虽然会梳毛，但总是避开背部或屁股，这可能是因为它胖得够不到，那你可要注意了。

梳毛对所有猫来说都有好处，但对于某些品种来说，没得选，你必须给它们梳毛。长毛猫的毛发会纠缠成团，需要去宠物店请专业人员帮忙才能解开。

猫需要洗澡吗

对那些经常给猫洗澡的人，我有一个问题：你们为什么要折磨你们的宠物？

给猫洗澡是完全没必要的。其实，除非你的猫被臭鼬喷了，或者拉在自己身上了，否则它根本不用洗澡（无毛的品种除外，这类猫出于非自然的原因身上没有毛发，必须每周洗一次澡）。猫花了大把的时间梳毛，好在身上涂满自己的气味，这是原初猫的必需，也是深度神气的来源。然后人类偏要插手给猫洗澡，降低它们的存在感。至于不经常梳毛的老猫和过度肥胖没法梳毛的猫，你可以用婴儿湿巾擦一擦。其他的猫，请远离浴缸。

狮子造型：其实并不残忍

人们看见猫被修剪成狮子造型的时候都会说，我的天啊，太恐怖了！你为什么要这样对待你的猫？

长毛猫在夏天温度太高时可以剪毛，有时还需要额外的打理。我们基本见不到长毛野猫，因为长毛这种特征不是天然形成的。人类培育出了长毛的基因，我们也接受了长毛猫这种外形。但是长毛猫对触摸会更敏感，对梳理或抚摸时毛发的移动也十分敏感。这也解释了为什么许多长毛猫不喜欢梳毛，但没办法，不帮它们梳毛，毛发就会打结。

对于老猫或肥胖猫，自己不能很好地梳毛，或者不经常梳毛的，我也建议剪个狮子造型。

剪不剪毛这个问题的解答方法和其他所有问题一样，你可以先问问自己，做这件事是为了猫还是为了你？至于狮子造型，虽然"美容效果"可能满足的是主人的私心，但很多猫剪过之后的确看上去很喜欢它们自己的新造型。

……或许，这是梦

睡眠是一个福利问题，猫压力大的时候也可能像我们一样睡眠不足。所以要确保你家的猫能在一个安静平和、没有危险的地方休息，尤其是在很热闹或者养了很多宠物的家里。你可以让猫和你一起睡，但它们也想要自己的空间。给它们试睡几种不同材质和风格的猫窝，看哪一种最容易让它们放松。要记得，有的猫喜欢睡在高处，有的喜欢在低处。（更多内容见本书第八章。）

"作息六诀"环环相扣，每一个步骤都能为下一个注入自信心。将原初猫的生活节奏引入家中的美妙之处在于操作简便、益处多多且立竿见影，还能照顾到猫日常生活的方方面面。我们接下来要欣赏的是"日常三程序"——惯例、仪式、节奏。

第八章
"住宅猫化"：把你的家改造成猫的乐园

你们一定觉得我就像个复读机，因为讲到这里，我又要强调领地的重要性了：领地上的各种资源及所有权都是猫的神气的重要组成部分。你说有多重要。

这么说吧——我已经围绕这个主题写了两本书。在《猫宅大改造》（*Catification*）和《创意猫宅改造术》（*Catify to Satisfy*）中，我详细讲了如何理解原初猫的领地本能，观察你的猫如何表现出这些本能，然后以创造性而非破坏性的方法，建造一个能满足猫的需求的世界。

为什么我们要为猫建立一个属于它的世界？因为是我们把它们从乡村生活带入城市生活中的，这是我们的责任。想想看：猫在大自然中本应该有六七个街区的领地，但我们把它们关在室内，大大地缩小了它们的领地。外部环境变小了，它们内心的原生世界可没改变。如果这种不平衡得不到弥补，那么根据我的经验，这就会导致灾难：你和猫的情感关系将成为敌对关系，猫与猫对珍贵资源的竞争则会恶化。不要以为我只是在谈论猫与猫之间的关系，在这四面墙里共同生活的所有动物都能感受到这种压力。

但好消息是，我们可以战胜领地缩水问题。猫宅改造术是一种艺术，通过这种艺术，我们能把家里的每一寸空间都充分利用起来，给你和猫营造一个丰富多彩的世界。我们要让猫通过气味扩散拥有自己的空间，在垂直世界中找到自信,同时还能尊重并坚持我们的个人家居美学理念。尽管猫与人共享的新世界面积远远不如野外,但只要我们愿意妥协,猫会知道这边的风景也很美。如果我们不这样做,好吧,就像我之前说的那样,就会带来灾难。

所有猫都需要一个能让自我如花朵般绽放的地方,这就给我们引入了下一个概念:

大本营,即你家中的一块特定的区域,也是你家猫的领地的核心。这个地方是一块安全无纷争的土地,适合用来给新来的猫在过渡期间适应环境。

建立大本营的原因:

• 搬家

• 装修／改造

- 新添宠物

- 新添人类家庭成员

- 客人来访时让胆小猫有地方可去

- 为突然状况做准备

如果猫能有一个自己的大本营，所有随变故而来的压力都能被降到最低。

在哪里设立大本营

大本营应该是你待的时间最多的地方，是一个有社交意义的空间，在这里你和你的猫的气味能充分混合在一起。书房、家庭房和卧室都是设立大本营的好地方。洗衣房、车库和地下室都不适合，因为你基本上不会在这些房间里逗留太长时间，也不会留下太多你的气味。

如果你要往已经有猫的家里带回去一只新猫，最好不要把主卧室设为新猫的大本营。如果家里的猫和你一起睡觉，你总不能把它赶出去。家里闻起来和你的气味最像的东西，也许就是床了。让新猫一来就住在卧室，它融入这个家庭的过程将会困难重重。（如何让家里的猫接纳新来的猫，请看第十章。）

大本营的扩建

大本营中需要有大量的路标（猫窝、猫砂盆等）。随着猫的领地逐步扩大，它在大本营以外花的时间将会越来越多，你也就需要增设更多的路标。

将大本营内的路标放到家里的其他地方，把猫引入领地外的其他区域，你就完成了大本营的扩建。

在大本营里使用过的路标和"气味吸收器"能自然而然地扩展猫的活动范围。

在新猫做好可以搬出大本营的准备时，先把几个路标——猫窝、猫抓柱或猫砂盆放在大本营外相邻的区域。新猫在家里四处探索时，这些熟悉的物件能帮助它感觉新的区域已经是它的家了。

可能你要问："它们什么时候才算准备好呢？"新猫做好准备，可以走出大本营时，会有各种放松的表现：尾巴高高翘起、四处探索、正常进食和蹭来蹭去留下气味。它的肢体语言和行为都能告诉你是时候对大本营进行扩建了。

轮换大本营：过一段时间就把大本营扩建地上的"气味吸收器"和路标换一下，让猫能一直拥有一片闻起来很熟悉并能给它归属感的家庭区域。光是有了几个基本的大本营界定物（如路标）还不够，我们还要把整个家都看作新猫即将开发的领地。

 猫爸爸词典

1.路标的作用是标示领地所有权。路标就是带有猫的气味的视觉标志，例如猫抓柱、猫砂盆和猫窝。我们将在本章后面部分详细讨论猫砂盆这个最重要的路标。

2."气味吸收器"是能吸收猫味道的比较软的物品，能起到路标的作用。猫可以在"气味吸收器"上蹭、抓和躺，表达的含义是"我住在这里"。床、被子、地毯甚至瓦楞纸都是很好的"气味吸收器"。

猫抓柱等于路标／"气味吸收器"

我的客户经常说"我的猫快把我家拆了。"他们的意思是"我的猫总抓挠家具，但我也不想在客厅里放那种米白色包绒布的猫爬架"。

但在许多情况下，被人类认定为"破坏"的行为却是猫必需的。在桌子和沙发上练爪子就是很好的例子。对于猫来说，抓挠不应该是一种奢侈（更不是病态行为）。跟着我重复：抓挠不是猫的奢侈品！练爪子能伸展背部和胸部肌肉、运动和减压，还能磨掉老化剥落的指甲尖。

对猫来说，练爪子还有两个更重要、更能让它们神气满满的功能：

一是抓痕能证明所有权；

二是抓挠能把猫的气味和我们（以及其他猫）的气味混合在一起。

为了真正理解猫通过练爪子释放出的划地盘的冲动，我们可以这样想：人类喜欢利用物品，即物质财富，来装饰我们的生活环境，例如家具、艺术品、照片、书籍和纪念品；猫则用气味和视觉信号装饰它们的生活环境，而且它们要让这些信号保持"新鲜"，时时抓挠就是一个好办法。

如果让猫自由选择的话，它们会在家里的纺织品或木头上留下可见的痕迹和气味。这就和你更换、整理照片一样，猫也会在路过时"调整"那些气味标记。练爪子能给它们安全感和归属感，同时把抓挠的物品变成路标和"气味吸收器"。

虽然猫喜欢在自己的领地上抓挠、做标记，但它们也想抓一抓其他地方——那些有你的气味的地方。猫出于很多原因老爱抓你常坐的沙发和椅子，其中最重要的一点是：同住的猫与猫要创造"团体气味"，同时它们也想和家里其他的哺乳动物混合气味，尤其那些给它们食物与关爱、身上没毛的大高个"双足兽"。猫将它的气味与你的气味结合，就达到了最高级的喵星人共享行为：共同拥有领地。

的确如此：你的沙发柔软又稳固，抓起来手感相当好，还放在一片具有很强社交意义的领地上。不过，不用太担心，猫练爪子的需求用猫抓柱就能满足。（有关固定抓挠地点的建议见第十三章。）

你要知道，猫在抓挠方面有以下四个主要的偏好。

1. 地点

现在你已经明白猫练爪子是在宣布所有权，那就想想你的猫喜欢抓哪些地方。猫会在那些对它们来说具有社交意义的东西上做标记，这些地方是门框、沙发还是地毯并不重要。这个时候就需要你做出妥协了。

如果你在书房后面没人去的地方放一个一眼看过去不一定找得到的猫抓柱，猫不仅不会喜欢，还会"送"你一个被抓坏的沙发。而且，因为抓挠行为等于宣布所有权，你应该在家里多放几个猫抓柱。

2. 材质

猫需要可以把爪子深挖进去的材料。比较受猫欢迎的材质有剑麻绳、黄麻绳、木头、软木、毛毡和瓦楞纸等。有些猫偏好性很强，所以最好给它们多种不同的选择，看看它们最喜欢什么。如果还是搞不清，就找找哪种猫抓板上的抓痕最多！

3. 角度

在猫练爪子的时候观察一下，它们是喜欢抓地毯那样的水平面，还是喜欢抓沙发侧面那样的垂直面？或者床架的底部？一些猫喜欢在抓挠时有一定角度，有些猫则无所谓。

4. 大小很重要

无论你给猫抓的是什么，这个东西必须要牢固。喜欢在垂直角度进行抓挠的猫在抓挠时会站起来，伸直后腿把身体伸展开。因此，这时单柱的猫抓柱底座一定要大——如果柱子摇摇晃晃，猫便会想："那我还是去抓沙发好了"。

家园规划

家园规划就是以促进和平共处的宗旨来设计你的家，满足生活在里面的每一个人、每一个宠物的需要。规划的要点是保证交通通畅，要让每个人和宠物都能自由出入，不"撞车"。

这一点对有小孩和狗的家庭尤其有用，我们可以充分利用猫在垂直世界里和在水平世界里一样舒适的事实，按垂直轴来设计家园。这样房屋内的交通就能更畅通无阻，我们也能帮猫咪找到自信据点，进一步挑战舒适区（见第九章）。给它们一个和平的世界，让它们告诉我们，待在哪些地方能给它们最大的自信。

家园设计有如下简易步骤。

第一步：评估当前家园内的"景观"。

在城市中，人人都遵守交通信号灯和道路标志的指示，所以能形成最佳的交通流。你可在查看当前的家庭布局时，评估"人猫交通流"的效率，并找出以下问题区域。

热点区域，就是问题行为经常发生的地方。打架、攻击行为和乱撒尿等都在热点区域发生。问题行为是不是发生在房间中央？还是发生在窗边或猫砂盆里？为了用直观的方法帮助解决谜一般的问题行为，你可以用彩色胶带（颜色鲜艳又不会损坏地板或地毯）来标记问题发生的位置。很简单，一个地方贴的胶带越多，就越说明这是一个热点区域。我们必须改变热点区域，不让它们变成死胡同。这就把我们带入了下一个概念。

伏击区和死胡同最容易产生冲突。伏击区常在单一出入口附近,比如带罩子的猫砂盆、放在走廊尽头或洗衣机背后的猫砂盆边。有的猫会利用伏击区阻止其他宠物进出,造成"交通拥堵"。所以我们要找出伏击区和死胡同,进行合理的整顿,保持交通通畅。

猫爸爸的小提示

封锁藏猫洞

如果家里有猫,就不该有藏猫洞。藏猫洞就是那些你很难够到的地方——沙发、椅子和床下面,柜子里面,烤箱后面。猫害怕的时候会直接往这些地方钻,就像金属被磁铁吸过去一样。

为了防止猫躲着不出来,你要把藏猫洞完全封住。比如用储物箱把床下的空间塞满,用树脂玻璃条把沙发底部堵起来,用防儿童开启的锁把柜子锁起来。没了藏猫洞,猫就只能到其他地方寻回神气,而不是全天24小时躲着不见人。为它在几个安全且具有社交意义的地方建立"猫小窝",让它在小窝里慢慢重拾自信(只要能做到它最自信的样子就好)。你要为蜕变过程精心设计一系列可达成的挑战,更多内容见第九章的"挑战线"。

第二步:优化交通流。

在热点区域增加"环岛"来分流交通,防止冲突。环岛可以是猫爬架或者其他家居,作用就是分散潜在的冲突压力。

确定伏击区或死胡同的位置后,摆一个能起到旋转门作用的家具就能保持交通畅通了。通常我们用的是能给猫攀爬的家具,比如猫爬架或者某种搁架，猫可以爬上去，安全地通过问题区域。

如果能给死胡同开辟逃生路线，猫就不会受困了。猫砂盆不要盖盖子，置物架或壁柜留几个空格，这些都能用作"逃生中转站"。

第三步：利用下面的方法（"垂直世界""猫高架桥"）把房间里能用得上的空间都充分地利用起来。

满足特殊需求的改造

什么样的猫是有"特殊需求"的？衰老、失明、失聪、神经障碍、四肢残缺或先天性疾病，只要满足一点，就算是有特殊需求。有这些问题的猫都无法以正常方式探索周边的环境。无论残疾程度如何，我对每只猫的目标都是一致的：帮助它们找到或得到最多的神气。

如果你有老年猫或特殊需求的猫，你可以为它们做这几项简单的改造：

- 把猫砂盆的前面部分截低，让它可以直接走进去。
- 沿踢脚线布置一排夜灯，对夜晚看不清路的猫会有很大帮助。
- 在有台阶的地方建坡道，有尖角的地方加上防撞垫，地上铺防滑条，使用可以加热的猫窝或电热毯，把猫经常靠、卧的地方整得舒适一些，还有"猫电视"，这些都能帮助猫获得更多的神气。

你每天都要为有特殊需求的猫进行"活力四步走"，用"日常三程序"来安排它们的生活，帮助它们保持活力。如果你总是哀叹猫的缺陷，反复念叨它的不幸，对它此时此刻的生活起不到任何帮助。我们应该因势利导，科学地利用猫宅改造来保障猫的日常安全，和它一起迎接生活中的下一个挑战。

垂直世界

我们都知道猫天生善于攀爬，所以在评估房间改造的可能性时，我们最先应考虑的就是垂直世界。猫，尤其是爬树族猫，不会放过房间里从地板到天花板的任何可利用的空间，只要它上得去。猫喜欢地板以外的所有区域——从椅子、桌面和书柜顶，再到房间里的最高处。我们可以考虑一下如何以最佳的方式改造房间中现有的家具。

猫高架桥

猫宅改造的重头戏之一就是设计猫高架桥，既能增加交通流量，让猫们完全进入垂直世界，还能让它们走遍房间，却不用踩到地面。

一座设计精妙的猫高架桥必须具备以下特点：

•高架桥上要有多车道，让多只猫在房间中行走而不会出现道路拥堵问题。

•高架桥沿路要有数个上下口，让猫既能上高架桥，也能中途跑下来。在多猫家庭中，数个高架桥上下口是必不可少的。

•高架桥上还要有终点站和服务区，增加娱乐性，让猫的空中之旅一路顺心。终点站就是猫肯定会去、还会待很长时间的地方，比如书架顶上的猫窝。服务区就是路上的临时休息点，猫能在那里停一会，欣赏风景，比如一块能蹲立的地方，或者一个瞭望台，猫能在那里看清领地上的风吹草动。

设计猫高架桥时，需要避免以下几点：

•车道过窄——高架桥车道太狭窄的话，猫"会车"困难，可能就卡住了，然后麻烦就来了。最好能做到车道宽度至少为 20 厘米（足够两只猫通过），或在路边设一个出口坡道或平行路线。

不可以

可以

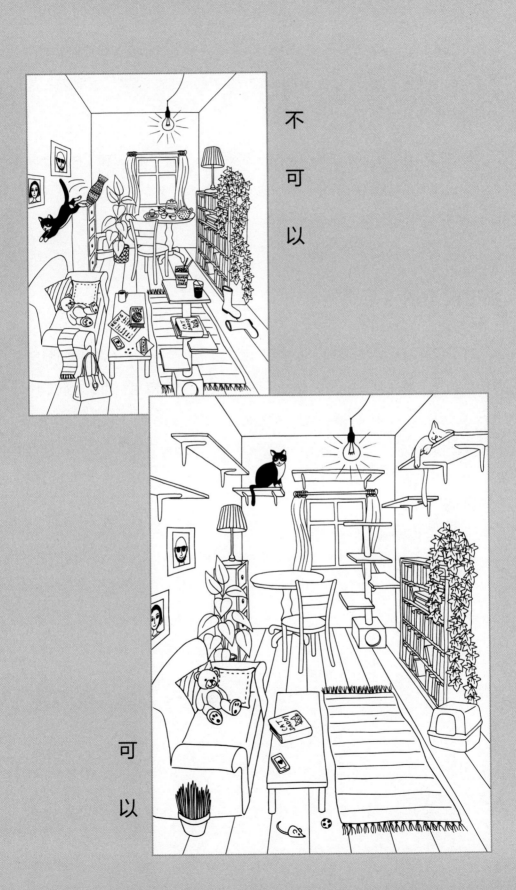

•车道过高——高架桥不要架得超高，免得在紧急时刻或者要带猫去看兽医的时候根本抓不到它。高度必须在你能随时够得到的范围内。平时打扫起来也更容易。

•改变热点区域、伏击区和死胡同——除了狭窄的车道，还有各种其他原因会导致冲突。把高架桥一路观察一遍，寻找死胡同或其他问题区域。发现问题后可以用增设车道、上下口等方法来解决，让交通再次顺畅起来。

猫宅改造的点睛之笔

好了，现在我们已经建起了大本营，用家园规划改造了家宅，在房间到房间之间铺设了通行无阻的道路，对水平面和垂直面上的可用空间都进行了优化，还在这片乐土上具有战略性意义的地方摆了"气味吸收器"和路标。现在，我们来谈谈另外两个在猫宅改造中具有重大意义的配置。

"猫日晷"

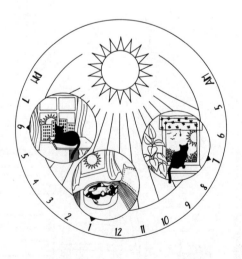

"猫日晷"是猫在家中跟随阳光移动的休闲模式。你可以找出一天中从哪

扇窗户透过的阳光最充足，然后在窗户附近放这些东西："气味吸收器"、树枝形猫爬架、猫吊床、带猫窝的猫爬架，或在墙上订木板作瞭望点。

窗边是一个理想的休憩点，我们在这里给猫提供多种多样的休闲选择，让它们发挥猫科动物分时享受资源的"特长"：不要争，不要抢，家里的好东西大家都有份。

"猫电视"

在我们（人类）的家里，电视是休闲利器。家家都有电视，不管一天有多忙、多混乱，只要能安安稳稳地坐在电视面前看一会儿好看的节目，所有不愉快都能消失，哪怕只有 30 分钟。我们现在经常讲"放空"，但看电视并不是"放空"。看电视是一种少有的一边放松一边有所投入的体验。我们不仅在看，还在发挥想象力，体会故事情节，投入情感。同时我们又带有一定程度的剥离感，更多的是享受，而不是把故事情节中的压力加诸真实生活中。

猫基本上用不着电视，充其量就是卧在电视机顶上取暖。但这并不意味着它们不能从电视这个概念中获益。"猫电视"里播放的是猫的生活中最重要的故事情节——狩猎，使猫体验同样放松的感觉，我把这叫作"被动参与"的虚拟狩猎练习。

猫看电视就是猫坐在窗前看外面的猎物。"先尾随后出击型"猎人的关键战术就是观察和评估。将猎物扑倒只是捕猎、追逐、杀戮、进食这一狩猎过程中的一小部分，而对猎物进行评估和做出攻击计划则占据着一大部分，它可能还会用掉猫一天中的大部分时间。你想想看，我们都见过猫目不转睛地盯着飞蛾绕灯泡盘旋。它可以在那里一蹲就是几个小时，等着飞蛾的下一步行动（或犯一个致命的错误）。

你在设计起居室时会以电视为活动中心，同样，在设计"猫电视"时，你要找一扇大窗户，在窗外放一些猫感兴趣的"猎物"，例如鸟类和昆虫等玩具模型。想象一下：给鸟喝水的小喷泉里有一只鸟，花上围着蜜蜂，野生动物喂食器旁有松鼠……把这扇窗户变成一个终点站，放上猫树、墙面休憩点或猫床，让你的猫坐下来，长时间、随心所欲地观看"猫电视"。

另外，设计"猫电视"时别忘了"猫日晷"，这样你就可以根据全天阳光的自然轨迹，最大限度地提高"猫电视"周围各种休憩点的使用率。

如果你住在公寓里，这就有点难了。不仅窗户本身的尺寸就不大，而且挂鸟食器、鸟巢等的空间也都被占用了。在这种情况下，我们还有其他选择。例如，虽然我并不是水族箱的粉丝，但鱼儿游也是有趣的娱乐节目，而且还自带窗口（不过你也得把这些鱼照顾好）。你还能买到很好看的"假水族箱"，放一些塑料鱼和水母进去，就跟真的一样。假鱼缸是设计给人类的装饰品，但也可以当作很棒的"猫电视"。另外，你可以把现成的窗户收拾出来，布置得很舒适，让猫看着街上像蚂蚁一样小小的人，这也是一项有趣又有吸引力的活动。

在家里多设立几处"猫电视"，对你和你的猫都有直接的好处。有电视看的话，猫咪白天独处时就不会那么无聊、焦虑了，压力也能得到缓解。同时对你和猫的日常游戏也是有益的补充，这一点也很重要。当然，给"能量气球"减压的最好方法莫过于陪猫一起玩耍，但如果你做不到，偶尔允许这样被动的活动也能避免"能量气球"不断充气，最后在你进门的那一刻爆炸。正如我之前说的那样，你和猫在一起的时候，你可以选择要么给气球打气，要么排解压力。"猫电视"可以让你远程完成能量的加减，这片"猫电视"区域就能帮猫完美地获得每天的神气。

"寻乐图"

我之前一直着重在讲合格的猫宅应该包含哪些组成部分，如何把它们运用起来。要想创造猫领地上的最佳交通流，最好的方法就是画一张"寻乐图"。

图上该画什么

第1图层：猫使用的区域。

第2图层：你为猫提供的东西：

• 猫家具

• "猫电视"区域

• 猫交通流的现状

• 猫在哪里撒尿、吃东西、睡觉和巡逻

• 特定区域的分时使用

• 猫和人类眼里的"宝座"（床和沙发）

• 猫逗留时间最多的区域，以及只是路过的区域

• "猫日晷"

• 门和窗

先画一张你家的蓝图。网上有软件可以帮你出图，你也可以走低科技含

量路线，直接用铅笔和纸勾勒出房子的布局，再画出大件的人类家具、窗户、门和门窗内外的环境，这就是基本版的"寻乐图"。

有了"寻乐图"，你就能辨别具有社交意义的区域（社交区）——"宝座"（猫世界中的兵家必争之地）、家里交通最繁忙的区域，以及在多猫家庭中打斗最频繁的地方。从图上找出潜在的交通阻塞；用猫宅改造术来进行整改，比如猫砂盆应该放哪儿，在什么位置应该添一棵猫树。

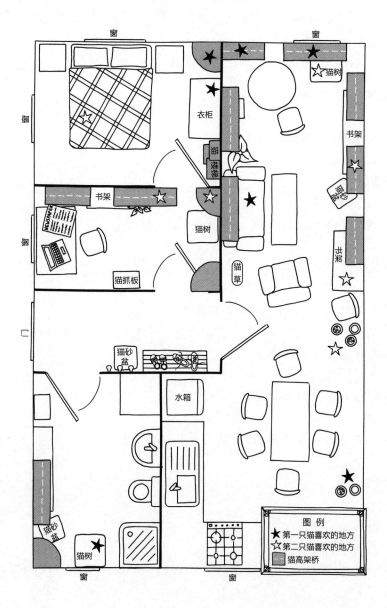

为了搞清楚猫的偏好、生活模式，从而制订出猫宅整改方案，我建议用以前上小学时用的小星星贴纸。先把小星星贴在最受欢迎的地方：猫每天在哪个地方一睡就是好几个小时？它们在哪里玩？在哪里练爪子（包括你不准它抓的地方）？在多猫的家里，给每一只猫分配一个星星的颜色，你就可以更直观地记住每只猫的生活核心领域，看出这些领域如何与其他猫和人类的活动领域重叠，以及家里哪些地方比较冷清。

还要划出人类的生活圈，想一想家人经常待在哪些房间，日常生活围绕哪些区域展开。你的大部分时间都是在厨房里吗？或者你全天都在家办公吗？你晚上会去家庭房看电视吗？还是孩子们在餐桌上做作业，你在床上看书？现在是时候考虑领地共享问题了，这是猫宅改造术的支柱之一：这些房间对人类家庭很重要，那么也应该在图上反映出来它们对猫同样重要。

"寻乐图"将帮你找准猫的核心领地，然后集中兵力，各个击破，定点改造。把人类的社交区和你给猫安排的社交区进行对比，就能非常清晰地看出，家里哪些地方需要改造。

现在来看看你为猫准备好的大本营标配：猫碗在哪里？猫砂盆在哪里？猫抓柱呢？猫树呢？猫窝呢？高架桥建好了没有？全都标在地图上。在这个过程中你就能看出应该把猫宅改造的重心放在什么地方。如果你发现家里所有的"猫的东西"都集中在地图的某个角落里，那就说明是时候把爱传播出去，让世界充满爱了——根据各只猫的喜好和常去的区域来摆放猫家具，把它们分流出去，创造最佳交通流。在一个完美的猫宅中，各地都应均匀分布路标、"气味吸收器""猫日晷"和"猫电视"。

我们要记住，猫宅改造是创造一个让人类和猫都同等受益的空间。这个概念中的关键词是"同等"。如果我们不积极地给猫的领地增添欢乐的氛围，就等于在埋头开倒车。方法其实很简单：按规划设立路标，不然就只能等着猫闯祸啦。

流动的"寻乐图"

在你一边改造，一边回看"寻乐图"的时候，你会发现它并不是一成不变的，而是流动的，它所记录的关系也在改变。随着时间的推移，猫的偏好必定会发生变化。太阳的照射点变了，"猫日晷"就随之改变。或者，如果你开了暖气，开始用壁炉，猫的逗留点也会跟着变换，因为它们总是跟着热源走。家里的布局也在受四季变迁的影响，这时候，地图就能派上用场了，帮你保持"领先一步"。你越能保持最新的家园规划意识，就越能建立和保持猫的自信，减少领地竞争。

在这片你和猫共享的领地上，内部架构由路标和"气味吸收器"构成，其中必不可少的组件是猫窝、各种形状和大小的猫抓板、猫爬架、食盆、猫饮水喷泉以及……是的，你的旧运动衫。最后是一切路标和"气味吸收器"之始祖：猫砂盆。

我知道很多人一听到猫砂盆就犯头疼。我非常理解。我敢大胆地说，没几个人像我一样亲眼见过一个塑料盆带来的极具规模的伤害。猫砂盆里也能起大风浪，成为家中不和谐的导火索，让所有的关系——人与人、猫与人，甚至人与房屋的关系都受到影响。所以我将尽力全面讲解猫砂盆的问题。你知道得越多，你就越不会去责怪自己、你的猫、你的配偶或那个塑料盒。

猫砂盆基础与进阶

你信不信魔法？如果你看到一只猫会使用猫砂盆——自己跑进一个塑料盒子,按直觉的指引把便便埋在松散没棱角的颗粒物质下面——那你就应该由衷地产生敬畏之情。

生活在户外的猫想在哪里大小便都可以,不会固定在同一个地方。艾德·洛韦在1947年发明猫砂以后,立即从两个方面彻底改变了我们与猫的关系。首先,我们与猫相处更密切了,因为现在猫能足不出户地待在家里了。另一个天翻地覆的变化(而且也很复杂),就是我们想当然地给猫添加了一种责任。从那时候开始,人类就认为猫应该在一个盒子里排泄。猫享受了长期的自由放任主义,和人类一"牵手",忽然之间就被发了一张最后通牒。在人类的头脑中,进化的脚步太缓慢,我们等不及。想想看,我们把猫带进家才多少年,居然就严厉地指着那个盒子,说:"快,进去拉便便！"它们要能照做的话就真是活见鬼了。

一个躲不开的大问题

我,或者其他任何一个干我这行的人都会说,要不是有好多猫有随地大小便的问题,我们早该失业了。唯有"不在猫砂盆里拉便便和撒尿"(包括拉在沙发上、地毯上、床上和你身上)这个问题能让人立

刻打电话给我寻求服务或把猫送回救助站。所以，我现在就来教大家几个久经考验的秘方，针对猫砂盆进行改造，治愈乱拉乱尿这个顽疾。

但是，首先我不得不说：猫砂盆的数量和合适的摆放位置是一个大问题。我知道一些客户真的在长时间的认真考虑：是让猫在地毯上撒尿呢，还是在家里再放一个猫砂盆？这个问题，归根结底是猫自己的选择。猫砂盆问题也代表了我多次谈到的最核心的妥协问题。猫砂盆能给猫带来很大的福利，我希望你认识到这个事实后，能做出更贴心的安排。在思考猫砂盆这个相当"有分量"的问题的时候，有一点你必须牢记在心：只要你现在遵循了这些指导方针，在未来就能完美避开几乎所有的猫砂盆问题。

我们已经讨论过什么是"气味吸收器"，以及它们对猫的整体神气有多重要。"气味吸收器"和其他路标就像家里的小东西，你用这些东西来表明：这就是我的生活，比如有纪念意义的物品、旅游纪念品、墙上挂的照片、让你装修时费尽心思的小细节，甚至包括现在挂满了外衣、毛衣、帽子和背包的衣帽架——你每次走过这些东西，你都在潜意识中说："是的，我属于这里。"于是你知道这里是你的家，呼吸也变得平缓。

在这种心境下问问自己：如果你要去长途旅行，也知道自己会想家，你会带上哪一件最能代表家的东西？

作为一个一年里有大约三分之一的时间都在路上，而且还会想家的人，我认为我得到的最好的建议之一就是带上自己的浴巾。当然，带着你的妻子和宠物的照片去旅行，然后放在酒店的床头也很好。但毛巾是让人类最舒心的路标，因为在一个陌生的酒店里冲完淋浴后，我们就能包裹在自己以及家的味道里了。对于我们人类来说，旅行路标还可能是拖鞋或枕头。对于猫来说，毫无疑问就是它们的猫砂盆。

想一想：对于你的猫来说，你家里的房间要么体现出酒店房间的陌生感，要么散发着卧室的亲密感。如果你想让猫的神气最大化，就把猫砂盆放在有人类和宠物共享的极具社交意义的区域吧。我们到家以后就坐在沙发上，然后睡在床上，所以这些地方是我们最大的"气味吸收器"。猫就喜欢在这些地方逗留，让我们的气味和它们的气味相混合，让卧室和客厅变成了家里最具有社交意义的区域。是的——在卧室和客厅里你都得放上猫砂盆。

我知道你此刻都震惊得好像我朝你扔了一个炸弹。这颗炸弹可能让你的家园大变样，但对人猫双方来说是一种建设性的改变。你为了猫咪的福利而改变家居设计，就是对"住宅猫化"进行了完美的阐述。把猫砂盆放在生活区中显眼的地方，一秒钟都不要去考虑整体上的美学价值，那些由于缺乏领地安全感（这基本上是所有乱撒尿问题的主要原因）而导致的乱撒尿问题就能减少，或完全绝迹，这就是你受益的地方。

不过，如果房间四处都是猫砂盆这样的景象让你抓狂，那你就把这想象成一个宏伟的实验吧。时间一天天过去，猫会去用其中几个猫砂盆，其余几个碰都不碰。你就能知道在猫的眼里哪些地方具有社交意义，到那时候，猫砂盆就可以撤掉几个了。

猫爸爸词典

猫砂盆的怨念

我建议你在家里各处都放置猫砂盆，但是我不想要你走到一个这样的地步：妥协太过，甚至于伤害了你和你的猫的关系。这就是我说的"猫砂盆的怨念"：你在家里走着，低头一看就是一个猫砂盆。你突然觉得猫非常可恨，就像有一天你过得特别不顺心，又一脚踩在孩子扔得满地都是的玩具上，摔了一跤，于是你觉得你的孩子真可恨。这种时候你一定要去做心理疏导。

现在你已经看清了这样一个事实：猫不是家里唯一的领地性动物。我们希望它们快乐，但一想到它们在我们的卧室里排泄就受不了。但是，玩具是你的孩子的成长中不可或缺的，猫砂盆也一样，它们对猫的神气来说至关重要。记住，不管什么问题都有解决方法。以解决问题为导向，你就不会在"猫砂盆的怨念"上触礁。

猫爸爸的猫砂盆"十诫"

虽然以下更多的是小技巧而不是生活准则，在过去 20 年中，我用它们解决了客户的各种猫砂盆问题。振作起来吧：猫砂盆"戒律"的力量将拯救你于尿味儿地毯的深渊，带你步入光辉的天堂，收获一只听话的猫咪。

不可只有一个猫砂盆

猫砂盆的数量应为猫数量 +1。这条律法完全可以和真正的摩西十诫一样刻在石碑上。虽然"猫 +1= 猫砂盆数量"不是必需的，但我强烈建议你考虑一下。这个公式说明除了每只猫在家里都有一个猫砂盆，另外应再多加上一个。如果你有一只猫，你应该有两个猫砂盆；两只猫，三个猫砂盆，依此类推。这个清晰明了的公式能让你心里有数。猫砂盆数量一多，我们还得注意下一条。

不可同一位置放多个猫砂盆

我把上面的公式布置给客户当家庭作业，之后我回去检查，却发现家里好像还是没有猫砂盆，至少我一眼根本看不到。于是客户把我带到车库，我才看见足足有四个猫砂盆并排放着。它们不是在家里放了四个猫砂盆，而是只有一个巨大的"猫砂总站"。欢迎来到隐蔽于尘世之外的猫砂海滩度假胜地，你能在这里深藏不露，远离家中的喧嚣。我说你们是有多不喜欢猫砂盆啊！猫砂盆是用来划分区域的，应该作为路标放置在家中的不同位置。你可以想象家里有好几块脚垫，你不会把脚垫摆成一堆放在前门门口，而是在每一扇门——前门、后门和边门的门口都放上，作为欢迎来客的标志，也作为你的路标。

让我们再来谈谈位置的重要性。你把猫砂盆放在车库、玄关或洗衣房里，因为你不想看着你的猫上厕所，甚至不想知道它们向来都是在你的家里上厕所。或者你只是不想让一个或者三个猫砂盆破坏你美丽的家居设计。于是你要求你的猫走下两段楼梯，穿过门下的小猫门，走过冰冷的车库地板，来到它领地外围的一个带盖的小盒子里。这就相当于让你走出家门去上户外厕所，不方便又不舒适，如果你有得选，你也不会愿意去。除此之外，这些遥远的猫砂盆还有很多明显的缺点。在这些地方，一打开车库门或一开洗衣机就会吓到你的猫。结果，猫以为它们去猫砂盆就会发生坏事，所以……它就再也不肯用猫砂盆了。

所以，我再说一遍：位置，位置，位置！

根据我的经验，要解决这个问题并没有折中的办法：猫砂盆应该放在对于猫来说最合适，而不是对你最合适的地方。两害相权取其轻，要么忍受猫砂盆碍眼，要么遭猫乱撒尿的罪。

不可用香味干扰"气味吸收器之王"

猫有 2 亿个嗅觉感受器（人类只有 5600 万个），这个数据告诉了你，嗅觉对猫来说有多重要，它们在这方面有多敏感。所以你应该注意猫会被什么味道所吸引，又讨厌什么味道，据此趋利避害。这也是我推荐无味猫砂的原因。猫砂里不能有除臭剂，也别挨着猫砂盆放上一罐空气清新剂。从我的经验来看，那些香味刺鼻的人工合成香气以及有香味的猫砂都会把猫熏跑。想一想：如果你是想让猫不要靠近比如圣诞树这样的物体，我就会建议你使用这些猫厌恶的气味。猫基本上都不喜欢柑橘气味，所以你可以把柠檬皮放在一个多孔的容器里，或者放在密封袋里，再给袋子扎一些洞，放在圣诞树旁边。所以，如果含有类似成分的空气清新剂就放在猫砂盆旁边，猫还敢去用猫砂盆吗？

用了香味的猫砂和空气清新剂，就破坏了人与猫的和谐。其他欲盖弥彰的行为也是一样——把猫砂盆伪装成盆栽植物，或者使用自动猫砂盆，或者训练你的猫用人类的马桶。这些东西能给人类方便，但你会发现，对猫不起作用。猫砂盆里要有猫的味道，才能成为"气味吸收器"，所以必须留点味道。其实从人这方面来讲，只要合理安排铲猫砂的次数，就不会臭到需要用其他味道来掩盖的程度。至于如何清理猫砂盆，我们很快就会讲到。

应遵守猫砂的极简原则

对于猫砂的质地，每只猫自然都有不同的偏好，但我们可以通过原初猫的视角来做个判断。排泄的时候，如果要在石块和泥土之间做出选择，绝大多数野外生活的猫都会选择后者。室内的猫去较柔软的地方排泄，比如浴室垫子、床上和衣服上，是因为它们不喜欢猫砂盆里的某些耗材。许多猫（包括被去爪的猫和老猫）可能不喜欢某些水晶或外形尖锐的猫砂，甚至一些外形粗糙的黏土猫砂。

这一条戒律和上一条一样，按原初猫的喜好来说，最简单的就是最好的。材质的花样越多，发生问题的可能性越大。

不可盲目地填满猫砂盆

我觉得把猫砂盆填得太满是一个很常见的问题，因为我们认为既然是好东西就该多多益善。每只猫都不一样，我们必须找出对那一只猫最有效的方法，而方法就是仔细观察。

你想想，装满猫砂的盆对一只患关节炎的老猫来说真是受罪，尤其在上大号的时候，因为猫必须用爪子抓住猫砂来获得稳定性。同样，超重的猫可能会陷到猫砂里面。

长毛猫不喜欢有猫砂粘在大腿、臀部和腹部的毛发上的感觉。猫身上的毛囊非常敏感，一蹲下去，腿后面的毛发接触猫砂，就会产生瘙痒的感觉。（对于一些长毛猫来说，这种感觉甚至会产生很大的困扰，于是它们就会去找更光滑的地方来撒尿。）

一般来说，你可以把猫砂填到3～5厘米高，再看情况做调整。记住，关于猫砂盆的一切，小到盆里放多少猫砂，都要先考察再决定。

你要尊重猫喜欢的那个盆

你的猫会不会在猫砂盆里挖个不停？还是会偷偷摸摸地走进去，就好像里面有危险？虽然它已经老了，或者身体有缺陷，你是不是还坚持让它用顶上开门的猫砂盆？或者，虽然你养了只肥猫，但猫砂盆只容得下小猫仔？要记住，猫砂盆对猫来说应该既有吸引力又方便——换句话说，应该是一个友好的地方，让猫能一到就直奔主题。

在理想情况下，猫砂盆的长度应至少是猫身长的1.5倍。猫能在里面转身，又挖又刨，找出一块干净地方，而不会在方便时脸都贴到了猫砂盆的内壁上。

此外，进出猫砂盆不应该艰难得就好像做体操一样。顶上开门的猫砂盆看着不错，动作敏捷的猫用起来问题不大。但是，即使最身手不凡的猫，也不想自己像个从魔术盒里弹出来的吓人的小丑一样，也会选择替代方案：直接把尿撒在地毯上！

幼猫、老猫、肥胖猫和残疾猫在进出开口较高，或在顶部开口的猫砂盆时都比较困难。狗用的撒尿盆就很适合老猫、行动会导致疼痛或身体不好的猫。你可以把普通猫砂盆的入口截低，或把四周盆边切短，猫就不用跳进去了。

不可给猫砂盆加盖子

我不是很赞同给猫砂盆加盖子。猫在排泄时需要隐私——这种想法是经典的人类思维投射：我们人类上厕所的时候需要隐私，于是你就认为猫也需要。错啦！

生活在户外的猫经常随地大小便，在灌木丛前，在车道上，在你家花园里，在你家房子墙角。

有些猫可能对盖子没意见，但盖子会形成伏击区和死角，尤其是在有狗、小孩或其他猫的家里。盖子用一段时间就脏了，洗起来还很麻烦。此外，长毛猫或体型较大的猫在出入猫砂盆时，毛碰到两侧罩子会产生静电，因而受惊吓。换句话说，既然风险与回报率大幅度倾向于风险，所以说到底，何必冒这个险呢？

不可用猫砂垫 [①]

你可能以为在猫砂盆底套上猫砂垫能方便清理，但实际上，很多猫都不喜欢猫砂垫的材质，拨拉猫砂时，爪子还经常会被钩住。而且，衬垫容易被抓破，尿液流下去仍是一团糟。完全没有带来加倍的便利。直接拒绝吧。

你应该保持猫砂盆的清洁

你最后一次当"铲屎官"是什么时候？对，我知道你不喜欢面对一片臭烘烘的雷区，但你的猫也不喜欢。最近的一项研究表明，在有得选的时候，猫会毫不犹豫地选择干净的、里面没有排泄物的猫砂盆。是的，即使是我们已经知道的事实，也要强调一下，这是科学：猫砂每天都要铲！

猫可能贪恋其他的猫砂

要找出猫喜欢的猫砂，最佳方法就是给它多种选择，把颗粒大小、形状和

① 译注：类似加厚的塑料袋。就像在垃圾桶上套垃圾袋一样，给猫砂盆套上猫砂垫，再倒入猫砂，换猫砂时可以整袋拎起来。

类型不一样的猫砂放在不同的位置,跟踪记录它的使用状况,相应地进行调换。就这么简单。

猫爸爸的教导

便便之争

遛狗的时候,你会亲手拾起你家狗热气腾腾的便便,你的手和排泄物之间只隔着一层塑料袋。你能得到狗狗排泄物的"第一手"信息,有任何潜在的问题都能及时发现。

但换作猫就不一样了。我们对猫的排泄物采取的态度是"不见恶,不闻恶",随时都在想办法对这个正常的生理机能进行杀菌和消毒。只要能不去碰猫的排泄物,让我们干什么都行。许多人甚至用自动猫砂盆,请机器来完成这项工作。但如果你让机器来完成这项工作,你就失去了观察的机会。排泄物被机器扫掉,猫的"内部运作"是否正常你永远无法得知。另外,何必花一大笔钱买个机器来把排泄物和成稀泥?机器还常失灵,如果发生故障的时候猫正好蹲在里面,它就会被吓得跑去其他地方排泄了。

根据猫的尿液和便便的样子来判断猫的状况是抚养人的职责,而清理猫砂盆就是获取猫的健康信息的好机会。你应该知道正常的便便是什么样子、闻着是什么味道、它每天排尿和排便的次数、猫砂盆里应该有多少坨坨、猫砂上是否有血迹,等等。如果猫拉完便便后整间屋子都是恶臭,你可能要带猫去看兽医了。

深挖真相——猫在猫砂盆里干什么

很多人都问我有关猫在猫砂盆里抓挠和刨坑的问题。首先，他们想知道为什么猫要刨啊刨，刨上好半天。这种行为很有意思，其实猫和猫的区别会很大。有的猫是"猫盖屎"，只飞快地挥一爪，给便便盖上一层猫砂就完事，有的简直要一直挖到地球另一头，甚至还要在猫砂盆旁边的墙和地板上抓几下。

但同时很多人却为相反的问题担忧，他们问我能不能训练他们的猫养成埋便便的习惯。在这个问题上，猫是教不会的——它们要么会埋，要么不会埋。有时猫不埋便便是猫砂盆太脏了。那么你把猫砂盆洗干净就行了；要是埋便便会把爪子搞脏，甚至沾上其他猫的排泄物，谁会乐意呢？但有的猫可能是小时候学习撒尿和便便时没学好。我想说的是，如果换了干净的猫砂盆和没有棱角的猫砂都没用，那就说明埋便便（或不埋便便）的习惯是改不过来了，你多半只能忍受了。

人们通常认为猫掩埋排泄物是为了不让捕食者发现自己的气味。这种古老的如厕仪式已经根深蒂固地植入猫的头脑中，至于家里到底没有捕食者并不重要。但事实是，埋便便这种行为可能比保护自己免受捕食者的追踪要复杂得多。生活在户外的猫在领地的中心——它们休息和吃饭的地方——排泄，会比在领地的外缘排泄掩埋得更仔细。此外，猫和猫之间还用尿和便便传递信息。这一切都证明了猫埋便便这种行为的复杂性，以及妄想改变它是多么的吃力不讨好。总之，这又是一个猫的未解之谜。

猫砂盆里的麻烦

你对猫砂盆进行的侦查工作中，有一部分是搞清楚猫在里面都干了些什么。信不信由你，你可以从中发现猫的一些感受。比如，你看得出你的猫不喜欢某种猫砂是什么表现吗？

猫不喜欢猫砂或猫砂盆的几种迹象：

- 它们不会把脚踏入猫砂盆。

- 排泄之前和之后都不扒拉猫砂。

- 方便完以后，它们飞似的跑出猫砂盆，就好像有谁在追它们。

看到这些行为时，你要立刻去找兽医排查可能的疾病。如果检查一切都好，回过头去看看猫砂盆"十诫"，用举一反三的方法解决问题。

猫砂盆的清洁

我的这个立场可能很不受欢迎，但我坚信，你对猫砂盆消毒的次数越多，对猫的伤害就越大。如果你每天铲两三次猫砂，每周清洗一次猫砂盆，然后给猫砂盆消毒，那么我们面对现实吧——你这样做是为了你自己，而不是为了你的猫。

想想看，几乎所有和猫行为有关的建议都告诉你，为了防止猫回到同一个地方乱撒尿，你必须彻底去除那个地方的尿渍。这个处理方法是正确的。那我们何必去除猫砂盆里的猫气味呢？

猫想要并且需要闻到自己的气味。排泄物是重量级的领地标志，它们表达的是"我拥有这块地方"。猫们的排泄物是领地安全的象征，和用脸颊或身体做标记、在猫抓柱上留下抓痕没有区别。

请勿打扰天才工作

对猫来说，领地的所有权至关重要。如果它们没法在家里闻到自己的气味，它们就会想方法闻到自己的气味，结果就是跑去不同的地方撒尿。

你所要做的就是每天都铲猫砂，也不用猫去一次猫砂盆你就去铲一次。每个月换一次猫砂，用热水冲洗猫砂盆。这样对大多数猫来说应该足够了（对你也一样）。

训练猫上厕所之我见

有次我看了那些经过训练后会自己使用马桶的猫的视频。我认识的大多数人看过这些视频后，都觉得这样做很可爱，或者猫居然可以经过训练之后完成这种行为，真有意思。有的人就开始幻想如果不用操心猫砂盆和相关的一切脏活儿累活儿的话，那该有多好。当时，我无法描述这些视频让我有多糟心。但过了一段时间，我意识到，这是因为我可以通过猫的身体语言识别出它们的情绪压力。它们眼中流露出来的表情似乎在说："这不对劲，我不喜欢这样，我觉得受到了伤害，我不舒服。"

是的，的确会有这么几只猫很自然地学会使用人类的卫生间。于是有人就武断地认为：如果那只猫能做到，为什么我家的不能？现在市面上有很多"训练产品"用来强迫猫不用猫砂盆，而是用马桶。我甚至看到猫被训练得用过马桶后还会冲水。如果你的猫愿意用马桶撒尿和便便，不用你教它就会用了。但如果猫并非自愿，也许你可以训练它用马桶，但后果是对它的神气的打击。猫为了标记自己的地盘必须在不同的地方撒尿，所以原初猫永远都不会去用马桶；而我们硬要让猫改变天性，纯粹是为了自己的利益。

我们已经对猫与人关系的方方面面进行了探索，从猫砂"十诫"、如厕工具到肠胃道活动的闻味观色。现在，我们可以正式踏上神气的乐土，你和你的猫将在这片乐土上相伴一生，不离不弃。让我们拥抱抚养者这个角色，共颂这句箴言：你不是有了一只猫，你是在抚养一只猫。通往应许之地的道路就在我们脚下展开。

第九章　为猫父母的艺术

在第六章"欢迎打开工具箱"中，我们便定下了本章的基调，那就是鼓励你把自己看作猫的爸爸妈妈，而不是猫的"主人"，更不是"驯猫师"。

那么现在，我们可以走上跳板，一个反身翻腾两周燕式入水，跃入"神气"的泳池，朝着幸福美满的有猫家庭的对岸游去。

虽然狗能从抚养人的训练活动中得到舒适和安全感，但猫却不会，门儿都没有！想想看：为什么我们把工作对象以狗为主的人叫作"驯狗师"，但把以猫为工作对象的人叫作"猫行为学家"？

通过训练，狗的心理能变得更加稳定，训练得当，我们和狗的关系就能更稳固。但猫呢，我们想要对它们的行为施加最大限度的影响，但最终只得对结果做出妥协。

狗或猫执行"坐下"的命令时，从表面上看来是一回事。猫坐下和狗服从指令如出一辙，但我们要明白这一模一样的行为背后的巨大区别。也就是说，从前因后果上来讲，狗"坐下"是因为它在服从命令，而猫做出坐下的动作是因为有奖励的诱惑。当然，这并不说明我们只达成了表面上的合作；我们还成功地让猫看着我们，跟随我们的指引，认真地完成了我们要它做的动作。我们和猫的关系得到了巩固，这就是胜利，虽然它不会像狗那样听候调遣。

甚至可以说，与猫相比，狗更需要训练来保持健康。我们与狗的长期相处让狗天生就能接受人类对它的训练,而且训练还能让狗根据我们对它的期望和不同的环境,发展出对应的生活技能。

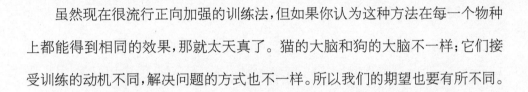

进行沟通时,我们对猫要采取折中的方式。我一直在谈论的"练习"能够最好地培养猫心甘情愿地走上沟通之桥——做出它们的天性中并无先例的行为。不要指望对猫的训练能像对狗的训练一样,能让它们大变样。记住这句口号:"尽最大的努力,做最真诚的妥协。"记得为猫的福利着想。结果的好坏不能单方面强求,猫就是猫,它们不一样。

虽然现在很流行正向加强的训练法,但如果你认为这种方法在每一个物种上都能得到相同的效果,那就太天真了。猫的大脑和狗的大脑不一样;它们接受训练的动机不同,解决问题的方式也不一样。所以我们的期望也要有所不同。

我再一次建议大家把养猫看作抚养小孩。我们教孩子要体贴他人,吩咐他们去做作业的时候,我们讲的是"教养",而不是"训练"。但是,在你把两者的区别视为语义不同而忽略之前,想想你在进行"教养"时使用的方法和在"训练"时会有什么样的差异,而这些差异将决定你是否能让猫做到你想让它做的事情。

骂还是夸——这是个问题

通过条件反射来改变行为这一原则适用于所有动物——鸟、鸡、金花鼠、海豚、虎鲸,甚至还有猫和人类。心理学家 B.F. 斯金纳曾建立强化理论来阐述有哪些因素可以对行为

产生激励。这个理论的基础是：如果特定行为可以带来特定的结果，当这种行为的后果有利时，这种行为就会在以后重复出现；不利时，这种行为就会减弱或消失。

如今，科学家和动物训练师们都已经认识到，正向加强是改变行为的最有效方式。惩罚可能暂时有作用，但还是没法改变猫行为的动机，也不能告诉猫它们应该做什么。惩罚还会对健康产生副作用，如恐惧和攻击（更不用说还会摧毁你们之间的信任基础）。

尽管如此，了解到这样的现实之后，一个老生常谈的问题又出现了："打也不行，骂也不行，那我该怎么教我的猫守规矩？"我的回答是："你不可能教你的猫守规矩。"你骂它们、把它们嘘走、用水瓶喷它们的时候，它们根本不知道你在干什么。另外，为了让惩罚产生预期的效果，惩罚必须在行为每一次发生时立刻实施。你不可能一天 24 小时，一周 7 天监视你的猫——而且，你忍心吗？

我们的目标是提升"神气"，增强猫的信心。羞辱或惩罚根本不可能增强信心。更糟糕的是，我见过有人把辱骂当作让猫明白"我才是老大"的手段。我再说一遍：任何类型的惩罚，不管披上了多么聪明的"概念"的伪装，都无益于提升猫的"神气"。任何加强你对猫的统治的做法，对"神气"都是一种损害。

我们再回到人和猫的情感关系上。旨在建立统治地位的关系都不可能成功。在这本书里，我们希望做的是猫"神气"的创造者，而不是终结者。隐形围栏 [1]、电击毯、去爪术，哦，对，甚至家家都有的喷水瓶都应该被扔进垃圾堆。

---

[1] 译注：一种电子项圈，可设定不可靠近特定地理边界或固定物体，宠物一旦靠近便会遭到项圈发出的微量电流的电击。

强制休息和"猫监狱"

当猫受刺激而兴奋过度时,可以采用强制休息的办法。但请记住,它们不是故意的,因为那时它们心中的原初猫处在"战斗或逃跑"模式。强制休息听起来好像是惩罚,但其实不是,紧张的身体状态可以借此渐渐冷静下来。

另外,还有一种叫作"猫监狱"的措施。猫打架、乱撒尿、晚上吵闹的时候,抚养人气到极点,又不耐烦解决问题,这时就会用到"猫监狱"。你再也无法忍受,于是把猫关到厕所里,远离家里的社交场所。你在惩罚它。

有人错误地把"猫监狱"等同于强制休息。但必须指出,"猫监狱"不是强制休息。强制休息归根结底是一种善意的姿态,是在原初猫大爆发时帮它恢复自我的方式。"猫监狱"却是惩罚,对正在抓狂的猫来说是火上浇油。

而我们现在应该知道,惩罚对猫没有任何作用。也许短期内你清静了,但问题依然存在。猫不会把相隔很久的事情关联起来,根本想不到十分钟前做的一件事居然导致自己在厕所里被关了一个半小时。它们没有"好好反省一下"这种逻辑。把猫的脑袋和鼻子按到尿渍上也一样没用,它们不明白这是为什么。

如果你必须把猫关在卧室外面,打比方说,因为你的床一次又一次惨遭猫尿蹂躏。暂时也没有其他办法,我理解。但"猫监狱"绝不是不得已的办法,它就像你扔出去的一个回旋镖,飞出去转个圈就回来,能把你牙都打掉。

当猫产生"战斗或逃跑"反应、开始攻击、对某人或某事感到惊恐时,你可以把它带到一个狭小的封闭环境中,把灯光调暗,不要有声音干扰,不要有任何刺激,什么都不要

有。在这个减压区里，猫能找回身体的平衡，从惊慌失措飞到天花板上，又重回地面：把魂儿找回来，恢复身心和谐。这就是强制休息的功效。强制休息时长可以是五到十分钟。让猫解除紧急戒备状态，消除"战斗或逃跑"反应，回到现实世界。注意：如果猫太紧张，不肯跟你进入强制休息区，千万不要强行把它带走。在这种情况下，我们只能折中一下，把它所在的房间变成安静区。关灯，离开房间。这样也能安全地实现强制休息的目的。

要记住，强制休息是为了猫的利益，不是你的。这就是强制休息和"猫监狱"之间的区别。前者是为了你的猫，帮助它恢复平静。后者是为了你，免得你一气之下把猫给杀了。用前者吧，千万别用后者！

不要用喷水瓶

喷水瓶——似乎现在家家都有，在一些客户的家里，我看见每个房间里都摆着一个。这种惩罚工具在养猫的家庭中越来越常见，大家都以为这样就能教育猫："不许这样！"

你可能会想"但的确有效啊。我一喷水，猫就从厨房灶台上跳下来了。现在只要我一拿起瓶子它就跑了"。但它学会的到底是什么？它知不知道它不应该待在灶台上？它不知道。它只知道如果你拿着喷水瓶站在灶台边，那么灶台就是一个不好的地方。更糟糕的是，它学会了怕你。虽然它只有在看到你拿着喷水瓶时才会做出逃跑的反应，但引发不愉快情绪的，就是你。

还记得我们的箴言"尽最大的努力，做最真诚的妥协"吗？然而，用喷水瓶相当于在很努力地开倒车。换句话说，喷水瓶是最糟糕的外交手段，不仅没一点作用，而且还象征着我们这个物种固守的一种信念，即我们可以根据自己的意愿对动物进行改造。如果猫在你面前被吓得身体一缩，那是因为它觉得此刻大难临头了，而不是因为它能从眼前的局面中吸取教训，或者从你的道德观中明白对错。

凡事总有积极正面的解决方法,使用喷水瓶的结果却是让猫怕你。让你的猫(或狗或配偶或孩子)害怕你,没有任何积极的意义,不会带来任何好处。如果你硬要诉诸恐惧挟制,结果只会适得其反。

动物知道它们做错事了吗?

人们经常把它们的伴侣动物的一些行为描述为"它们知道自己做错事了"。亚历山德拉·霍罗威茨博士开展过一些实验,研究人类眼中狗的"内疚的表情"是否与狗的负罪感有关,或者这种"内疚的表情"只是狗受到责骂时的一种反应。

在这项研究中,他们让狗的抚养人给狗看一种零食,然后严厉地命令它们不许吃。抚养人把零食放在狗够不到的地方,然后离开房间。

然后实验者把其中一些狗的零食拿走,让另一些狗把零食吃掉。几分钟后,抚养人回到房间。实验者骗他们说狗没吃零食,或者告诉他们实情说狗把零食吃了。那些认为狗服从了自己命令的抚养人开开心心地回去跟狗打招呼。那些认为狗没有服从自己命令的抚养人就过去责骂了他们的狗。

在抚养人看来,避免目光接触、打滚、尾巴垂下和躲到一边都是内疚的表现。但是实验发现,这些行为只取决于抚养人有没有骂狗,而不取决于狗有没有违背抚养人的命令。

实验表明,狗吃零食后并没有感到内疚,被人类责备时才表现出恐惧和焦虑的样子。如果你在猫身上也看到了这些"内疚的表情",不要以为猫的感受会和狗的不一样。

猫的训练与教学

回想一下当你还在读书的时候:你最喜欢的老师是谁?为什么这个人一直存在你的记忆中?是因为他或她让学习变得有趣吗?因为他或她对你特别关注,让你对某门科目充满热情,学得十分投入?无论答案是什么,这个老师大概不仅仅只是把应付升学考试的知识教给你，让你记住，然后翻来覆去地重复。你最喜欢的老师能为某一个学科树立起情感支柱，让你有爱学习的理由。

你和你的猫的关系就和亲子关系一样，你要不断地教它该怎么做。为了提高学生的学习（和记忆）能力，你要在教学中全情投入。任何一位优秀的老师的故事都能证明教学相长这个道理，所以我强烈建议你在接下来的练习过程中，多做中场休息，体会一下教育或训练猫时你得到的成长；每到这种时刻，你就能更了解自己。

我刚开始从事和猫有关的工作时，一切都围绕着三件事：通过实践得到的经验、观察和"书本学习"。最后一点的问题在于，那时并没有多少这方面工作的资料，而和猫打交道的同行们的信息就更少了，我都没地方取经。所以我就转而去找我的朋友，也是我那个收容所的驯狗队长——娜娜·威尔。娜娜不仅对狗极富同情心，而且对动物行为的复杂性和操作制约训练法非常了解，她简直就是一本行走的教科书。

那时娜娜去哪儿我就跟到哪儿，沉浸式地学习她如何与收容所的动物以及客户家里的动物打交道。我把她的技巧改进后用到猫身上，但我不会想在猫身上获得和狗一样的结果。

我从娜娜那里学到的最有价值的一课是以一种意想不到的方式出现的。在阵亡将士纪念日后的星期二那天,我们一起去银行存工资。那天去银行简直就是自寻烦恼。银行里的每个人心情都很差,因为刚过完一个漫长的周末,回到工作岗位第一天就热得不像话,排队排到了营业厅外面,空气里弥漫着浓浓的假日后集体烦躁情绪。

我一边排队,一边听娜娜讲她在驯狗时使用的正面强化训练。好巧不巧,我们面前一个和妈妈一起来的四五岁的女孩忽然开始闹别扭,扯着嗓子大声尖叫说她要冰激凌。几秒钟内所有人都知道她想要冰激凌了,因为这个小姑娘一遍又一遍地重复她的要求,时而惊天动地,时而掷地有声,时而龙吟虎啸:"我要冰激凌!!!"当她发现这五个字不起作用时,便现场演绎了字典中"大发脾气"的定义:首先,她用力拉扯妈妈的裤腿,同时继续声明她的要求;随后往地板上一趴,用拳头捶地板,边打边摇晃脑袋,就像动画片里撒泼的小孩一样;然后又翻了个身,用脚底猛踢地板,停不下来的尖叫一声比一声大,我们的耳朵也和地板一起跟着受罪。这是一个相当壮观的场面,假日后集体烦躁症的程度立即呈指数级增长。

把这场闹剧推向高潮、把每个人都逼到濒临崩溃的是,那个小恶魔的妈妈完全当她不存在。我忽然特别生气,刚打算说点儿什么,娜娜一把抓住我的胳膊说:"不,等着看。"那女孩用尽了所有的花式哭法,在地上扭完了所有高难度动作,也把力气耗光了。最后,她看看她妈妈,然后一声不吭地从地上站了起来。大概过了五秒钟,妈妈转过身对她说:"那么,我们今天上哪儿去吃午餐?"

这样的结局再完美不过了。娜娜发现我放松了身体,于是放开我的手臂,她知道我懂了。她露出善意的笑容,宁静地面对之前的混乱,说道:"看,就是这么回事。如果你不奖励安静，就是在奖励吵闹。这个学习法对所有人都适用。"

我永远都不会忘记娜娜给我上的那一课——20年多后仍然是我教学的核心：从狗、猫到鸡、负鼠、驴、乌龟……到人类，所有动物。有的因为吵闹得到奖励，有的因为安静得到奖励，我们都在用这种方法学到东西。

教学工具

我的"训练"用几个简短的技巧（我没找到比这更贴切的词）就能概括完全：响片训练、"可以 / 不可以"化解法和"挑战线"。这些技巧都将正面强化理念贯穿其中。

响片训练

关于响片训练，我刚去找我的驯狗师朋友娜娜求教的时候，她就直截了当地告诉我，她没有把这项训练法用在猫身上的经验。我觉得没问题，我也从来没想过要把猫训练得和狗一样。我只想寻找各种训练法，然后再研究如何用其中的一些来建立猫的神气的王国。

响片训练的基础是 B.F. 斯金纳提出的操作条件反射理念。在 20 世纪 40 年代，他的两个学生玛丽安和凯勒·布里兰将他的理念投入实践，在他们的"智商动物园"里训练各种动物演员。

为什么他们的训练方法如此有效？他们用声音让动物知道自己按要求完成了一个动作。他们在训练中用的是一个小小的噪声制造器，会发出"咔嗒"声响。他们用这个工具训练了数千只动物：会玩棒球的鸡、会往储钱罐里存钱的猪、能给导弹导航的鸽子（我真希望我在开玩笑）。

直到20世纪90年代初,当凯伦·普赖尔开设课程教人们使用响片驯狗时,这个技巧才真正普及开来。直到今天,这仍然是一种既人道又有效的动物训练法。

那么如何用响片进行训练呢?让我来一步步地解释。

1. 让你的猫知道响片一响,就会出现美味的食物。这一步叫作给响片"充电"。重复几次,让猫记住这种关联:咔嗒——零食;咔嗒——零食。

2. 现在把行为加进去。猫一做你认可的行为,就按下响片。这个行为可以是你在一系列行为中"捕捉"到的,也可以是你诱导完成的。猫完成行为时:咔嗒——零食。

就这么简单:行为——咔嗒——零食。响片不是命令,也不是遥控器。它是通往零食的桥梁,是对你认可的行为的回应。给这些行为进行积极的加强,猫以后就会多次重复去做。

那么我利用响片进行了哪些训练呢?从我学会响片训练后,我的方法就没怎么变过——就是说,响片是一种工具,哪里适用这种工具,我就用在哪里。例如,在收容所里,我用响片训练教会了猫咪们几招小把戏,比如坐下、坐立等待和击掌。

在收容所里,这几招小把戏可以帮助猫在陌生的环境中增强一点自信,甚至可以鼓励它们走出笼子,迎接潜在的收养者。这些训练还能让它们的身体和脑袋都不闲着,也给员工和志愿者提供了一项有规律的活动。最后,人和猫的关系变得更稳固,还训练出一只适应性很强的猫。

在收容所之外，我就不怎么用响片训练了。不要误解我的意思——为娱乐进行的行为训练对人和猫都有意义。例如，我喜欢给猫做敏捷性训练，唤醒它们心中的"莫吉托猫"，而响片对这种训练有极大的帮助。猫的敏捷性训练和狗的不一样，因为前者可以利用垂直空间。看到一只从未探索过高处的世界的猫在猫高架桥上如履平地地行走是什么感觉？天啊，我瞬间成了一个倍感欣慰的猫爸爸！

另一方面，教你的猫坐在猫树上，而不是在吃饭时间坐在餐桌上更能解决矛盾：猫想要的是一个战略上有利的位置，而你不想让猫蹲在餐桌上扒你刀叉上的食物。这就是一个可以运用响片训练的经典场景。

此外，响片训练可以帮助猫建立信心，更好地接受这些事情：进出猫咪外出笼，把外出笼看作一个友好的地方；修剪指甲；吃药；甚至认识新的家庭成员。这些都是在促进人猫关系时，可以运用到响片训练的最常见、最有帮助的场景。关键词就是：有帮助。

我全心全意地支持原初猫（以防万一你还没看出来）。所以，从逻辑上来说，我并不赞同用响片来训练猫去做那些在我看来有羞辱性的动作。在响片训练过程中，猫对人类承担的指导角色给予了相当的信任，而人对猫也要将心比心。因此，在开始训练时我们需要问自己的问题是，这对我的猫、它的神气以及我们的关系是否有帮助。

我们要意识到，训练中掌握权力的是我们，而权力很容易被滥用。如果一只猫很想到外面去走走，那么响片是训练它去习惯而不是恐惧遛猫绳的最好的方法。但我们应不应该训练猫忍气吞声地穿上热狗造型的服装，好让我们在社交媒体上炫耀呢？基于这本书中关于创造和滋养神气的所有内容，我真心希望我们给出的答案是一样的。

当然,我们在这里只能对响片训练涉及一二。这种训练法很简单,但仍值得我们深入探讨。如果你想学习响片训练,这方面的视频、网站和书籍资源都很多。我推荐凯伦·普赖尔,从她写的任何一本书入手都是很好的选择。

"中大奖了!"奖励法

如果我之前说得不够明白,我现在再概括一下:

猫和狗不一样,它们不会为了取悦你而行事。总的来说,猫基本上以食物为行为的动机。它们越喜欢你提供的某种食物,就越容易接受你的引导。所以说,无论你是想把这叫作有针对性的食物奖励还是叫作贿赂,只要目的是得到猫的配合,食物这种古老的练习工具就是你最好的助手。

至少从我的经验来看,"训练"你的猫时,最重要的就是找到它最爱的食物——必须比一般的鼓励性的零食要好吃得多,好到它无法形容,只能大叫"中大奖了!"

在完成某些一连串的行为或单独的动作时——比如"坐"或"击掌"——就可以喂猫一些普通的零食。但是,如果猫成功地为具有挑战性的任务建立起积极的反馈,你手里最好有对应"中大奖了!"的零食喂给它!

认识到"中大奖了!"零食的重要性后,我们来看看第一个可能出现的障碍:猫会挑食。虽然找到猫最爱的零食就像大海捞针(或者相反——有些猫就像长了四条腿的吸尘器!),但只要有耐心,你一定能找到"中大奖了!"零食。以下是一些关于寻找终极奖励性零食的建议:

• 饿着肚子吃饭最香:不要在猫吃饱了的时候喂"中大奖了!"零食。一定要在它饿着肚子的时候。这可以说是对定时喂猫,而不是24小时自由喂食的必要性的有力佐证。如果你让猫想吃就吃,你就永远找不到"中大奖了!"零食。

- 味道为王：给猫纯天然的、未加工的肉或鱼（就是没有制成零食或猫粮的），它自然会喜欢上至少其中的一种。就这样开始吧。它想吃鲑鱼、牛肉还是鸡肉？一样一样地试，直到你看见它两眼放光，鼻翼飞快地扇动，就好像在说："哇，这是什么好东西？"

- 口感的重要性：对于许多猫来说，食物的口感和味道同等重要。

例如，你通过味道测试发现，鲑鱼获得了"中大奖了！"的反馈，下一步就是研究猫喜欢什么样的质地——这一步骤中也有很多测试。猫粮的形状有肉酱、大砣状、小块状、条形、肉汁多的、肉汁少的……你懂的。而那种似乎能让猫吃得很爽的"松脆"的质地——我并不喜欢给猫喂干粮，至少不用来当正餐。但如果你的猫认为"嘎吱嘎吱"的口感就是"中大奖了！"零食，那就用上吧！你可以把一粒一粒的干猫粮当作"中大奖了！"零食。

- 厨房下脚料：我不知道是谁提出的猫不应该吃"人类食物"。也许他们这样认为是因为人类食物里的调味料，比如盐、洋葱、大蒜和其他常见的香料可能对猫有危害。即使如此，如果你的猫老想来吃我们人吃的肉或鱼，也别因为这些食物没有标明是宠物食物而加以禁止。只要没放过调味料，你就可以试试把给人吃的冷藏熟肉和其他肉给猫吃。要记住，这些"中大奖了！"零食要用在特殊的时候，控制着分量，不能给它们敞开了吃。

- 满足原初猫的需求：出于多种原因的考虑，给猫喂正餐的时候应该摒弃谷物。喂干粮零食的时候也应该避免谷物添加，因为多加进去的谷物会很快产生饱腹感，起不到激励的作用。这就是我喜欢冻干肉的原因。这种零食包含了猫所需的各种营养，没一点儿多余的；爱吃干粮的猫也会喜欢这种脆脆的质地，还能很容易地分成小块，让馋嘴猫听话好半天。

找到"中大奖了！"零食后，一定要保持这种奖励难得一见的特性。不要随意就给出去，每次喂食的量和频率也很重要。奖励性零食性质特殊、含金量高，只能在特定的时候使用。我常常看到心软的主人一冲动就大把大把地把奖励性零食喂给猫，因为猫表现可爱，或者他们为一整天都不在家而感到愧疚，或者就是想喂，没理由。这种行为带来的问题就是让奖励性零食失去了应有的魔力，你也失去了影响猫行为的难得的机会。

"不可以／可以"化解法

我觉得大部分客户和我第一次通电话介绍基础情况时（还有在路上把我拦下来就开始咨询的陌生人），说来说去都离不开他们如何想对自己的猫说"不可以"。比如，"杰克逊，我怎么才能让我的猫不要……"或"我怎么才能让我的猫知道干这种事（大家自行脑补是什么事）是错的？"这样的问句一出，我就知道你已经心急如焚，但我要告诉你，你这是在走上毁灭之路。与其亡羊补牢，不如一开始就把羊圈修好，把可能发生的意外消灭在萌芽状态。光是阻止猫的行为是没用的，每个"不可以"的背后，你一定要创造一个"可以"。

我们再一次用家长和孩子的关系来解释"可以／不可以"化解法。假设你经常擦洗家里的墙，因为你有一个三岁的孩子老在墙上画画。现在你的解决方法有惩罚、大声责怪、让它回房间反省、没收他的蜡笔……或者你可以给他买一个画架。如果你给他买了一个画架，那么你就是在帮助孩子把它最好的一面展现出来，并且确保他的自然冲动不会遭到打压。你不是在对孩子想画画的冲动说"不可以"。你是根据治家需要和原则，对他一开始选择的画画的方式和地点说"不可以"。同时，你向孩子提供另一种表达这种不可抗拒的冲动的方法。你告诉他，这样做"不可以"，但那样做是"可以"的，而且两个指令的力度都要够分量。

现在让我们回到最常见的猫问题之一："怎样才能不让猫爬厨房灶台？"当然，在这种情况下，传达"不可以"的方式非常简单。关键是重复的厌恶感。例如，有一种检测到动态就能被激活的空气罐就很管用。把空气罐放在台面

上,每次猫一跳上去,传感器被触发,罐子就能往猫所在的方向喷出无害但能把猫吓一跳的空气。你也可以在台子上放几个粘了双面胶带的餐垫。猫跳上去就会发现这样一点也不好玩,因为它正好踩到了一种让它非常不舒服的东西。这就等于教给它"不可以!"

但这样的"不可以"就和我们的儿童艺术家/墙面破坏者的情况一样,只是一个折中的手段。如果你不给他一个画架,这孩子就会去找另一个表面来"作画",管它是前门还是餐桌。创造艺术的冲动是抑制不住的,只会从一个地方转移到另一个地方。

　　在厨房台面设防的案例中，我们的解决方法不是寻找传达"不可以！"的工具，而是找出猫从一开始跑去台面上的目的是什么。

　　第一个明显的目的是"我想去那里"——垂直世界。即使你的猫不是典型的"爬树族"，它也会喜欢爬高高。所以我们的解决方法之一就是创造更多的垂直世界来给它更多的"可以"。

　　第二个要解决的是根源：在那个灶台上有什么东西是它非常想要得到的？嗯，这是厨房灶台，所以上面可能有食物。我们应该把食物收好，猫就不会一直受到诱惑，想去吃却又屡屡受挫。我们这方面要做的工作到这里还没完成，请看下一条。

　　第三个问题就是我们。我们和猫的生物钟同步后，人类和猫的能量就在同时达到峰值。不管早上还是晚上，家里能量飙升时，我们肯定都在厨房里做一些事情。而猫站到灶台上就能在前排观看我们到底在做什么。

　　那么，我们在旁边给猫搭建一个看热闹的位置，只要不在台面上，那就是给了它"可以"的通行证。我的首选解决方案是放一棵猫树，距离台面不要太远，足够满足它凑热闹的欲望，但也不要太近，免得它把猫树当作猫高架桥的出口，直接从那里跳上餐台。为了让猫熟悉这件家具，你可以在人类能量飙升期间引导它爬上猫树。也可以运用"中大奖了！"奖励法，只要爬上去就喂它最爱的零食。

　　现在我们成功地用"可以"做的事化解了那些"不可以"带来的麻烦。"可以／不可以"化解法造就了完美的双赢局面。

消弱突现（extinction burse）

你曾发誓，不管猫怎么在你的枕头上踩来踩去，你都不去理它。这种行为已经变成你每天凌晨必经的磨难。你连着受了几天的罪，但你已经决定今天绝不投降，绝不让它得逞。然后你上床睡觉，到凌晨4点，你的猫开始像往常一样喵喵叫。你咬紧牙关躺着不动，等待叫声的停止。但叫声并没有停下，反而比平时叫得更响。然后你的猫踩着你的脑袋走过去，把梳妆台上的东西一件件推下去。现在是早上5点，你气得不行，心想："我受不了了，我要起床喂它，这样我就可以继续睡觉了。"你即将投降。

等等！对猫的一些不当行为，如果你过去采取关注的态度，现在你决定不再给予关注的奖励，猫就会为了获得回应而将不当行为升级。这种行为在心理学上叫"消弱突现"，某种行为失去支持后反而会在短时间内表现得更为剧烈。为了"消弱"半夜猫叫，你必须让它知道这样做没用，并且不会得到任何奖励。这意味着你要忍受"消弱突现"带来的痛苦。之后，信不信由你，忍过去之后，猫就不会来踩你的枕头，而会给你一个安静的夜晚。（有关"夜游神"的麻烦，请看第十六章。）

让我们继续学习下面的高效"养育"基础工具。

"挑战线"

我和猫有关的工作是从一个动物收容所开始的，很多年来我都把那栋楼当作我的家。我在那里经历了收容所带来的特有的身心压力，也学到了很多。当时我大部分的工作对象都是那些几乎无法沟通的猫——最严重的为"壁花猫"。这些猫在之前的家里可能就已经是"壁花猫"了，很多甚至已经好多年都没有过家。更糟糕的是，它们中的一些在身体上和心理上都受到过深深的伤害。即使我能帮助它们重建心理健康，达到进入待收养区的标准，下一步也将困难重重：如何让它们在被关在长宽不足一米的不锈钢猫笼里的时候还能拥有活力，表现出自己的最佳状态，不要在等待收容的日子中陷入"狗舍抑郁"①，甚至连续几个月保持这种状态。

没想到，正是这段仿佛在高压锅里的工作经历让我意识到，如果猫无法跨越我所说的"挑战线"，我就没法帮助它们找到新家，获得幸福。

我做过太多猫的工作，而且遇上了太多的挫折，于是我开始对我的工作进行剖析。我发现让猫克服"挑战线"很难，但为了蜕变，它们必须迈出这一步。"挑战线"也可以叫作舒适线，因为它代表了猫的舒适区的边界。向前进一步就是勇敢挑战，向后退一步就是缩回舒适区。但是，舒适是一种误导性的说法。以我遇到过的那些收容所的猫为例（包括之后我见到过的成千上万的案例），它们把隐身当作舒适，挤到笼子最深处，不让脑袋对着门。我们都知道蜷缩在一个小地方是什么感觉，反正，这样做比面对残酷的世界要容易一点。我们已经从各自的人生中认识到，"容易"就是原地踏步。

当我意识到自己要挑战这些猫的舒适区时，我觉得这是一个不可能的任务。我的意思是，它们已经有过各种悲惨的遭遇，我还要给它们施加压力吗？

但如果我不去做，它们很有可能永远出不了收容所。即使被收养，它们的极端"壁花猫"性格也会导致它们无法在新家中茁壮成长，基本上只会变成"洞藏猫"，就是躲在床底下或衣柜里的猫（或者更惨，被送回收容所）。帮助它们改变成了我的动力。

我的目标是测出这里每一只小动物与众不同的"挑战线"。然后我想知道我能在多大程度上帮助它们适应这条线，鼓励它们一步一步地跨过去，一定不能让它们感觉自己像是第一次跳进泳池深水区的小孩。

————————————

① 译注：狗舍抑郁，kennel crazy，收容所工作的用语，指那些长期关在狗笼里的狗变得死气沉沉，毫无生气的样子。

孩子有父母向他们保证他们不会被淹死，然后他们就能试着下水。但这些动物得不到这样的保证，而且过去的经验告诉它们，事实恰恰相反：一旦它们抓住机会从藏身之地走出来，就会发生坏事。所以我开始拓宽它们的舒适区，缩小它们的挑战区。

我对它们略施压力，画出了它们突破自我的边界线。是的——有时"挑战线"就是一条实体线，我们可以用胶带在地板上把这条线标出来。下面就是"挑战线"的运用方法。

跨越"挑战线"

最近我帮助的一只猫（我们就叫它黛西吧）和人类以及其他动物在一起的时候非常胆小，只有和它最好的朋友德克斯特在一起的时候才能好一些。德克斯特比黛西大，是它的心灵导师。自从它们第一次见面以来，德克斯特就成了它的"社交桥梁"。德克斯特让黛西看到有神气的猫是什么样的，黛西追随着德克斯特，甚至多少做到了有样学样。

德克斯特去世后，黛西就像一根拉长了的橡皮筋忽然被松开，立刻把自己封闭起来，变回了一只"洞藏猫"。它的抚养人觉得如果能给黛西新交几个朋友，它就能重获神气，就和德克斯特活着的时候一样。

结果却没有用，完全没用。

它的抚养人又收养了两只公猫，亚历克斯和帕森。两只猫一来就把家里占领了，处处恐吓黛西，只要它敢走出藏身之地，它们就把它撵回去。抚养人感到很难过——他的怜悯、同情和愧疚交织在一起，造就了一个毫无安全感的怪物。黛西躲在它觉得安全的地方，抚养人就把食物送进去，还在床下放了猫砂盆。于是黛西觉得它完全没有必要走到阳光下的世界,即使那些公猫不来欺负它,它也不出来。

我的任务是让黛西出来。先走出藏身之处,接下来的任务就是离开那间藏身屋,走进全家人共享的生活空间。然后能走到房间正中,而不是只会靠着墙,贴着地走,一副受气包的样子。这些任务对我来说比较有挑战,对黛西来说,更是困难重重。

我给黛西"中大奖了!"零食,还把藏猫洞全堵住,慢慢地把它的猫砂盆移出来,有时候一天只移十多厘米(同时我也在调教那两个霸凌猫,解决了它们自身的问题)。最后,黛西跨过了每一条"挑战线"。我给它设计的每一步都不好走,但黛西证明了自己。它收获了自信,不仅占领了客厅中央,在坚守领地时还给亚历克斯脑袋上来了一爪子。黛西在训练的帮助下不再畏缩,走出了受欺负的日子,拥抱了一个更广阔的世界。

堵住藏猫洞

我在第八章讲过,藏猫洞就是家里那些犄角旮旯,比如床、沙发、桌子、椅子的下面,猫受惊就会往这些地方躲。我们要把藏猫洞堵起来,改变它们的逃避战术。

堵藏猫洞是一种特殊的训练法,因为它将"挑战线"训练法和"可以 / 不可以"化解法结合在了一起。你让"壁花猫"无处隐身,"强迫"它面对恐惧,尝试跨越各种"挑战线"。你禁止猫躲起来(比如躲在家具下面),但欢迎它使用"猫小窝",等于仍旧满足了它想躲起来的愿望,只不过是在一个我们可以控制的地方。在这两种情况下,我们都鼓励它不要把自己隐藏起来,不要觉得自己微不足道,引导它释放天性,不再画地为牢。

警告:切忌拔苗助长,即在一天里把所有的藏身点都堵住。这样做会适得其反,把胆小的猫吓得不知所措。堵洞应该是一个循序渐进的过程,这样才利于猫适应一个无处隐身的新环境。

　　跨越"挑战线"是脱敏治疗和暴露疗法的结合，也就是说我们不是把一个心惊胆战的小孩往游泳池深水区里一推那么简单。我们不是用强迫的手段让猫麻木地接受现实。我们绝不是靠"推"来解决问题。我不可能盲目地把它们推过"挑战线"，而是鼓励它们自己走过去，扩大它们的安全区。有的动物经历过一次又一次创伤，它们的安全区小得可怜，仅容转身。跨越"挑战线"的过程则能给它们一次次小小的胜利，一遍遍证明结果总会是美好的。

　　你可能狠不下心来做"挑战线"训练，这时你可以从父母的角度来看这个问题。作为父母，你肯定会让你的人类孩子勇敢接受挑战。在上学的第一天，你必须狠心送孩子上校车。是的，最艰难的就是当你的孩子在校车窗口看着你流眼泪，大喊"你为什么要这样对我？我还以为你爱我！"的时候。好心疼！但你知道孩子们必须去上学，不读书，他们就不能在社会上立足，智力发展和接受其他挑战的能力都将大打折扣。

　　但之后又发生了什么呢？他们去上学，交新朋友，学习知识，茁壮成长。你帮助他们成为最好的自己。这和我们给猫进行"挑战线"训练是一样的道理。我们不能和它们进行谈话治疗，所以只能一遍又一遍地教给它们，虽然这条"挑战线"让它们感到十分恐惧，但五分钟后，只要走到了线的那边，感觉就会非常好。它们就是这样成了名副其实的"莫吉托猫"。

对猫爸猫妈的挑战

　　猫咪的"挑战线"，也是我们的"挑战线"。让你敦促你爱的人去做让他们没有安全感的事，向他们保证挺过这一关，后面的生活就会更美好，这本身就是一件很难的事。我诚恳地请求所有抚养人都接受"挑战线"训练法，因为我用这个练习法帮助过数千只动物，从未失手。

把"挑战线"这一理念付诸实践时，最重要的就是你必须假装无所谓。根据我的经验，如果你表现得很紧张，你就会把猫的焦虑感升高十倍。请记住，猫是情感的海绵——如果你预感有危险来临或担心失败，它们绝对会吸收这些能量，做出负面的反应。

如果你希望它们勇敢一些，你首先要为它们树立一个自信的榜样。记住：我们给它们设置的是"挑战线"，我们知道线的那边不是悬崖，我们不会把它们推到悬崖下面的冰窟里。我们只需要它们先将一只爪子迈过去——就一个爪子——每走过去一个爪子，我们就热烈地夸奖它们，并奖励美味的零食。

过一段时间，你会看到你的猫身上发生的变化。它的态度从犹豫变成信任，而且这一转变往往发生在一瞬间。可能你们花了一个月，才往"挑战线"挪动了几厘米——就像过山车"咔嗒、咔嗒、咔嗒"地攀上第一个顶峰——之后，忽然之间"嗖"的一声，势能带动车身猛冲了下去。这是对你，一个耐心又自信的父母式领导的回报；也是对你的猫，一次次跨越"挑战线"，克服困难的勇敢者的回报。

无论四条腿还是两条腿的动物，大家都在每天的生活中迎接各种挑战。但在日常家庭生活中，最大的挑战之一就是建立新的关系。对于人类而言可能是与新室友的相处（我们都有过这种噩梦般的经历），在爱情关系中经历不可避免的"调整期"后继续发展。对猫来说建立新关系更难；猫的神气必须建立在领地所有权之上，让猫学会分享领地，想想都叫人发怵。我们在下一章中要讨论的是"家有儿女"式多猫家庭的"挑战线"，如何才能稳扎稳打和谐共处，或者至少不让你家变成大型撞车现场。

第十章
猫和其他宠物：相识、相知、相处

我们家里有宠物，也有家人。家庭成员之间有复杂的关系，猫和猫、猫和狗、猫和小孩，等等。原初猫也要面对这一切。现代有宠物的家庭中包含了多彩而迥异的性格，给这一片领地上带来了不断的风云变幻，我们抚养人只能在其中权宜应变，疏通引导。到底是求同存异还是剑拔弩张？我们的处理方法就是重建家庭的相处之道，尊重个体，尊重宠物们的好恶、习惯和个性。希望现在你们已经知道我的工作风格是什么样了：在情况特殊、难题无处不在的案例中，不能使用一刀切的解决方法。

复杂的"猫—猫"关系

在第四部分中，我们将讨论在同一屋檐下的猫与猫之间可能出现的、常见的挑战（和机会）。现在，我们先从基础开始，讨论一下如何在有猫家庭中再添一只或几只猫。

我要不要再养一只猫

那些只有一只猫的家庭找我咨询得最多的一个问题就是："我只有一只

猫，但我一天工作十二个小时，我知道它很无聊。我也很内疚。我要不要给它找个伴儿？"

我们要把这段话分成几个部分讨论。我完全赞同猫应该和其他猫生活在一起。可惜你们在我的节目里便经常能看到，这将导致最糟糕的情况，多只猫在一起相处得非常不愉快。但总的来说，猫是一种群居动物，只是人们一直以来都把它们错认为离群索居的独行侠。原初猫成群聚居，就和野猫一样。遇上难题它们总是倾巢出动。只有狩猎的时候才单独行动。话虽这么说，有一些猫的确不介意自己待着。还是得看它们各自的性格。

继续回到那个问题上，那位抚养人说对了一点——每天独处十二个小时的猫的确需要一些消遣。但为了弄清楚猫在家是不是真的无聊，你要先处理一下无聊的源头，多给猫一些消遣的选择，不要让它觉得无聊。一定不能忘记开辟几处"猫电视"，你可以把家里布置得到处都可以发掘乐趣。

下班回家后，你就要像个侦探一样搜索各种蛛丝马迹：猫有没有在家搞破坏？它有没有把不是玩具的东西拿去玩？有没有吃什么不该吃的东西？如果答案是"是的"，那么我的朋友，你的猫在家的确很无聊。

然后就是内疚感的问题，这里面有几个方面都值得讲一讲。首先，尽管我列举了很多家庭环境解决方案，但它们都不能替代你和猫共度的宝贵时光。在早晨出门前留出时间和猫玩一会儿，晚上和猫抱抱亲亲，就能让猫的一天大不一样，你也可以不为内疚感所困扰。其次，因为内疚而增添一个家庭成员绝对是一个糟糕的理由。一步步来分析，你很想家里再多一只猫吗？先不管内疚感，你认为多一只猫对你的猫有好处吗？如果答案是肯定的，我们走，坚定无畏的领养人，去领养那只幸运的猫吧！

猫爸爸问与答：给猫找伴儿的误区

在给家里添一两只猫这个问题上，大家普遍存在各种误解，在这里列举几个：

如果我有一只12岁的母猫，我是不是可以养一只小猫，让母猫来照顾它？

一般遇上这种问题，我只能做一个笼统的回答：多一事不如少一事。也就是说，如果你家里的猫的年龄已经到两位数了，就别再养小猫了。这样的两只猫基本无法相处，从精力上来说就不匹配，因为小猫仔普遍精力过于旺盛，等小猫进入青少年期（大约6月龄），它就会跑去招惹老猫，用后者的反应来给自己划出行为的界限。老猫则会不胜其烦。

而且，小猫总喜欢追着老猫玩，但对于老猫来说这不叫玩。动物和大多数人类一样，到了一定的年龄就会尝试得寸进尺。一只小猫就像极度渴望被关注的小狗仔或者婴儿，会给老猫的日常生活带来巨大的烦恼。你懂的。

我认为，在很大程度上，觉得猫具有无私的母爱，这是人类的自我投射，并非现实。也就是说，你的猫不会因为膝下无子而烦恼憔悴。这些因素汇集在一起，我们可以得出一个比较稳妥的结论：小猫不会勾起你家老猫的"母性"，只会把它逼疯。

如果你已经把小猫带回去，而它和老猫相处得不好，或者你即将带回家一只小猫，请看第十四章。

两只小猫和一只老猫能相处吗？

这样的安排会好一些，两只小猫一起玩，能增强它们的社交能力。也许不会给老猫添太多堵，但对老猫来说依旧不是最称心如意的伙伴。

我应该再养一只母猫还是公猫？大猫还是小猫？

我认为对领养猫的年龄和性别需要做出硬性规定，比如必须是一只六岁龄的公猫，这样对给猫找个好伙伴没什么帮助。这种规定覆盖面太窄，一开始就把收容所里很多猫咪排除在外。此外，性别问题其实没那么重要。大多数猫早早地就绝育了，激素和性别对未来猫与猫的相处影响微乎其微。我坚定地认为，考虑两只猫是否能相处时，眼界应该放得宽一些。这个问题我们之后还会再谈到。

我家的猫免疫缺陷病毒呈阳性（FIV，俗称猫艾滋病）。我可以收养没有感染这种病毒的猫吗？

在这个时代，我们对免疫缺陷病毒已经不再蒙昧无知，可喜可贺。过去，收容所里通行的方式是把艾滋猫和未被感染的猫隔离开，到了收养家庭也要继续隔离，而现在大部分收容所都已经抛弃了这种过时的观念。

感染免疫缺陷病毒的猫可以和没有感染的猫幸福美满地生活在一起，完全没问题，除非受感染的猫非常好斗。这种情况下我们就必须把它和别的猫分开了，因为这种病毒在猫和猫之间最常见的传染途径就是撕咬受伤后被传染，而普通的接触、共用猫碗和猫砂盆都不会传染。

我有一只被去爪的猫，我可以再收养一只没有去爪的猫吗？

你不用担心你家被去爪的猫可能会受欺负。经验告诉了我，由于它的第一道防线已经无用，它的牙齿的作战反应速度能比有爪子的猫快一倍，所以如果发生冲突，一方用爪子进攻，另一方就有利齿伺候。

此外，做过去爪术的猫不一定四只脚都去了爪。猫打架时最得力的武器不是前爪，而是后爪的有力的踢蹬，就和兔子一样，而那样的"兔子踢"就不仅仅是破点儿皮了，而是能直接开膛破肚。

话虽这么说，给猫找伴儿，做多方面考量的时候，打架的问题应该排在最后面。所以，与其担心有爪子还是没爪子，不如定期给另一只猫剪指甲，这样，去爪猫就能做到自保。如果你的猫没有去爪，这种手术永远都不要做。

在领养新猫时，我要不要考虑把领头猫和普通猫搭配在一起？

虽然我们仍在努力更全面地理解猫与猫关系的复杂性，但我认为，把猫分为领头猫、普通猫，认为猫群具有等级之分的观念实际上扰乱了我们对猫与猫关系的认知。

有许多人把等级观念强加到猫身上，但就我们对猫与猫关系的了解来说，应该先做深度观察，得出有理有据的推测，再用实践来检验。正如我在第五章所讲过的，我不建议你将猫的"大王"身份或普通身份纳入领养猫的考量标准中。

选择新猫

好了，你家里已经有一只猫，现在你要收养一只新猫。我们已经纠正了各种常见的错误观点，那么我建议你收养什么样的猫呢？

在我看来，在给猫找伴儿时应该考虑的主要标准是两只猫的能量水平要能匹配。而猫的过去并没那么重要，不应该影响你的决策。我的建议是，去收容所之前，你要做的第一件事就是想一想什么样性格的猫能和你的猫互补。

例如，你的猫有五岁了，就像《小鬼阿丹》①里的小主人公一样调皮捣蛋，那么你就不能带回去一只像电影里的威尔逊老先生那样不容易接受新事物、也不再活泼好动的猫。"壁花猫"也不适合。最稳妥的选择就是找一只和它一样有足够的精力来玩耍的猫。如果你去的收容所是把一群猫养在一个房间里，你可以注意看一下哪几只猫最先来到门口迎接你。

我不是说你不能利用这个机会来拓宽你家猫的舒适区（并开阔它的眼界）。但如果你家猫很胆小，你就不能领养一只丹尼斯那样的调皮鬼，因为它会不停地闹腾，让你家猫精神紧张。然而，养一只不那么调皮，但乐于社交的猫就能帮你的猫搭起一座社交的桥梁，增进人猫的沟通。

从性格上来说，两只猫应该能互补互利，可别找一只和家里的猫一模一样的。最后，个性匹配和介绍两只猫认识的技巧——我们之后会谈到——是收养新猫的关键。

个人偏好先放一边

根据我的经验，人们不可能给猫"盲选"一个新朋友，个人期望总会潜移

---

① 译注：电影 *Dennis the Menace*，五岁的主人公小男孩丹尼斯被爸爸妈妈临时托付给邻居老爷爷威尔逊先生，然后丹尼斯给老爷爷招惹了各种麻烦。

默化地对结果产生影响。一种常见的情况就是，有人在寻找的过程中没有认真去考察待收养的猫，也没去考虑对双方都有益的结果，而是决定"我要一只长毛黑猫"。或许你最近失去了一只心爱的猫，无法摆脱悲伤的情绪，所以想要一只外表或举止和原先的猫相像的猫。然后你来到收容所，看到这样一只猫就紧盯不放，即使它可能和你的猫根本无法相处。你的猫才应该是你做决策的依据。

你还要改变一下其他不切实际的个人期望。我过去的很多客户都认为，如果猫没有像好朋友一样依偎在一起，就说明找的新猫不合适。其实，在一开始，它们只要能互相容忍就好。我家里的猫也没有依偎在一起，包括那些同一窝出生的。这样挺好，家里太平，给了我这样天天都在处理猫打架问题的人难得的清静。所以对这段关系的期望，你要自己做出适当的调整。

猫选择了你：命运的安排

有时你并无意增添新猫，但那只最完美的新猫却自己出现了。

你的状况可能是这样，你说你坚决不再多养猫了，然后一只猫却出现在你家的前廊上。这只猫恰好在这个时候出现在这个地方，你忽然觉得云开雾散，你觉得尽管你不想再承担一份责任，再多一个让你忙得焦头烂额的"拖油瓶"，还要处理家里的猫和新猫可能发生矛盾带来的一团糟，可是，这只猫似乎注定出现在你的生活中。那就这样吧，坦然接受这段奇遇，未来也许十分美好。过渡期可能不会一帆风顺，但你们总会驶向幸福的终点。

猫爸爸的教导

收养两只小猫

　　如果你可以选择收养两只或一只小猫，替小猫着想，还是收养两只吧。小猫能有一个猫伙伴的话，对它们和你都有好处，而且，我保证——我不是在瞎说——养两只小猫比养一只还省心！

　　猫的社交世界以家庭为基础。莎伦·克罗韦尔·戴维斯博士对野猫族群的研究表明，猫的社交生活比人类想象的要复杂得多。多年来，猫是非社会性动物这个假设导致科学家们完全忽视了对猫与猫交往的研究，也导致我们形成了把小猫和其他猫分开收养的惯例。人们到收容所说："我想收养一只小猫。"然后收容所的人从来不会建议你一次收养两只小猫。

　　克罗韦尔·戴维斯博士还进一步指出，如果把小猫和同一窝的兄弟姐妹分开，它们就无从学习如何成长为有良好社交能力的成年猫。猫是学习型的社交动物！小猫和小猫之间能学习如何打猎、玩耍，以及如何与其他猫交往。

　　我并不是说如果命运将一只小猫放到你的怀中，那么这只猫将注定缺失社交技能。我见过很多"独生子女"长大以后都挺好。但我想说，如果有一窝小猫让你挑，你应该至少挑两只……如果你来的是我的动物收容所的话，你就没得选啦，两只一起带回家！

带猫回家：新猫和旧猫的介绍与相处步骤

我认为，"让猫们多打几架就好了"的老办法，不仅会导致猫和猫相处失败，而且还加深了猫是独居动物、可以放任自流的错误印象。但有的猫是不是多处处就好了？那当然。但这就像玩俄罗斯轮盘赌，万一失败，旧猫的领土焦虑将一发不可收拾，这时候旧猫会认为自己遭到了全面入侵，其结果就是开战。

接下来你将了解到，介绍两只猫认识的时候要按步骤来，稳扎稳打才能战无不胜。我们不仅要做到尽量降低风险，防止猫与猫之间长时间都做不到互相信任，我们还要引导它们慢慢地变成更好的朋友！

下面就是一套在我的指导下成功实施过几百次、经过时间考验的相处之道。认真按照这个步骤进行，新猫和旧猫顺利相识的概率就能达到最大。

第一步：积极做好准备工作

把新猫带回家之前，你要完成一些基本的准备，这对之后的工作意义重大：

1. 停止自由喂食。我在第三章里讲过不要自由喂食的原因。不要让旧猫随时能吃到猫粮，改为按时喂。你现在应该也知道了，按时喂食是我的对猫工作的基础，在猫与猫的介绍中有着绝对的重要性，我们之后还将再次谈到。

2. 积极做好"住宅猫化"。即对住宅的个性化改造，将第八章的关键理念执行到位。

• "儿童家居安全"：用这个专用名词可以帮助你快速领会什么是"住宅猫

化"。就好像在把新生儿带回家之前，你会提前想到家里很多地方都有可能让宝宝意外受伤。虽然一开始，新猫是隔离开养的，但猫咪家居安全做得再早都不过分。有一点要注意：家里只有一只猫时安全措施可能更侧重于柜子上要有防儿童（猫）开启的安全锁，火炉的灶头要加个罩子，旋钮要加个小盖子，等等。当然，这些是平常应该有的安全措施。但在给家里添新猫时，更重要的是把猫能躲藏的地方堵起来。如果你试过给在床底下打架的两只猫劝架，你就知道为什么了！为了给新来的毛孩子做好猫咪家居安全措施，你可以复习一下第八章中"住宅猫化"的内容。

- **领土多样性**：在猫的世界里，它的领土包括了从地面到天花板360度之内的范围。有可能的话，最好能给新猫营造一个能上天下地、随心所欲的乐园。尽量让领土的地形多样化，让猫能在一个安全的距离内和家人接触，让每只猫都有自己的自信据点。所以，给新猫做家居改造时，你要先架起脚手架，造出猫宅的骨架，注意垂直轴上的不同区域都要照顾到。因为你还不知道新猫的喜好，但你希望它能找到自己的自信点，你是怀着能进一步了解它的愿望为它建立各种基础设施。

- **灵活的家园规划**：说到自信据点和猫宅的骨架，介绍两猫相识期间家里的交通必须通畅，这样才能减少交通堵塞带来的冲突。在重要的社交空间，一般是客厅或卧室里，必须有"猫高架桥"。这一点很重要，因为有多个"交通车道"和"高架桥"上下口才能保证屋里垂直空间的通畅。地面上要有隧道和猫小窝，猫砂盆的摆放应避免造成死角和埋伏区，这样水平轴上也能有通畅的交通。别忘了把猫树放在窗前合适的位置，而且要有很多层！家园规划能给猫们在互相认识时提供最好的探索、空间分享的可能性，尽量减少过渡期间发生猫与猫争夺资源的情况。

猫科动物的友谊

经常在一起

互相梳毛

尾巴翘起来相互问候

碰鼻子

一起玩

依偎

猫爸爸词典

"猫下象棋"

"猫下象棋"是猫在探索环境时用的一种行走策略。猫会寻找有利的位置来收集周围环境的信息，例如，它必须知道哪里有角落和死胡同，这样就能用来堵截猎物，或避免自己受困。

猫总是提前做好行动计划：我的敌人会干什么？我将如何反应？它的计划基本上都围绕着一个永恒的主题，即如何在不被猎杀的情况下进行捕猎和杀戮。战斗或逃跑都是需要磨炼的技能。猫的生活风险很高，搞不好就得送命。

猫和猫在家里玩耍时也是在"下象棋"。"拿破仑猫"和"壁花猫"这对冤家在一起就像猫捉老鼠，或捕食者对猎物的追逐。强势的猫在巡逻时会把一片领土看作棋盘，找到可乘之机就要把对手将死。老练的猎人总是提前做好计划，预测对手的行动，直接包抄，切断逃生路线。最后毫发无损地离开战场，继续寻找下一个可以吃掉的棋子。

我们的工作是参与游戏，成为比猫玩家们更厉害的象棋大师。最好的方法是先使用"寻乐图"确定猫巡逻的模式和路线。做好这个工作，再跟进改造，就能解救棋盘上的小兵了。我们移除障碍物，建立多条车道，加盖出更多的领地面积，弱势猫就不会被"困毙"。

第二步：大本营和强制隔离阶段

虽然这个步骤耗时长，精力投入也很大，但要记住，你只有一次机会给人留下第一印象，对吧？所以我们要注意：

1. 不要让猫们见面：这种相处法的特点就是新猫和旧猫一开始不能见面。这一点没有商量余地，必须做到。在两猫相识的进程中，做不到这个部分的，后果自负！

2. 设立大本营：你来决定在哪里设立新猫的大本营。没有其他选择时，可以是主卧、客卧、书房，甚至浴室。只要有浓浓的人类的气味，就能帮助猫通过气味形成家的感觉。复习大本营的内容，请看第八章。

一个美好而激动人心的时刻到了！你把新猫带回家了！一定要把旧猫暂时关在屋子最里间的卧室或是看不见你带新猫进家的地方。然后直接把新猫带进新猫大本营，尽量让新猫舒服地住下来。所有从收容所或寄养家庭拿来的、带有它的气味的东西，比如猫窝、毯子、玩具，等等，都能有效地帮助它安定下来，适应水土。

小细节

我们已经整装待发，让猫们开始互相认识的练习吧。从第三步到第七步的练习，你可以根据实际情况加快或放慢速度。我们开始吧！

第三步："门的那一边" 喂食仪式

猫科动物感官的一致性很强，一次只引入一种感觉带来的威胁性最小，所以我们就从它们最强大的嗅觉开始。喂食仪式的目的就是在新猫和旧猫之间建立一种积极的联系，我在很多年间对此做了不少改进，总的来说一直都很奏效。怎么做呢？很简单，到吃饭时间，在关着的门的两边放下猫碗。两只猫碗放得离门要有一定距离，这样猫就能过去，吃完，相安无事地走开；但距离又不能太远，要让它们能感觉到门的那一边还有一只猫。之后我们一天天逐渐把两个猫碗越放越近。具体方法：

1. 隔离用餐：在"喂食门"这边放下新猫的猫碗，那边放下旧猫的猫碗，中间有一定距离，双方互不干扰。

• 选择在门边放猫碗的位置时，要保证猫碗离门有一定距离。如果猫碗到门不足两米，猫会有所警觉；如果你用的是通往地下室的门，其中一只猫只能在楼梯上吃东西，那不是一个适合练习的地方。（通常，最好的方法就是用大本营的门做主要的喂食门。）

• "互不干扰"，距离刚好够远，让猫走到猫碗边，吃完就走开，而不会环顾四周、跑到门边又拍门又抓门、发出嘶嘶声或者做出猫精神紧张时的各种抓狂的动作。在刚开始时要找到最佳距离，让两只猫不受对方的威胁或干扰。

两只猫通过"远程握手"相互介绍后，它们每次见面都会闻到食物的味道。只要闻到食物，就会想到和对方的相识。这就是建立积极联想：另一只猫 = 食物 = 好东西。

可以这样想：如果你每次一遇到一个陌生人，刚要把他好好打量一番，天上就掉下来 20 美元，你可能会觉得你对这个人产生好感是老天爷的安排。你也可以用同样的方式，利用猫的饥饿感达成介绍的目的。

2. 越过"挑战线"："安全"距离一旦确定，就是给猫们划出了"挑战线"。从那里开始，每次吃饭时都把猫碗往门边挪一点点，就相当于一爪一爪地越过

"挑战线"，逐渐缩小两个正在吃饭的猫的距离，它们在吃得欢的同时，会不自觉地对另一只猫放松警惕。

· 如果你把猫碗挪近时，其中一只猫就盯着门看或两只猫都盯着门看，还开始甩尾巴或摇尾巴，有点要生气的样子，这次练习可能进展太快，猫认为这顿饭会带来麻烦，不值得去吃。如果发生这种情况，请把猫食移回到最佳位置。（我建议用彩色胶布在门两边把最佳位置标出来，也就是把"挑战线"直观地标出来，这样猫和你的进步就能一目了然。）

· 我们的目标是尽可能接近那扇关着的门，尽量达到预计的效果。只有当猫表现得顺从、不抗议也不吵闹的时候才能移动"挑战线"。如果吃过两三次饭后猫都很平静，那就向前进吧。但切忌激进、急于求成。万一把猫吓坏了，你们就只能退回到起点。为了赢得这场游戏，我们必须稳扎稳打。

· 一旦两只猫可以在离门大约30厘米的地方吃完饭，然后相安无事地走开，那么你就可以进入下一阶段了：开启视觉接触。

在进行"门的那一边"喂食仪式的同时，建立下面以气味为主导的联系：

第四步：交换味道

通过这个方法让两只猫接触到对方的气味，并且不会带来威胁感。听起来很简单，操作起来也不难。

1. 送给旧猫的"礼物"：从新猫的大本营里拿一件"气味吸收器"，比如毯

子、绒布玩具（最容易保留猫的气味），或者甜甜圈形状的猫窝，放在旧猫身旁不远处供它检查。（你也可以用一只干净的袜子或小毛巾在新猫的脸上擦一擦，沾上一些它的气味，这就是一个"气味吸收器"了。前提是新猫不介意。）

2.给新猫的"礼物"：从旧猫那里拿一个"气味吸收器"，放在离新猫不远的地方。两边的处理方法都是不要强迫它们去闻，而是让它们按照自己的节奏去探索和发现。而且你不用担心，它会明白的。认同了味道就能加快相识的速度，你可以把交换味道看作远程握手。

3.路标：又一个可以运用到猫相识的"住宅猫化"概念。你可以把新猫大本营里更大的物件，比如猫树搬到客厅，放在一个大的窗户边。旧猫就能在这件大本营物品上留下自己的气味，和平地建立两猫共用的路标。

提示：你还可以再接再厉，往路标上挂一个"气味吸收器"！

第五步：交换营地

等新猫能在大本营里悠然自得地以主人自居后，就可以进入下一步：交换营地。你怎么知道它已经成为大本营的主人了呢？那就是它是一副百分百安逸的模样的时候：坐在窗边看鸟，没有贴地爬行，没有躲起来，也没有一开门就被吓得跳起来。另外，最明显的迹象莫过于它坐在门这边，你一开门它就想冲过去，或者你站在门那边能听到它叫唤或者抓门的声音。

通过交换营地,两只猫不见面就能探索对方的领地。这也是让各种路标,比如猫树、猫砂盆等都带上它们气味的好机会。

营地交换应该隔天进行一次,免得造成领地盘踞。营地交换的一个好处是避免猫被关在一个屋子里时间太长,能量聚集太多,最后变成一个定时炸弹。

营地交换的步骤:

1. 把新猫从大本营里带出来,放进浴室,关上门;

2. 让旧猫走进新猫的大本营,然后关门;

3. 让新猫在家里其他地方自行探索;

4. 重复上述步骤。

就这样,它们待在对方的环境中都能有很大收获。我认为不用规定逗留时间。但你要在天黑前把它们换回来,这样旧猫就不会长时间被关在一个房间里,新猫也不用当晚就在家里其他地方睡觉。

我们的愿望是让猫在相见之前就能对对方有充分的了解;而相见,就在不久的将来。

 猫爸爸的小提示

只要能保持一定频率的营地交换,就不用硬性规定什么时候、多久交换一次。不要随意不定时地交换,否则它们可能待习惯了便不愿离开。你可以每天换一次、隔天一次,甚至如果猫表现得很开心的话,可以一天换两三次。但一定要有计划有目的,别手忙脚乱的。

第六步：开启视觉接触

现在两只猫都能清楚地嗅到对方的味道，是时候让它们见面了。通过一开始到现在的练习，它们在吃每顿饭时都有了固定的反应，能够和平地隔空相处，或者至少能够容忍对方的存在。但如果你以为加入视觉感知后，它们的反应还会和嗅觉感知期间那样和平的话，你就错了。现在，回到起点，重新开始。在一定的距离放下两只猫碗，这个距离既能让两只猫相互看到对方，又能安静地，或者比较安静地吃饭。随后的几天，把"挑战线"喂食练习再做一遍。

但首先，你要做一个选择，你是直接把大本营的门打开，还是装一道宠物隔栏或纱窗门？

方案一：一般来说是可以直接开门的。你可以在门上装一个门钩（门框上是一个圆环，门上是一个长柄钩子），让门保持打开一条缝儿。这条缝儿不能太大，要确保即使两只猫举起爪子又抓又打时也不会伤到对方。

方案二：根据我的经验，更好的选择是安装宠物隔栏或纱窗门。宠物隔栏比婴儿门栏更适合，因为宠物隔栏更高，你可以从中间打开然后走过去，不用每次过去时都把整扇隔栏推开。

掀起幕布

选好宠物隔栏或者纱窗门以后，在这扇隔断上挂一块大毛巾，或者用夹子固定一块布。这样你就能对两只猫的视觉接触进行掌控，每隔一段时间把幕布拉上去一点。有了幕布，它们就能从完全看不到逐步开始认识对方。对于许多猫而言，多了一层幕布意义重大，相当于增添了一层安全感，能让它们有足够的信心面对挑战。

> ### 纱窗门
>
> 　　看过我节目的朋友们都知道,我喜欢给大本营的门安装纱窗门,听起来像个大工程,但其实不然。一扇坚固耐用的纱窗门并不贵;把门从铰链上取下,再把纱窗门装上去,也算不上什么重活儿。在出租房里也能做到。我强烈推荐用纱窗门,方便进出又实用,比其他门都好。用纱窗门就不用像隔栏那样进门只能抬腿跨过去,也不用弯腰拿走门挡,更不用担心门下的缝儿是不是开得太大。

第七步：美食、游戏和爱

　　我是一个超级冰球迷。从 20 世纪 70 年代我的孩童时期到现在,冰球运动已经发生了巨大的变化。不那么直白地说,当年的冰球是一项极具危险性的运动——不只是因为你要穿着刀刃宽度为 0.3 厘米的冰刀以超高速在冰上滑动,手里拿着木棍,还要小心别被时速超过每小时 150 千米的实心橡胶小炮弹击中。不,那时候真正的危险是对手——他们一上场就会毫不犹豫地把你打得满地找牙。当然了,在如今的冰球比赛里,打架也很常见。但在过去,从某种程度上来说,打架就是这项运动的一部分。

　　哨声一响,暴力的阴霾便渐渐聚集在赛场上空。我一直认为最激动人心的是赛前仪式,两边队员滑上冰面,一条红线把溜冰场划分为两半,一队占据一边进行热身。球员们在自己的半个圈子里滑动,活动活动腿脚,对着自己的守门员射门。然后时不时地往场子那边瞥一眼,看那些也在绕圈热身的对手。两队不共戴天的敌人,做着同样的活动,中间只有画在地上的一条线隔开。无声的狂躁在平静的表面之下沸腾,这时,是什么样的力量指引着队员们一边不停绕圈一边对着另一队横眉怒目,也不管这种举动随时可能发展成肉搏？和平是如此脆弱，仅靠仪式本身进行维持；但球员们明白"我们每次都这么干，从来没有发展成打架，以后也不会。"

 猫爸爸的小提示

无论用哪种方法开始猫的视觉接触，下面的小提示你都能用得上：

• 门打开后不能让猫立刻见面，只能慢慢地让双方走进对方的视线。（幕布的作用就在于此。）这里就是第一道"挑战线"，从"我知道你在那里，但我看不见你"，到视线里能看到另一只猫，但自己还是能继续吃饭。

• 有时候，一只猫会像个吸尘器一样把猫食一扫而光，另一个却挑挑拣拣，吃两口就走掉。你可以给那只吃得快的猫用慢食碗或其他益智喂食玩具来争取更多两猫相处的时间；对另一只挑食猫则要保证饭前不喂零食，并且在这一餐里放一些"中大奖了！"的零食。

• 你把大本营的门拉开一条缝儿以后，即使你能把角度调整到最佳，仅仅让两只猫都能看到对方，还是会透着一股暗战的味道，因为对方的身影看不真切。但如果用的是纱窗门，信息交流就没问题了，所有的肢体语言一目了然。

• 我见过有的抚养人引见两只猫花了几个星期的时间，但我也见过几天就成功的。你的猫会告诉你它什么时候能够完全放松。你应该能从它的肢体语言里看出它什么时候感到舒适，什么时候想要进攻，这些观察可以解答未来会遇到的问题。

一旦你把幕布完全掀开，两只猫能完全看到对方，还能在距离比较近的地方吃猫粮（记住，你不可能要求两只互不相识的猫在相距两米的地方安安心心地吃饭，即使有一扇门隔着，那也是不现实的。但你可以把这段距离尽量缩短），那么你就可以进入下一步骤了。

这是我在设计下一个步骤时的想法,我称之为"美食、游戏和爱"。理性地说,这是"门的那一边"喂食仪式的扩展训练。之前,你只是用食物创造出积极的联想。现在你是把好几种积极反馈集合在一起。这三件事——"美食、游戏和爱"代表了人类在一天中能为猫咪们带来的最幸福的体验。但我们在做猫与猫相识的训练时,不能让它们直接享受美食、游戏和爱,而是要把这些体验集合成一台精彩的大戏呈现在它们面前(我们总不能这段时间一直不和猫做游戏亲近,那样可就太不合理了)。我是说真的,这台大戏有极高的潜力,可能让每天早晨都变成令人兴奋的圣诞节的早晨,唯一不一样的就是房间里有一只陌生的猫。

"美食、游戏和爱"不难掌握:你把一只猫带进房间,而在房间(或者说"溜冰场")的另一端有另一只猫,它在那边专心吃饭、玩耍或做其他有吸引力的活动。你的任务是让它们待在各自的半圈里"滑冰",时间越长越好。你可以用零食、正面强化训练、游戏和表达你的爱意来保持这个状态,避免两边开始瞪眼,然后打起来。

消防演习

我记忆中最早的一次消防演习是在 1973 年。我那时六岁,我的弟弟两三岁的样子。我们住在纽约市的一个公寓里,我爸爸固执地认为如果遇上天灾人祸我们就完了,因为我们的生死在一定程度上是受限于这栋公寓楼的,只有逃出大楼才能活下去。他让我们牢记逃生的步骤,还形象地描述了如果记不住会死得有多惨。相信我,他的确给了我们十足的动力。

当然了,光有理念对于我们来说是不够的,还必须要有消防演习的实践。爸爸会在半夜忽然跑进我们的卧室,打开灯,一边用木勺敲打平底锅,一边喊:"着火啦！ 着火啦！ 着火啦！"

我弟弟和我总是先尿了裤子，然后才进入正式的消防演习模式。头几次我们手忙脚乱，就像没头的苍蝇，怎么也记不起来逃生的步骤。但是三四次之后，敲锅的声音、忽明忽暗的灯光，还有爸爸打雷一样的声音让我们逐渐形成了这样的联想：趴到地上去。我们下床，我趴在地上，然后我弟弟就爬到我身上。我会像乌龟一样爬到卧室的门边，用手碰门把，试试看是不是热的。如果不是，我们就保持贴地地爬过。我们爬过家里每一扇门时都采取同样的测试法，直到抵达前门，也试试前门的门把。如果不是热的，我们就出去，记得只走楼梯，永远不用电梯。然后去大楼的大厅，出去只要几步，就能汇入凌晨三点百老汇散场的热闹的人流中。这就是消防演习。

第一次消防演习距离写这本书已经过去了近四十五年，但依然深深地刻在我的脑海中——这就是肌肉记忆。直到今天，如果有人在半夜里用一把木勺敲着锅跑进我的卧室里喊"着火啦"，我也会用这种非常安全的方式离开这栋房子。然后我会回过神来，叫警察把这个闯进我家的疯子抓起来！这并不是我要讲的重点，重点是要时刻做好准备，在紧急情况下就不会被焦虑所困。这就是消防演习的重点。

这个理念适用于很多养育猫咪的场景，比如给猫喂药或哄它进猫笼（详见第十二章）。但就目前而言，如何把这个理念运用到眼下的问题当中？在多猫家庭里，"消防演习"要涵盖每一种可能发生的状况，让我们能完整地体验一遍。

从介绍（或失败后重新介绍）过渡到下一步后，我们将按信任度来调整方案。过渡期在整个练习过程中起着重要的作用，但不要觉得过渡期很难完成。你可以利用下面的清单来保证猫在练习过程中的安全，并且确保你能一直掌控局势，这一点和练习的结果一样重要。猫对能量非常敏感，它们能够感觉到房间里的气氛变紧张了。如果家里一直弥漫着你的不安情绪和"万一失败了怎么办"的焦虑，过渡期的工作有可能就此毁于一旦。

因此，你必须能够预测冲突发生的可能性，并预先做好"消防演习"。这样，当那一刻最终来临，两只猫进入同一个房间，中间没有阻拦的时候，你自然会知道万一冲突爆发，火警响起时该怎么办。

"美食、游戏和爱"准备工作

1.藏猫洞和出入口。如果"美食、游戏和爱"训练失败了,很多时候都是环境导致的。我从过去的经验中得出,打架始于追逐。追逐的终点往往在一个角落里,或许是在房间的衣柜里、床下或家具下面,或许在你做梦都想不到的某个角落能容纳得下一只甚至两只猫。但你可以通过对空间的控制来避免混乱,也就是把藏猫洞堵住,把进出口关起来。如果你在客厅里做"美食、游戏和爱"练习,你就应该把所有进出门都关起来,形成一个由你圈出来的运动场。然后进一步明确这个空间的用途,把藏猫洞堵住,免得这里变成一个"地道战场",只见利齿与尖爪乱舞,而你却不得不把手伸进去。唯一能够避免这种情况发生的方法就是,别给猫在床下或沙发下打架的机会!

2.准备好隔离板。隔离板是这样一个东西:(a)两边的猫都看不到另一边;(b)足够坚固,你用它把两只猫隔开,不能让它们冲过去;(c)足够高。猫打架的时候你不用弯腰就能把它放下,你的手也能远离"危险区域"。我觉得最顺手的就是高度适宜的纸箱,拆开叠平,用胶带粘好,或者你也可以试试厚厚的泡沫板。不要用毯子或没有硬度的东西,以免猫一冲就过去了。

当你看到世界末日即将到来的第一个迹象时——通常是两只猫停下不动,直勾勾地瞪着对方,那么训练结束,立刻放下隔离板。如果你没法用玩具和零食来控制它们,就把它们带走吧。用隔离板引导其中一个离开房间。你的目标是见好就收,或者至少做到及时止损。

3. 万不得已的选择是离开。如果你用了隔离板都拦不住两只猫，或者你尽了最大的努力还是没能制止战斗的爆发，这时毯子就是一个很好用的工具。把毯子往其中一只猫身上一扔，把它包起来，抱出房间。手边必备的另一个工具是空的饮料瓶，里面放一些硬币，瓶口用胶带封住。这个时候你不要发声，因为情况已经很糟糕，这时发声会让它们会对你的声音形成负面联想。你可以摇一摇饮料瓶，用噪音把两只困在紧张情绪里的猫唤醒。这些工具的共通点是什么？它们都能防止你在惊慌失措的时候靠直觉去解决问题，也就是尖叫着把手伸到战场里去。那样你会很惨的。

4. 做好"消防演习"的准备。无论你在房间的哪个地方，你必须能在有需要时，迅速把隔离板、毯子和装有硬币的饮料瓶拿到手。不要犹豫，镇定地后退一步，保持冷静，在高压下也不要恐慌。这就是为什么我们要把所有可能性都考虑进去，积极主动地把工具利用起来。问问自己：如果它们开始打架，最有可能在哪里开战？在哪里结束？把隔离板、饮料瓶和毯子放在这些地方，要做到训练一出问题你就能立即拿起工具。前提是你已经在脑海中把每一个救急的步骤反复排练——把握好分寸，你的反应要恰到好处，并且只针对眼前的情况，不受情绪的影响。

一个注意事项："消防演习"需要你和一位同伴的共同参与，你们要能配合默契，从一而终。

训练的最后阶段是创造一个让猫全情投入的沉浸式场景，这也是我们从一开始到现在致力于构建的场景。在这个场景中，两只猫之间没有障碍，你最终要促成它们在同一个房间共同进食。到此，距离两只猫牵手成功仅有一步之遥了。

下面是实现这一目标的步骤：

A. 摸清底细：弄明白你在和什么样的猫打交道。

• 旧猫和新猫分别是哪种风格？老爷车？跑车？（猫咪玩游戏的风格详见第七章。）

• 什么东西能对它们起到最大的激励作用？食物还是爱或关注？

• 它们最喜欢的"中大奖了！"的体验都有哪些？最让它们享受的活动是什么？是吃它们最爱的"中大奖了！"的零食，还是玩某件特殊的玩具，抑或是被梳毛或者爱抚？记住，你要寻找即使有另一只猫在同一个房间时，也能让它吃得起劲的食物和玩得开心的游戏。

B. 保持新鲜感：或许你已经知道你的猫最喜欢哪些零食和玩具了，但你必须隔一段时间才拿出来一次，这样才能保证"中大奖了！"的魅力。这就是说，你只能在"美食、游戏和爱"的庆功宴上才能把猫最喜欢的东西给它。我知道，当它气鼓鼓地用大眼睛瞪着你，或者喵喵地说"你为什么不喜欢我了？"的时候，还不给它点儿好吃的真是太难了。但是，不要让步！延迟的满足能让好吃的加倍好吃，好玩的加倍好玩！

C. 将每次游戏仪式化：弄清楚猫爱玩的游戏后，单独和每一只猫完成几次游戏，记住它们投入地玩游戏的时候是什么样子，分心的时候又是什么样子。这样，和两只猫同时进行"美食、游戏和爱"时就能即时评估，做到见好就收。就像我们找到了猫最喜欢的零食一样，你也要找到猫喜欢的玩具，让它一看就来精神。找到一个还不够，接着找；每天换着玩具跟它玩，模仿各种不同的猎物，让游戏保持新鲜感。仪式化是很有必要的，持续进行一段时间后，你就能观察出它们什么时候兴致高涨，什么时候不想再玩。如果有只猫流露出要朝着另一只猫冲过去的迹象，就应该趁着还有游戏让它们分心的时候，立即结束训练。大局就在你的掌控之下。

D. 美食、游戏和爱：准备好了吗？选择家人共用的房间来完成这次互动环节。这个房间应该面积最大，有足够的空间；堆满东西的小房间会让猫无法专心训练，甚至会直接打起来。接下来，找朋友、配偶或家人来帮个忙。我一直都鼓励人类伙伴共同参与猫与猫的介绍，尤其在这个训练你很难独自完成的时候。

重要提示：记得冰球赛场的比喻吗？我们希望两只猫能在面积很大的、隔开的两个半场里活动。游戏必须保持流畅，停滞往往会导致失败。

1. 一只一只来：先在房间里和一只猫玩游戏。一定要让它投入到游戏中，玩起来不要停。给它零食的时候，要像童话里用面包屑指路一样，把零食放成一条线。它吃着一粒的时候，你把下一粒放在它能看到的地方，它吃完嘴里的就会朝着下一个目标走。玩具也是一样，你只要控制住猫脑袋的方向，就能控制它行动的方向。两只猫陷入瞪眼大战的时候，最有效的解决方法就是转移注意力，让猫的脑袋调转方向。

2. 另一只猫上场：在缓和的气氛下，让你的搭档用游戏引导另一只猫进入房间。用猫最爱的零食或玩具等把它带进房间，压力就不会在猫的身上累积，让它感觉自己不是被强迫的。这个时候要专注于创造舒适感，让它认为这是它自己做出的决定。

3. 跟上节奏：两只猫都进入房间后，两边游戏的节奏都不要放慢，保持匀速十分重要。这时就需要搭档给力，你在和猫做游戏，他或她也在尽力让猫专心玩耍。

4. 结束游戏：结束游戏有两种情况：猫来结束或者人来结束。不用说，你肯定更喜欢后面一种方法。你要能读懂猫的肢体语言,知道它什么时候开始感到无聊,注意力也越来越不集中。道理虽是这样,但控制权不可能一直掌握在你手里。你可以用下面这些提示来防止两猫冲突:

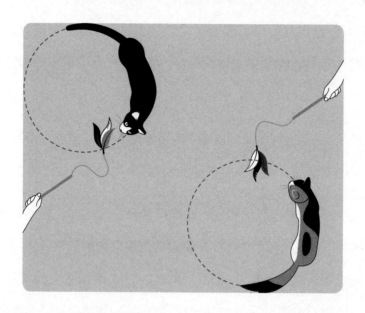

• 一只猫忽然不玩了,盯着另一只猫,不管你怎么引导,它都不为所动。那么,今天的训练就到此为止吧。

• 结束训练最理想的方法是用玩具带着它们走出房间。就像我所说的那样,为了保持神气,我想让猫们认为做决定的是它们。如果眼看就要以打架收场,不把其中一只猫抱去另一个房间的话,猫们就要开始一场混战,那么你就把猫抱走吧。

• 总是选择见好就收。请记住,你要建立的是正面的联系,这只能通过连续一致的、正面的结果来实现。问问你的直觉,你想要来日再战,还是把当日搞得不可收拾?

• 不管这次"美食、游戏和爱"的结局是好是坏,你都要以喂食来收尾。如果这一天进行得挺顺利,你的猫咪很可能吃零食就吃得很饱,所以你要推迟一点喂食,但不能跳过不喂。猫们会照常在门或隔栏的两边吃饭,于是今天结束时又能得到一次正面联想的强化。

5.明确每次游戏的目标:如果每次都能成功完成"美食、游戏和爱"的训练,甚至练习逐渐成为每日生活的一部分,那么你就可以停止隔离喂食,改为游戏结束后就地喂食。记住房间中间假想的那条红线。下次练习时,让它们离红线距离再近一些,跨度不要太大,就和隔门喂食一样。最后,两只猫都能放下戒心,低头吃食。

 猫爸爸的"美食、游戏和爱"小提示

交换场地:在做"美食、游戏和爱"活动的时候也可以用上交换场地的办法。如果每天都交换场地,让一只猫进入被另一只猫认为归其所有的领地,你就建立了领地的动态多重所有权。你还可以导演"神秘访客"游戏,今天,当旧猫在玩游戏时把新猫带到旧猫的领地;第二天则在新猫玩游戏时把旧猫带到新猫的领地。

避免瞪眼大战:这个训练进行几次以后,你就会知道在猫开始对视的时候什么方法能最快转移它们的注意力。任由它们分心,不加以处理的话,对视就会演变成带着凶光的瞪眼大战。如果你能提前发现它们快要分心了,你就还有机会保持控场力,转移它们的注意力,或者干脆决定今天到此为止。只有了解它们的肢体语言,你才能在训练中提前做出反应。请记住:只有你能引导训练顺利、和平地进行下去。

积跬步以至千里:从训练一开始就不要忽视哪怕最小的胜利。如果进行得比较困难,那么两只猫能在同一片领地上待一分钟也是一种胜利。虽然这样做一开始会有点傻,但你还是要把这段不长的同处时间记录下来。第二天,如果你能把这段时间延长5秒、10秒、15秒,那么第二天也是胜利的一天。有时多几秒钟也是很大的胜利。

不要因为受挫而沮丧——后退一步

也许我们已经制订了最周密的计划，但两只猫还是打起来了。这并不代表你的努力白费了，而是代表今天的工作结束了。这也不意味着你做的每件事都是错的。有时候就是这两只猫在一起的时候会闹些想不到的矛盾，让你拿它们没办法。有时，猫只是度过了糟糕的一天，或者家里有压力，导致它的行为无法预测。还有，任何关系都会有失和的时候。我们吵架用语言，它们用爪子。你要知道，吵架并不能说明一段关系被毁了，而是要看吵架后又发生了什么。

在这种情况下你应该怎么做？后退一步。例如，如果你第一次尝试"美食、游戏和爱"活动的时候还没开始就失败了，训练还没展开就爆发了混战，那你就退回到之前已经有过几次成功经历、再做一次也还能通过的步骤。我们假设你最后一次成功步骤是在纱窗门两边连续喂了三顿饭，两边间隔一米，猫们都没走神。那你就回到这一步。如果这一步实在完成不了（其中一只猫或双方不肯吃食，不停地吼叫，等等），从这里再往回退一步。很快你就能找到能跨越的"挑战线"，然后从那里重新开始。

15 秒的和平

即使局势焦灼，只要你能得到 15 秒的和平，并且坚持努力下去，也能获得成功。就像我在说"挑战线"时讲过的，猫与猫的介绍就像过山车刚开始的爬坡阶段。要有信心，那个时刻终究会到来，轨道方向一转，过山车欢乐地奔腾而下。屋子里一片和谐，一切都那么美好。

常见问题

家里养了两只以上的猫怎么办？

如果你养了两只以上的猫，我建议每次只给两只猫建立关系。可以的话从脾气好的猫开始，这样它就能给其他猫做交友示范。把不同的猫搭配组合起来做训练，一次不要让新猫结交太多旧猫，免得把它吓坏。

每只猫都要有自己的猫砂盆吗？

当一只猫在另一只猫的猫砂盆里撒尿或便便时，这是不是即将发生领地冲突的信号？其实猫并没有专用的猫砂盆这种说法。你应该在家里摆放"猫的数量 +1"个猫砂盆，因为猫砂盆是公共"路标"，每只猫都要在里面留下味道。在猫的社交世界里，没有专用的"路标"。一只猫不会（或不大会）占有一个公用物品，不准其他猫使用。只要它们愿意，每只猫都可以任意使用所有"路标"。

这些年来，我见过很多客户，它们出于各种原因坚定地认为每只猫都要有专门的猫砂盆，还认为对猫来说，一只猫在其他猫的猫砂盆里大小便是犯了社交大忌。

这又是人类把自己的感情投射到猫身上的一个例子，而且你要保持这种幻想中的社会秩序的话，结果会适得其反。你不可能教给猫："不要用这个猫砂盆，用那个。"每次你想要阻止猫用任何猫砂盆的时候，对它来说是一种很矛盾的信息，结果往往就是它不管什么猫砂盆都不愿用了。这事很简单，让猫来决定它们想用哪个猫砂盆吧。

如果我们已经一步不差地完成了所有介绍步骤，但两只猫就是没办法和睦相处，那怎么办？

这个问题很难回答。猫们让你知道它们合不来以后，你还能继续付出多长时间的努力来达到最终的目的？两只猫合不合得来是抚养人主观的判定，所以我没法泛泛地评价。

我只能这么说，在整个过程中，你对结果的期望一定要现实一些。说到底，你不能强迫猫们和睦相处。而且人类对猫的关系总有些误解。我遇上过无数次这样的情况，其实猫们已经相处得很好，只是这种关系看起来不像你想要的那种样子。可能你希望猫们能在猫窝里互相梳毛，或者就像同一窝出生的猫一样亲密。但在许多情况下，猫和猫合得来只是意味着它们能够容忍彼此的存在。就我而言，只要它们不开战，只要它们发表停战声明"我们可以分享空间"，就足够了。这就说明两边建立了对话的基础，从此可以建立起不断成长、持续终生的关系。话虽如此，你也可以看看第十四章，了解对一些常见的猫攻击性问题的调解方案。

如何维持和平

介绍过程已经落幕，下面是一些有用的提示，可以帮你在未来继续保持猫咪之间的和平：

保持物资丰富：在我看来，猫科动物能长期保持和平共处的基础，就是家里所有猫都能获得丰富的资源。家里的猫用物资够不够？猫轮流晒太阳的地方分配得过来吗？每只猫都有足够的垂直空间吗？每只猫都有自己的猫碗吗？家里是不是有"猫数量 +1"个猫砂盆？

让猫们都疲惫又快乐：能一起玩耍的猫，就能和谐地待在一起，至少是比较和谐地待在一起。然而，我们不能总是以为"在一起玩"就等于猫们每天都像小猫一样玩个不停。这时就需要你来执行"活力四步走"，通过模仿捕猎行为的游戏（见第七章），把猫一天中积累的多余的能量消耗掉，这样它们就没有精力再去制造矛盾了。

尾巴翘起来相互问候

你在考虑养一条狗、添一个人类宝宝，组建一个更大的家庭吗？对猫与猫，我们有最好的相识程序，同样地，我们也有把狗和孩子介绍给猫认识的办法。请继续阅读。

猫和狗

你是不是像我一样，童年时大部分关于的动物的知识都来源于周六早上的动画片？我承认，大概七岁还是八岁的时候，我只知道猫和狗天生就是死对头；我还觉得，狗狗一定都很讨厌自作聪明的兔子；猫讨厌叽叽喳喳的鸟儿；威利狼讨厌哔哔鸟[①]。好吧，基本上威利狼讨厌所有生物，因为它有自大情结。总之，我讲得跑题了。

关键是，尽管总有人教我们"猫狗天生不相容"，但猫狗双全的人都能自豪地告诉你，现实生活才不是那样。猫和狗可以相处得很好。猫并不会老举着一口平底锅躲在拐角偷袭狗，狗也不会见到猫就追，一直跑到狗链子不够长，猛地勒住自己的脖子。生活不是动画片，至少大多数时间不是（但威利狼真的很自以为是）。

如果你把一只狗带回家，而你的猫从来没见过狗，你就让猫承受了太多与一个新生物接触的压力。在原初猫的头脑中，所有新生物都有可能是捕食者，所以它的脑回路告诉它要小心。在本章中，我们要重点讲如何消除猫的戒备心。和介绍猫与猫认识的方法一样，我们利用的是正面联想。但不管我们怎么告诉猫，这个新生物是我们的朋友，不是敌人，狗那边也有工作要做，我们也

[①]　译注：作者这里所说的动物分别来自动画片《兔八哥》《傻大猫和崔弟鸟》《威利狼和哔哔鸟》。

要纠正狗对猫的行为。

养狗前的全面调查与研究

如果你想在已经有猫的家庭再养一条狗，可以先考虑考虑以下问题：

背景调查：不用说，给有猫的家庭再收养一条狗的话，做好背景调查很重要。小时候就和其他动物打过交道对猫和狗来说都是好事，所以你应该找一只和猫有过成功生活经历的狗。和猫有过黑历史的狗你肯定不能收养。另外，大多数收容所在对狗进行收养评估时，都会对狗进行详尽的调查。狗是否经常产生捕猎冲动是一个重要的考量因素。还有，如果收容所告诉你，狗狗在之前一个家庭里有霸占资源的习惯，那也是一个危险信号。胆小的狗实际上也会出现问题，因为恐慌会导致攻击行为。

要看狗，而不是看狗的品种：动物收养界里一直有某些品种的狗和家猫能否合得来的争论。虽然某些品种的狗确实有更强的捕食冲动，但我认为用品种给狗狗定性并不合适，毕竟，起决定作用的是具体的那一只狗而非其品种。

个性匹配：你应该把性格适合的猫狗搭配在一起，就和选择新猫一样。年龄、性格和精力都应该是收养选择的一部分，很多（甚至大多数）收容所都可以在收养前让猫狗在收容所里见一次面。不过，只有等你把狗带回到家的环境中，你才能获得最重要的信息。这些信息能告诉你：这个猫狗故事会如何发展；在狗和你们的关系方面还需要做哪些工作。

驯狗：最理想的状态就是，无论新狗还是旧狗都接受过良好的训练，懂得听从指令。下面我将带你们进行一些训练实践，如果狗狗有过训练，训练的成功率就更能得到保障。

但这种好事可遇不可求，虽然越来越多的收容所会给还没被收养的狗狗进行训练，但是在狗狗第一次踏进你家门的时候，它仍然是一个"长了四条腿的问号"。同样地，和你一起生活了很多年的狗可能会有点调皮，你也不会去责怪它，但这一点调皮对于猫来说就会变成大问题。

狗狗没接受过训练不是什么大问题，这正好给你提供了查缺补漏的好机会。我的意思绝对不是说由于你最喜欢的那条狗没受过训练，你就不能收养它，而是说你应该担负起驯狗的职责。

向专业人员求助

介绍猫狗认识绝对能让狗暴露出平时很难发现的管教方面的缺点。如果有猫走过时，狗不能完成"蹲下"或类似的安静下来的动作，那么（1）它们相处的时机还未成熟，（2）该去找援兵了。你需要一个熟练掌握正面强化训练法的优秀的驯狗师。好消息是，也许你居住的地区就有合适的驯狗师能帮助你。你给家里增添了一个新的家庭成员，建立了新的共处关系，承担了巨大压力，的确应该寻求支援！

如果可能的话，我建议请一位专业驯狗师进行几次上门训练。把驯狗师请到家里，让他看到在其他地方看不到的狗狗的行为，你们就能为狗狗在新环境下的行为采取针对性措施。

无论你选择的是一对一培训还是集体培训，有了驯狗师的帮助，你就不会在猫狗介绍的头几个星期里因为失败而遭受打击。通过驯狗、完善的猫宅、管理、监督以及专业人员的一点帮助，大多数猫和狗没有理由不能和睦相处。

铁哥们儿：猫狗介绍步骤

猫狗介绍有两种途径：把狗带到猫住的地方；把猫带到狗住的地方。流程和介绍猫与猫认识的流程类似，你甚至可以采用相同的七个步骤。在回看介绍猫的章节时，请记住，介绍两只猫认识的时候，我们要严格按照要求执行。但介绍猫狗认识的时候，我们只要以结果为导向就可以，不用拘泥于步骤细节。下面的步骤体现了这些差异。

我们先来看看为狗做改变的细节。

第一步：积极做好准备工作——猫狗版

A. 定时喂食

如果你现在是把猫粮和狗粮放在外面，让它们从早到晚随便吃，记住，定时喂食才是你的好帮手。有一点很重要：我们不仅仅只是让猫相信狗没有危险，还要帮狗建立对猫的正面联想。所以，停止自由喂食。

猫狗共处所需要的家居改造很特殊，同猫与猫共处的改造有些不一样。

B. 生活区域的改造

要记住，猫的神气的精髓是对自己领地的绝对自信。

所以，在你把新狗带回家之前，一定要确保家里的空间已经针对猫狗共处进行过改造。要考虑的最重要的一点是垂直空间的利用。你的猫在受到威胁的时候，需要一个远离地面的安身之处，这个空间必须是狗无法到达的地方。

"猫高架桥"在这种情况下十分必要。我们搭建起"猫高架桥"，猫有需要的时候就能从高处绕路通过主要的生活空间。关于"猫高架桥"的概念请看第八章。

猫狗共处箴言：

猫狗共处的世界中，高处归猫所有。

这也意味着猫在一定程度上愿意分享或者放弃对地面的控制权，但这只是一种不得已的折中。别忘了，在猫看来，从地板到天花板都是它的世界。而狗基本上只在平地上活动。就整体空间利用而言，猫利用得比较彻底。

对于猫来说，认识新的家庭成员（不管是人类、猫还是狗）的最好的方式就是保持一定的距离，这样才能让它们感到舒适，并能更好地观察这个完全陌生的外来者。新认识狗的时候尤其如此：狗是怎么走路的？它会发出哪些声音？这股异味是哪儿来的？它为什么对这个东西或者那个东西感兴趣？猫想要掌握周围发生的一切，而家居改造能帮它们达到这个目的。

猫树不仅能给猫提供有利位置，还能用作"猫高架桥"的上下口。猫树可以很好地防止死胡同的形成，也就是说，万一情况不妙，狗把猫追得在地面上无处可藏，猫就可以投奔垂直空间。还有，面对窗外的猫树益处多多，你的猫在观察家里新来的生物时也可以休息一下，看会儿"猫电视"。

C.猫砂盆位置的合理安排

这是一个大问题,因为很多狗都喜欢猫砂盆,把猫便便当作自助餐。在狗看来,猫的粪便富含蛋白质,是一种很好吃的零食。这让人类觉得恶心,猫更受不了。所以这个问题要这样处理:一定要把猫砂盆放在安全的地方——一个神圣不可侵犯的地方。如果猫正在猫砂盆里大小便时,一只巨大的鼻子拱了过来,迫不及待地等着猫的便便,这样猫砂盆就算不上是在一个神圣的地方。也就意味着你的猫会找另一个更安全的地方大小便。

那你该怎么办?

1. 猫砂盆不能有盖子,危急的时候猫才好跑出去。猫应该能够跳进猫砂盆,得到360度开阔的视野,放心大小便完,然后离开。

2. 不要有死胡同。那些不喜欢我的第一条建议的人可能会退一步,把猫砂盆的盖子取掉,却把猫砂盆放在没人看得见的地方。这样会制造出一个新问题:比如说,你把猫砂盆放在厕所里的马桶背后,从猫宅改造的角度来看,你设计了一个死胡同,也就是伏击区。如果狗跟着猫进入厕所,堵着路不让猫出来,猫就再也不会去那个猫砂盆了,而是去找一个安全的、360度全景无遮挡的地方。把你审美的需求放在原初猫的内在需求之后,这样对你最有利。猫不会愿意在一个没有多条逃生路线的地方大小便。

3. 把猫砂盆放在狗进不去的房间里。一般来说，我认为在所有具有社交意义的地方都应该放上猫砂盆。但在狗和猫共处的世界里，你可能不得不做出一些让步。我的首选方法是给放猫砂盆的房间装一扇婴儿门。安装门时让门底部高出地面约 20 厘米，如果家里养的是一条小狗的话，就更低一点儿。这样，猫可以从门下面钻过去，也可以跳过去，我们也不用担心狗扒拉猫砂盆，或者小孩玩猫砂了。

我们不能因为狗狗寻找富含蛋白质的零食就去责怪它们。我们能做的是从源头上避免这个问题的发生，因为没有人想要亲吻刚从猫砂盆里跳出来的狗。真的，相信我。

第二步：大本营和初进家门

把新的家庭成员（狗或猫）带回家后，你要知道自己第一步该怎么做。制订一个具体的训练计划，你就能立刻控制局面。训练计划有两个主要组成部分：

A. 大本营：虽然在把狗带入猫的领地时，建立大本营不那么重要（因为猫已经有现成的大本营了），这一步还是不能省略。我们要把大本营变成"安全区"——一个逃避恐慌的空间。当新室友让猫感到焦虑时，猫就能躲到这里来。在这里，猫也更能找到身处自己领地的感觉，身边熟悉的气味和它拥有的物品都能给它提供安慰。记住，大本营不能让狗进入。

不过，我们并不是把猫"流放"到大本营里，我们要让它按自己的节奏而不是我们希望的节奏，来自由探索这个多了一条狗的世界，尤其在刚开始的阶段。我再强调一下，只要狗拴着狗绳，就应该让猫随意四处探索。如果猫觉得自己变成了领地上的外来者，它的神气就会被毁掉。

当你把猫带到有了狗的家里时，按照介绍猫与猫认识的方法，让猫自己从大本营里走出来。

B1. 初进家门——新狗进家：狗绳不能解开。

当你第一次把狗带回有猫的家里时，请跟着我念：狗绳——不能——解开——。

事实是，你并不了解这个新的家庭成员，

尽管你在收养前（在收容所或救援组织那里）对狗的情况进行了充分的了解，但你还是不知道狗第一次看到猫，或者猫第一次闻狗的玩具、食物甚至是水的时候，会触发狗的什么行为。因此，你的猫和狗进入同一个房间后，我会让你把狗再拴上一段时间，直到你感觉已经安全了。不过，这时猫狗之间还没有产生完全的信任。

有了狗绳，你就有了可靠的、能够持续地控制新家庭成员的工具。至少在我的家里，狗只有在得到我们完全的信任后才能不系狗绳。我们不用一直拉着绳子，况且时间一天天过去，猫狗都会有进步。系着狗绳的狗万一做出意外的举动，我们只要一脚踩住狗绳，就能把它控制住。教会狗听从声音指令是需要一个过程的，狗只有通过努力才能赢得在家里自由走动的权利。

B2：初进家门——新猫进家：直接进入大本营

把猫第一次带回家时——不管家里有没有养狗养猫，还是养了六只猫、四条狗、一只箱龟，还有一只山鹑，你都应该先把大本营建起来，然后直接把猫带进去，不管你多想一走到客厅中间就打开猫笼，把猫放出来。千万不要这样做。你需要通过"住宅猫化"和巩固领地权来增强猫的自信，给猫当家做主的感觉。

小细节

训练进行到这一步时，你可以复习一下从第三章到第七章里介绍猫与猫认识的内容。虽然我们的方法和目的都没有改变，但有一个重大的不同。我们在介绍猫和猫认识的时候，每一步都走得很谨慎，因为我们要让视领地神圣不可侵犯的猫们相信，新来的这个生物没有威胁，甚至还能带来好处。而猫狗相识的时候，由于两个物种需求不同，要点就变成了让狗别那么好奇（或者别太害怕），让猫相信狗是没有恶意的（或者别太害怕）。除此之外，你可以灵活安排这些步骤，按照具体情况的需要来控制速度。继续向前进！

第三步："门的那一边"喂食仪式

还是进行同样的喂食仪式，让猫和狗在关着的门的两边吃食，随着每次喂食把两个碗逐渐靠近。这个训练相当于缓慢的脱敏过程：如果一吃饭，猫就闻到狗的味道——其实只有猫粮出现的时候猫才能闻到狗的味道——猫会认为有狗就有好吃的。

当然，你要随时记得，猫和狗以及猫和猫的介绍到这一步就不一样了，因为狗在兴奋、恐惧、激动等情绪下会发出叫声，狗突然的叫声会把大多数的猫吓得魂飞魄散,因此破坏了正面联想。在这个步骤的初始接触过程中,你只能多加小心,"挑战线"可以从比较远的地方开始,让狗有足够的时间度过一开始容易兴奋的阶段。此外,狗一遇到它们感兴趣的事物(或人)就会毫不犹豫地凑上去亲密接触。而猫呢,一般来说,它们在接触前会深思熟虑一番。在初始训练时也要给狗拴狗绳,这样做的另一个理由就是狗会想把门撞开,而这就等于告诉猫,这扇门太危险了。

第四步:交换味道

交换味道对于猫狗双方来说都是一种简单易用的会面。猫和狗的共同点是它们的嗅觉都相当灵敏,在探索新环境的时候它们能通过嗅闻收集到大量信息。就和介绍新猫时一样,在进行面对面的介绍之前,你要先让猫狗闻一闻对方的窝和玩具。

第五步:交换营地

介绍猫与猫认识时,交换营地可以让猫觉得走在领地上的每一步都绝对安全,它没有失去所有权的危险。猫和狗交换营地的时候,对于狗来说,它的目的主要是满足好奇心,要能闻个够,看个够,在领地上巡逻其实是次要的。

小提示:出去遛狗的时候正好可以让猫到狗的大本营里随意考察。

第六步:开启视觉接触

你已经装好婴儿门或纱窗门,通过喂食仪式建立起了气味交换,这个步骤能让你更进一步。猫与猫的介绍部分中的视觉接触法在这里也适用:把门拉开一条缝,或者在宠物门、纱窗门上盖毯子,每天拉上去一点,让两边每天见面多一点。

只有你才能决定视觉接触的时机。

如果你刚把幕布掀起来一点点，狗就冲上去狂嗅不停，或者有全身僵硬或者委屈地哼唧等兴奋或焦虑的表现，或者猫被吓坏了（这时候你应该知道猫受惊是什么样了！），就返回前一个步骤。等前一个步骤成功地训练过几次之后，再来试试这一步。当狗叫的时候猫不会紧张得全身毛都竖起来，猫闻到狗的味道或看到狗的时候不会如临大敌地放平耳朵，发出嘶嘶的威胁声，你就知道训练取得了进展。

第七步："美食、游戏和爱"——猫狗版

我认为"美食、游戏和爱"训练法用在猫与猫的介绍中和用在猫与狗的介绍中一样有效。猫可以在安全的距离外看狗如何玩、如何求主人爱抚、对爱的回应、兴奋的样子、吃东西和讨要食物的样子来学习狗的语言。

你可能会问，能不能让猫一边过日子一边学？也就是说，家里的狗拴着狗绳，让猫按自己的节奏来探索狗的世界、学习狗的语言。可以的，你可以让猫在生活中慢慢学习，而且它也的确能在未来的日子中自己观察学习。但如果你的猫是一只"壁花猫"，要是让它以自己的节奏接受这个全新的、还有些恐怖的家庭成员，大概等上一年也学不会。但通过"美食、游戏和爱"，你就能把学习和探索行为变成强制性的仪式，帮助猫更快地完成初始的挑战，这比让它自己摸索要来得快。

在训练时，动物的能量水平会自然升高，所以你要注意一些危险的苗头，防止发生不幸。比如狗本来在看猫玩耍，忽然它的捕食本能被触发了，你就要

注意这样的信息。这是一个明显的信号，说明你应该立即请驯狗师来帮忙，避免发生危险。

另外，我们也不要忘记猫也会对狗造成伤害。"美食、游戏和爱"最大的好处之一就是，你可以控制两个动物的距离、兴奋程度和沟通的节奏。比方说，玩得极度兴奋的狗狗可能触发猫的"战斗或逃跑"反应，或者至少会让猫的焦虑程度上升到一定程度，从而导致转向攻击行为。随之而来的打斗不仅会带来身体上的伤害，也会摧毁你想为双方建立的信任。打斗后，狗会觉得和猫在一起不安全。要记住：虽然猫本性上是防御性而非攻击性的，但如果感受到威胁，它们就会变成老谋深算的斗士。这就是"战斗或逃跑"反应中"战斗"排在前面的原因。

"狗是友好的动物"

你要让猫相信狗是友好的动物，而在这个承诺兑现之前（尤其当猫本能的"战斗或逃跑"的警报被拉响，不愿配合你的时候），你都无法真正地建立起正面联系。我们来想象一下，你的猫就像你的人类小孩，晚上必须开着卧室灯睡觉，因为他坚信床底下有一个怪物。你可以每天晚上都把床下检查一番，让他安心，信誓旦旦地告诉他一切正常，然后道晚安。但仅这样做，最后把灯关掉的可能性并不大。更好的做法是，让他每晚和你一起检查床底下，在他每次跨越"挑战线"时好好地表扬他一下，就能帮助他建立信心，配合你一起把灯关掉。尽管如此，无论是猫还是孩子，能否建立起信心仍然取决于一个前提：怪物永远不会出现。

再回到猫这里来。在汪星人进入猫的生活的那一天，你就递给它一个小纸条，鼓励它："亲爱的猫，狗是友好的动物。爱你的人类。"我想说的重点是，从那时起，贯穿整个介绍过程，怪物都不可以从床底下跳出来。如果狗追猫，把它逼到床下或者冰箱顶上，我们建立的所有正面联想就都被毁了。虽然那样的结果也不是不可挽回的，但训练的目的是建立信任，而且你肯定也不想回炉重造。

经常有一些"爱猫人"觉得，我作为一个猫奴居然在网上发了那么多自家狗的照片，让他们感到很难理解，有的人还表示反对。我的回应是："爱猫人"和"爱狗人"居然会处于对立的状态，我也很难理解。我用"猫狗双全"表示我对猫狗的热爱，我每一天都很自豪地展示这个身份，因为我希望每个人都能有这样欢乐的体验。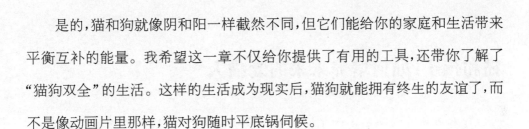

是的，猫和狗就像阴和阳一样截然不同，但它们能给你的家庭和生活带来平衡互补的能量。我希望这一章不仅给你提供了有用的工具，还带你了解了"猫狗双全"的生活。这样的生活成为现实后，猫狗就能拥有终生的友谊了，而不是像动画片里那样，猫对狗随时平底锅伺候。

第十一章　猫与人：相见、相识、相助

讲到这里，尤其通过第六章对神气工具箱进行深入探讨后，我希望我已经让你深刻地认识到，你和你家的猫（一只或一群）生活在一起，是一种首属关系①，而不是所有权关系。现在我们来好好聊一聊，对于我们来说，在不同的生活阶段拥有猫的陪伴意味着什么，以及如何让这种良好的关系鼓励你为你和猫创造最美好的生活。

猫和孩子：如何培养未来的爱猫人

我在动物收容所里工作了将近十年，在所有你能想得出的职位上都待过，多年以后，我意识到那真是一件幸事。我负责处理过因宠物繁殖过剩造成的严重问题，处理起来可真不容易，但有了那样的经历后，我心中才有了合理的构架，我才有能力为它们的未来绘出一幅闪烁着人道主义光辉的蓝图。

那些年里，我还做过社区爱心外联服务的主管。虽然我的确对怎么带孩子一无所知，但我很高兴能够在他们重要的成长阶段，帮他们在心中种下对动物的爱与同情的种子。

---

① 译注：首属关系是指个人生活中情感性很强的亲密关系，如家人、发小、近邻之间的关系。我们通过首属关系进一步拓展社会关系，得到心智的成长。

生活中有一种难关，就是当你投身于某个理想，并且为之艰苦奋斗时，你就陷入了"当局者迷"的处境。不过，你可能看不到拼搏的价值，但是你知道你很快乐，你的灵魂得到了滋养。

如今，我常在募捐会上或在工作的地方看到和动物一起长大的孩子，看着这些孩子越来越"开窍"，总让我深深地感动。他们真心地爱着他们的动物伙伴，同时，他们也要求周围的人能和他们一样。看到年轻的心灵能有那么执着的同情心，我被感动得掉眼泪——我是说真的！我知道，这样的孩子以后必定能成为关爱动物群体中的一员。

所有的孩子都应该和宠物一起长大，从生活中学习同理心和同情心。（同时还能体验开心、好玩和酷炫！）孩子应该也参与养猫，不是光看着大人养，他们也是猫的小主人。这些孩子是下一代的爱猫人，有了他们，未来猫咪收容所里的猫就能幸免于难。如果你想让你的孩子长大后成为一个对世界充满关爱的人，不妨给他们增添一个动物伙伴，培养他们抚养小动物的欲望。

我经常看到要做爸爸妈妈的夫妇，尤其是生第一胎的时候，把家里的猫送到流浪动物收容所。这些猫咪抚养人经常在婴儿出生之前就把猫咪送走了。而且，很遗憾，他们做决定的依据竟然是那些老掉牙的传闻，我们将在这里把传闻逐一击破。

我们还要说一说，在把新生婴儿介绍给你的猫，或者送你的孩子一只猫之前要做哪些准备工作。为了给孩子和猫创造更好的生活，你应该如何进行"住宅猫化"。当然啦，我们还要聊聊如何让小铲屎官一步步成长为20年后的神气猫咪大使。

猫与宝宝：这些传闻不科学

如果你快要当爸爸或妈妈了，你的朋友、亲戚，甚至你的医生都会来跟你说，你应该狠狠心，把猫"处理掉"。他们会给出这样的建议，很大程度上是因为人们到现在还坚信猫和宝宝在一起不安全的传闻。我们来一一粉碎这些传闻吧。

传闻之一：猫会把婴儿闷死

曾经有传闻说猫会"偷走婴儿的呼吸"，到现在都还有人信。据说猫这么做是出于对婴儿的嫉妒，或者因为它们被婴儿呼出的奶味气息给吸引了。

背景故事：这个传闻的起源大概是一起发生在 18 世纪 90 年代的事故，当时人们把一个婴儿的死亡归罪到一只猫身上。新闻里说："验尸官的调查显示，这个孩子的死因是猫将孩子嘴中的空气吸走，从而导致其窒息。"

真相：那个婴儿可能患上了一种常见的疾病，比如婴儿猝死症，也有可能是哮喘发作，并不是被猫吸走了空气。

你知道吗？我们在本书第一部分讲过，不合理的指控在 18 世纪很常见。当时人们把猫看作巫婆的同伙，发生厄运时就怪罪到猫身上。

传闻之二：猫会让婴儿过敏

即将当爸爸妈妈的夫妻常会想，我的小宝宝会不会因为接触猫而过敏？

真相：有些新生儿的确会对猫产生过敏症状，但研究表明，和宠物一起长大的孩子反而不容易过敏。对于那些对猫严重过敏的孩子来说，也有很多方法可以解决这个问题，比如一开始采用空气过滤，再进一步采取其他措施，最后症状没消除的话还可以打脱敏针。现在医学技术日新月异，你可以做详尽的调查去寻找各种有帮助的医疗方法。

你知道吗？一项研究表明，在出生第一年接触过宠物（猫或狗）的孩子，到六七岁时对多种过敏原产生反应的风险能得到大幅度降低。一项针对城市儿童（这些孩子患呼吸系统疾病的风险更高）的研究发现，一岁前接触过猫毛皮屑的孩子，三岁时检验出对各种过敏原起反应的概率更低。

传闻之三：猫会把弓形虫病传染给我或我的孩子

由于弓形虫病和猫是紧密关联的，人们又对这种疾病的传播方式有着错误的认识——家里有孕妇或婴儿的话，养猫太危险了。

真相：弓形虫病和猫的关系是什么？一般来说是受弓形虫感染的老鼠被猫吃掉，弓形虫在猫的消化道里产卵，之后人类因为接触猫粪便而被传染。

弓形虫是一种常见的寄生虫。据说仅在美国就有超过6000万人感染了弓形虫，但对于大多数免疫功能正常的人来说，感染了也没感觉。但对于孕妇（或免疫功能受损的人）来说，弓形虫病会给健康带来严重威胁，而且能通过母亲的胎盘感染胎儿，因此预防十分重要。

你知道吗？因为弓形虫病的预防措施实在太简单，所以美国疾病预防控制中心没有把养猫列为弓形虫病的致病因素。什么行为最容易感染弓形虫？吃了那些没煮熟的肉或没洗干净的蔬菜。

解决方法：虽然感染风险很小，但我们还是要科普一下预防措施。

• 弓形虫卵随猫粪便排出体外后要五天才能具有感染性。只要每天都把粪便清理掉，就不用担心被感染。

• 猫的一生中只有那么几天会排出弓形虫卵，感染日结束后，感染风险就更低了。

- 为了加倍保险,孕妇要么不要去清理猫砂盆,要么每天都清理,并且要戴上一次性手套。

- 生活在室内的猫基本不会感染弓形虫,因为它们不会吃到受感染的啮齿动物。这又是一个不要让猫在外面乱跑的好理由!

传闻之四:猫出于嫉妒会在婴儿的物品上撒尿

猫如果在儿童室里或者婴儿的物品上撒尿了,人类往往会认为这是出于嫉妒,因为全家人的注意力都转移到了新降临的小宝宝身上。更糟糕的是,许多人先入为主地认为猫天性善妒,于是想出种种损猫又不利己的方法来预防。

背景故事:这是经典的人类情感的投射。新生儿降临常会引起其哥哥姐姐的嫉妒,当人们看到猫的这种行为时,就以为猫一定是同样的反应。

真相:我处理过的绝大多数的猫在婴儿物品上撒尿的案例都是由领地问题引起的。通常,在准父母为迎接宝宝回家做准备时,他们会整理出一间婴儿室(或开辟一块婴儿区),还带回来许多新用品和家具。在猫看来,这些变化已经"越界",会招致严重后果。首先,猫的领地从两方面遭到了破坏:一是总面积小了;二是因为猫被禁止进入婴儿室,所以它在那个房间的气味也没有了。等宝宝回家后,猫的作息也受到了影响,家里的一切都围着那间禁止它进入的房间转,这对它是最大的打击。猫随后的表现是典型的"拿破仑猫"式的"过度占有",在婴儿房的重要区域撒尿做标记——以极度缺乏安全感的方式,在这片被夺走的领地上宣布所有权。

解决方法:在婴儿回家之前,你可以积极主动地做好准备工作,尽量减少或防止此类事情的发生。主要的做法就是在婴儿区域增加猫的活动场景，提前让猫适应那些在领地上新出现的物品、声音和气味。

传闻之五：猫会伤害孩子

许多新父母都担心猫会没缘由地攻击孩子。

真相：猫不会没缘由地发起攻击，或者说，猫不会主动攻击。比如，它们不会因为房间另一头的动物似乎具有威胁性，就冲过去"先下手为强"地进行攻击。要记住，猫既是捕食者，也是猎物，这个物种延续了几千年的原因就是它们非常谨慎，轻易不挑起战斗。

特殊情况：

• 猫被逼到死角，或感觉安全受到威胁，或被粗暴对待（拉尾巴等），会做出本能反应，进行防御性攻击。

• 猫需要充足的、能燃烧能量的游戏时间（捕猎、追逐、杀戮、进食）。如果需求得不到满足，它们就会有捕食或嬉戏的冲动，仿佛受到了猎人天性的召唤。在这种情况下，你在被子下面动动脚趾它们就会开心地扑过去，你走过客厅它也会冲过来咬你的脚踝。

解决方法：我们可以采取一些措施，不让猫与孩子之间发生这种看似嬉戏性质的意外，这些我在后面会再详细讲，现在我们先来看几条基本的指导思想。

1. 你要先教孩子学会设身处地地理解这位猫科动物家庭成员的感受，要尊重它，还要教会孩子正确的抱猫姿势。我们会在本章后面部分讲一讲什么该做，什么不该做。如果孩子太小学不了这些技巧，那么他和猫在一起的时候要有大人进行一定的监督。

2. 必须要给猫一定的发泄渠道，让它能够消耗过剩的精力。绝对不能任由其兴奋状态达到顶点。当它的"能量气球"随时会爆炸的时候，跑来跑去的孩子在猫看来就好像一个猎物。在这种情况下，赶紧找一个猎物替代品吧，比如互动玩具。

3. 当猫和孩子都比较困倦或情绪平和的时候，可以让他们来点儿互动。你完全可以根据家里的"日常三程序"（惯例、仪式、节奏）来策划游戏时间，找出家里能量水平最合适的时段，从而让双方都能得到最好的结果。

给孩子介绍未来的好朋友

我们可以在孩子和猫见面之前，也就是在孩子出生之前，就做好正面关联的准备。同时抚养人类孩子和动物孩子能丰富我们的人生，同时我们也要避开一些意想不到的问题。在这一部分，我们将为你绘制出一条游走于猫与孩子世界的路线。我们将筑起安全的边界，打下价值观的基石——爱、同情和共情——最终让猫和孩子建立互敬互爱的感情。

把婴儿带回有猫家庭的动员令

在一定程度上，把猫介绍给婴儿和把猫介绍给其他毛茸茸的家庭成员一样。我们可以提前完成一些步骤，让猫在新添人类弟弟妹妹之前就适应新状况。我知道这会占用你一定的时间和精力，但别担心。记住，你在训练过程中所能付出的所有努力都将得到数倍的返还。

第一步：把婴儿室变成宝宝大本营

你一边布置婴儿室，一边为宝宝回家的日期进行倒计时的时候，我知道你一定不乐意把婴儿室当成宝宝和猫共享的大本营，但我要告诉你，只有如此，才能兼顾得了宝宝和猫的需求，且从长远来看省心又省力。下面就是将婴儿室（或新开辟出的婴儿区）建成共享大本营的要点。

1. "气味吸收器"：在婴儿室里多放一些"气味吸收器"，把猫和宝宝（还有你）的气味混合在一起。你不用把猫窝放在婴儿床里。但如果能把猫窝或猫树放在婴儿床的同一侧，对猫的神气将有很大的提升。

2. 在婴儿室里喂食：停止自由喂食（如果你还在自由喂食的话），开始在婴儿室——舒适的新大本营里给猫定时喂食。

3. "猫高架桥"：在婴儿室里建立完整的"猫高架桥"。婴儿一到家，猫就可以跑到垂直世界里俯视婴儿床和来来往往的看护，然后说："哦，原来家里乱成一团就是为了这个？那个奇怪的声音就是他发出来的吗？原来那个气味是从这里传出来的。"

我是不是应该禁止猫上婴儿床

　　有人认为禁止猫上婴儿床就约等于婴儿和猫不应该共处。不是这样的！我支持猫和婴儿在一起（包括在婴儿床上），婴儿和猫在一起能很好地为他们将来的相处打下坚实的感情基础。只要有人在旁边照看，这些依偎的时光将有百利而无一害。

　　话虽如此，但只要有了"猫高架桥"，以及其他远离地面的空间让猫能自由来去，婴儿床就不再是婴儿室里最有趣的地方了，这是一件好事。当然，我不是说这样猫就不会再往床上钻了，毕竟婴儿床又软，又像猫窝，又有一个宝宝，睡着暖和又舒适。只是从"住宅猫化"的角度来看，家里除了婴儿床，猫应该拥有其他同样舒适的可以睡觉的地方。反过来说，如果婴儿室里没有能让猫宣布所有权的猫家具和垂直空间，猫只能理所当然地对婴儿床宣布所有权，认为这是你们为它准备的新床。

　　归根结底，怎么做还得取决于你的想法和你抚养猫和宝宝的方法。如果你不准猫上婴儿床，那你要记得我说过的分享婴儿室领地的重要性，一定要给猫另外规划一块地方，让它"占山为王"！

第二步：让猫对婴儿的声音和气味不再敏感

　　你已经让猫进入婴儿室，接下来就该让它熟悉各种声音和气味了，这些都是让猫习惯和宝宝相处的必要准备。我们要用一种叫脱敏的常用治疗法，这种方法主要用来帮助人类患者克服焦虑或恐惧症，也适用于伴侣动物。

　　脱敏疗法是让动物在"安全限度"内反复接触令它感到焦虑的东西（比如婴儿啼哭的声音），逐渐增加强度，最后把敏感度降到最低。还有一个好处多多的方法叫作厌恶疗法，就是把令猫不愉快的东西和猫喜欢的东西（比如食物或玩游戏）搭配在一起，就能把猫的情绪反应从消极转变为积极。我们来实际操作一下吧。

声音：想想挺奇怪的，但网上的确有大量的婴儿尖叫、哭泣、咯咯笑的录音。能在宝宝回家之前让猫熟悉这些声音就最好不过了。我想告诉大家一个有趣的事实，大多数哺乳动物，尽管物种不同，但呼救声的音高十分相似，也就是说婴儿的哭声可能触发猫的警觉反应。让猫对这些声音脱敏就是"小心驶得万年船"的生动诠释。

• 首先，用"美食、游戏和爱"找到猫的"挑战线"。在喂食或喂"中大奖了！"零食的时候用低音播放婴儿的声音。或者，如果猫对做游戏兴趣更大的话，让它一边玩它最喜欢的玩具一边听录音。一定要保证猫专注于吃或玩，无暇顾及婴儿的声音。

• 每做一次"美食、游戏和爱"就把音量调高一点，注意猫在什么时候开始受到干扰，变得焦虑或恐惧。猫在什么时候开始转动耳朵，背上的毛开始抽搐，或者表现得很紧张，比如环视房间？它是否觉得风险太大，必须立刻抽身退出？

• 在这种情况下，猫感到舒适与否只有一线之隔，音量升高到让猫不安时就到达了猫的"挑战线"。找到"挑战线"后，你可以把音量调小，让猫逐渐适应后再一点点调高，直到你的猫对这种声音不再有敏感反应。然后升到更高的音量，继续脱敏。

气味：如果你能拿一些有婴儿气味的小被子或衣服回来，即使气味和你孩子的不一样，也能提前让猫认识一下婴儿那种独特的气味。让猫自己去探索那些小被子，你可以在被子旁边放些零食，但不要强迫猫去靠近。有一种方法是让你用被子摩擦猫的脸颊，就算给猫和婴儿做了介绍——我不知道这是什么养猫派别，反正我的方法绝对不是这样的！

无论你做了什么，都不能百分百保证猫和宝宝见面后，两个小家伙就能永远幸福地生活在一起。但在他们接触前，如果你能让猫去了解一下这个新来的"两脚兽"的底细，它就不至于疑神疑鬼，心生恐惧。

第三步：不间断的"日常三程序"

婴儿和猫之间的"日常三程序"（惯例、仪式、节奏）要在婴儿到家之前就开始建设。你就和往常一样进行第七章讲过的"活力四步走"（捕猎、追逐、杀戮、进食），但有一点不同，完成最后一个步骤时，把猫引入婴儿室进食。这样能加强猫和这个新空间的正面联系，让它从家里熟悉的区域自然地走入这个新的或新改造过的婴儿室。同时也有助于在婴儿回家后给猫建立新的喂食仪式。

为什么这些事情必须在婴儿回家之前做好？因为到时候你的睡眠时间会很少，照顾新生儿的压力也会越来越大。如果不事先把"日常三程序"制订好并坚持执行，之后可能一次失策就会导致一连串的挫败。很不幸，我已经见过很多失败的案例，新父母到最后有心无力：先是精力在孩子那里就已经耗

尽，然后和猫的互动越来越少，分离的时间越来越长，而猫对分离的反应当然是消极的。如果你禁止猫进入婴儿生活的区域，它们就会没有安全感；你没做好准备就让它们进去，它们又会在婴儿的物品上撒尿或对婴儿发出威胁的嘶嘶声。最终你可能会经常把它们关在婴儿室外面，它们就会在更多的地方乱撒尿。你就这样在无意中破坏了你和猫的关系。但其实这种结局是可以避免的。

建立"日常三程序"的过程就和我们把新宠物带回家训练时一样，也有一个窍门：喂食！我建议你在喂孩子的时候也在婴儿室里喂猫，这样你们就有了

宝贵的共处时间。在建立婴儿的生活仪式的时候把猫也考虑进去，当你坐在摇椅上给孩子喂奶的时候，不就是喂猫的好时机吗？

把猫带回有孩子的家庭

如果家里有孩子，而你正在考虑领养一只（或两只）猫，你可以参考下面一些建议来形成完美的人猫家庭关系。你会发现这个过程比把刚出生的婴儿带回有猫家庭要简单一些，因为新猫并没有领地被吞并。

如何选择领养哪只猫

精力匹配：到收容所、寄养家庭或救助机构以后，你要找一只和孩子的精力相匹配的猫，就和有猫家庭挑选新猫的方法一样。如果你的孩子年龄不大并且／或者调皮又爱吵闹，家里还经常有其他小孩来玩，那就找一只"莫吉托猫"，也一样是青春年少——玩起来就不停歇。在精力充沛的家里，这样的搭配正好。

和孩子相处的经历：如果猫有和孩子们愉快相处的经历就最好了，这样你就能放心，它不会因为家里的孩子们跑来跑去而心烦。

年龄的大小：较老的猫可能更适合更温馨的家庭，或者孩子是性格稳重的青少年的家庭。虽然我们常被小猫吸引，因为它们非常可爱，但请记住小猫很脆弱，你需要花更多的时间照看它们，它们和小孩在一起的时候也需要有人看管。

新猫的安置工作

给新的家庭成员建立大本营：你可以对房间进行规划，如选择和摆放气味吸收器，等等。

基本的"住宅猫化"：我在前面讲过，新猫到家后最先寻找并评估的是房间里的垂直空间。你要给它提供一些能"登高望远"的位置。如果家里有热情又好动的小孩，猫就更需要一些高处的空间来躲一躲了！

初次见面：把新猫带回家，它在大本营里安顿下来以后，让它先适应一段时间再出来会见家人。在把猫介绍给其他家庭成员时，你要在旁边监督，并且一次只见一个。如果家里有好几个小孩都想找猫玩，他们对这个新的动物兄弟或姐妹太过热情，肯定会吓到猫，也许还会有其他后果。在他们友谊的小船上，你是舵手，所以你要尽早进行干预。

让猫和孩子和谐相处

猫科动物的社交有一点十分有趣，那就是它们能通过空间识别和互相尊重达到无声的交流。尤其在一个多猫共享的水平世界中（地上），我们能看到领地权的不断变换：贴着墙走的猫把领地权让给堵在交通要道上的猫；猫们按时段分享最受欢迎的"气味吸收器"、路标及宝贵的资源，比如一天中能晒到最多阳光的几处猫床。"猫下象棋"步步为营，一个不起眼的举动中包含了各种我们看不懂的含义；猫与猫相遇时那芭蕾舞般轻盈的碰触让我们一看就知道，它们此刻是在用基因里的古老语言进行交流。

这时，"小魔王"像哥斯拉闯入东京[①]一样进入客厅，原先的芭蕾舞变成了摇滚现场的狂舞。

基本上婴儿到 9 ～ 11 个月大就能迈出第一步，到了 15 个月，他们就能摇摇晃晃地走来走去，大搞破坏。在精心规划的猫城市中，破坏力最强的大概就是"小魔王"了。为什么？不只是因为"小魔王"反复无常，无视所有交通信号，在家里横冲直撞，把毫无戒心的"壁花猫"堵在半路，肆意破坏"拿破仑猫"最在意的领地界限。这还不够，真正的威胁在于"小魔王"完全没有自我意识。他们不知道自己想去哪里，真的不知道。他们还小，不会控制方向，走不出一条直线，也没有交际技能，不知道在吓到四条腿的家庭成员时应该住手。他们也不尊重"猫下象棋"的步法。你知道猫的那种"啊，完了……他想干吗？"

---

① 译注：日本电影《哥斯拉》中的情节。

的表情，猫露出这个表情的时候就说明它发现自己已经无路可逃。"小魔王"正在逼近，"战斗或逃跑"的警报开始响起。

如果你家还没进行"住宅猫化"，现在就该开始了。你可以量一下孩子能够到多高，然后把"猫高架桥"建到更高一点的地方。你的猫必须知道，在垂直空间里，它有一个安全的去处。

正如本章的"猫与宝宝：这些传闻不科学"里讲过的，猫天生就不是会主动进攻的动物。但如果后路被切断，它们的防御心会变得很强。也就是说，它们攻击"小魔王"的唯一原因就是它们认为"小魔王"在找它们的麻烦！不要让这种有可能发生的暴力事件变为现实。只要在宝宝出生前，或者在把新猫带到有婴幼儿的家中之前，你能积极地完成"住宅猫化"的改造，你日后的生活就容易得多，猫也一样。

你的最终目标是建立一个国中之国，让猫在幼童的领地上有一个安全的瞭望位置，双方互不侵扰。

大人的监护角色

良好的"住宅猫化"能把孩子和猫的冲突降到最低，还能在紧急情况下给猫提供必要的逃生路线，这一点我们之前就讨论过。我们应该如何安排孩子和猫的互动活动呢？你必须注意这三件事：

1. 如果你家的孩子处在刚学会走路的年龄段，所有和猫的"正式"互动都必须有大人在旁边照看。不可以有例外，拜托！

2. 互动最好安排在家里能量值最低，猫和孩子都很平和安静的时候。这种时候一般就是你和猫玩过游戏，它的精力已经耗尽，或者孩子午睡前或晚上睡觉前。

3. 这个年龄段的孩子最喜欢用触觉感知世界。但你得注意，他们的运动技能尚未完全发育完成，他们也不知道自己的举动会不会伤害动物。在旁边照看的大人应该进行示范，教他们如何抚摸宠物，阻止他们抓、扯，也就是说，避免他们被猫嘶声威胁和抓挠。

正确处理猫砂盆

你的孩子一旦能摇摇摆摆地走起路来，你就要小心他跑去
玩猫砂盆。孩子和猫可以从与猫砂盆相关的活动开始建立起
友情，但处理不好的话，也能把两者的关系毁掉。在家里，猫砂盆可算是一个
热门目的地，对于猫来说，这里是它的活动中心、领地所有者身份的象征；对于
"小魔王"来说，在这里可以玩泥巴。人们通常都会不假思索地认为，"我绝对
不能让我家小孩跑去玩猫砂"，然后把猫砂盆放到领地外围——车库、玄关、洗
衣房，或者还没完工的地下室等小孩不会去的地方。但这样就违反了"十诫"
中关于猫砂盆和"住宅猫化"部分的规则——你为了不一定会发生的事情破
坏了猫的神气法则。

另一种做法也很减分，就是把猫砂盆伪装成其他东西，用罩子罩起来，或
把出入口对着墙，让孩子没法把手伸进去。

提示：你可以把猫砂盆放在一面屏风后面，或者套一个侧边较高的箱子，
只开一个比较小的出入口。如果你矫枉过正，凭空为"万一……怎么办"做些
好看却不实用的整改，而不是考虑如何才能对宝宝和猫都有益处，那么，后果
严重，风险自负。

从孩子那方面来说，如果他非常想要玩猫砂盆，你就给他其他类似的可以
玩的东西。"不可以／可以"化解法对动物和人类都有效。你不能以不一定会
发生的事情为由，把猫的领地上最重要的组成部分拿走。

猫也可以做出一个让步：如果孩子喜欢在客厅玩，那么猫砂盆可以放在卫
生间或卧室里，也就是那些孩子进去以后总有大人照看的房间。但矛盾也能
激发你的想象力。比如，尽管你会觉得这个想法很荒唐，但大多数的猫（行动

敏捷的)绝对可以正常使用放在高处的猫砂盆。如果你能接受的话，就能得到双赢的局面：猫方便了，孩子也不会滚一身猫砂了。

总之，如何解决这个可能发生的矛盾没有严格的规定，因为猫和孩子的相处就是一个不断互相妥协的过程。只要不违背"住宅猫化"的基本原则，不要让孩子一看见猫砂盆就觉得那里是个游乐园，什么改造方法都可以尝试。

为了猫的福利，我希望你不要把猫砂盆放在猫根本不感兴趣的地方，比如放在车库里，或者扔到屋子外面。

 猫爸爸的小提示

你可以装一个离地大约 20 厘米的婴儿门挡住猫砂盆，而不是把猫砂盆藏起来。这样，猫可以从下面钻过去或者从上面跳过去，而孩子从下面或上面都过不去。或者装宠物门，这样你就不用操心孩子玩猫砂的问题了。

别忘了"日常三程序"

现在，你的家里已经围绕各项家庭活动形成了一定的能量兴衰周期。我们在第七章讨论过，你可以按照家里的自然能量峰值来给猫和孩子建立主要仪式和惯例，谱写你们独一无二的生活节奏。

在本章的前面部分，我们讲过在婴儿室喂孩子的同时喂猫，以此创造特定的家庭节奏。但是孩子长大后，这些程序也要跟着改变。你要把惯例和仪式融入其他活动中，保持家庭节奏同步。能量随着家里的各种"时间"——吃饭时间、游戏时间、熄灯时间顺畅地流动，宛如一曲贝多芬的交响乐。

关于这个主题的最后一句话：谱写美丽乐曲的代价就是你得愿意做出艰

难的选择。也许你非常想禁止猫进入婴儿室，也许你非常想把猫砂盆布置得连猫都很难进去，但我希望你能做出不同的选择。想一想不同的选择会带来什么风险，检视一下你的犹豫甚至是恐惧，然后勇敢地冲破桎梏吧！

神气的提升：教孩子与猫相处

在猫与孩子建立关系的早期，父母的角色基本上介于外交官和裁判之间。我们尽量保护一方不受另一方无意的行动或反应的误伤，同时培养双方的互相尊重和敬畏。等孩子过了蹒跚学步的年龄，也更听话了，我们就可以教他们一些重要的基础知识和什么该做、什么不该做，让他们和猫成为最好的朋友。

同情心和尊重是孩子和猫相处时能学到的最珍贵的美德。小孩长到大约三四岁的时候就能用语言来描述情感了。他们能够回答"你在害怕或快乐时是什么感觉？"之类的问题。这个年纪的孩子也能逐步理解别人的情绪，他们开始明白其他人有自己的想法和感受。

孩子越能看清自己和猫的共同点，就越能更准确地识别猫的情绪。孩子自己的理解并不会太深刻，所以你可以帮他找出共同点。例如，你可以问："如果发生了可怕的事情，你会有什么感受？"无论他怎么回答，你都可以说："你觉得如果发生了可怕的事情，我们家的'毛球'会不会也有同样的感受？"当然，讨论积极的体验也非常有用。例如，"我们骑旋转木马时你有什么感受？"无论他怎么回答，你都可以问："你觉得我们和'毛球'一起玩的时候，它也会有同样的感受吗？"

就这样，你还可以谈论舒适感、爱，以及身体上的疼痛。这些问题以及引导孩子回答的方式就是教孩子理解同情心，同时打下和宠物建立深厚感情的基石。

撸猫行为准则之"做什么"

撸猫教程

· 首先，用毛绒玩具演示如何抱猫：向孩子讲清楚不要抓猫的尾巴或耳朵，摸猫的动作要轻柔。如果你的孩子对毛绒动物动作粗鲁，那就让他代入到猫的角色里，请他说一说如果有人用这样粗鲁的方式对待他，他会有什么感觉。

· 然后教孩子如何"爱抚"猫，猫最喜欢人抚摸它们的哪几个部位——通常是脸颊周围（详见后面的"米开朗基罗之手"）。

• 现在你已经知道你的猫喜欢什么样的抚摸，但对于大多数小孩来说，用一根指头或手指张开来抚摸猫是最安全的。这是让孩子学习的好时机，让他认识到大多数猫不喜欢你反反复复地把它们从头摸到尾（不是所有猫都这样，但这种抚摸手法容易产生过度刺激。还是小心为妙！）

要记住：你不能因为孩子想要抓猫就责怪他，也不能因为猫想逃跑而责怪猫。但很多猫在把小主人惹怒一次后就永远地失去了家庭地位，所以你要在旁边监督和指导，做正确的示范，教孩子温柔地对待猫。

你还应该教孩子对小猫说话时要轻声温和：对猫说话，或者和猫在一起的时候不要吼，不要激动地大声说话。

还要教孩子恰当的称谓——猫并不是无生命的"它"。我们希望下一代人能成为历史上最富有同情心的一代，因此我觉得这个改变十分重要，有着影响大局的意义。我是不是有些夸张？才不会！如果更多的人发自内心地明白"它"指代的是手提箱或棒球这些东西，而不是有心跳和情感的动物，就能减少更多无谓的杀戮，对我们动物工作者（以及数百万只猫）有很大的帮助。而且，往小处说，你也能帮助到——比如你家的猫——得到我所说的人道的对待。所以，请始终用名字，并分性别称呼家里的猫，鼓励你的孩子也这样做。

撸猫行为准则之"不要做什么"

永远不可下手粗鲁：不要打猫，更不能打猫屁股，拍打也不行，不要逆着猫毛生长的方向摸猫。

尊重猫的个人空间：猫在吃食、睡觉、用猫砂盆、蜷缩着休息、待在垂直空间里的时候，不要打扰它。

不要用手当玩具：这个原则你了解得越早越好。一些猫以为人的手是玩具，于是悲剧发生了，它们也被送去了收容所。这样的案例多得我们数都数不过来。你一定要自始至终都只用玩具逗猫。手是用来握住互动玩具的另一端的，这样比手被抓伤好玩多了，对吧？

教孩子理解猫的肢体语言和叫声

我一直在强调，教孩子拥有同理心是一个潜移默化的过程，而不仅仅是划出条条框框，指明哪些事可以做，哪些事不可以做。我们要先举实例，先问他看到猫的各种状态时自己是怎么理解的，再进一步讲猫在这些状态时他应该如何接近，或者不应该打扰猫。这样，学习效果就能更好。他还应该知道，猫甩尾巴、眼睛大睁或耳朵放平时，表明它此刻没有与人交往的兴致；当猫发出低吼声或是哀叫声，还有嘶嘶声、张大嘴的哈气声（不管原因是恐惧还是烦躁）时，都是在发出严正的警告！

其他适合孩子的爱猫法

如果你想让孩子更积极地参与猫的生活，那就太好了！可以参考下面这些方法。

孩子可以为猫做的事情：

• 让孩子帮着一起喂猫，猫就能对孩子产生积极的联想。

• 孩子可以给猫开辟一块小花园，种植一些欧芹、鼠尾草或猫薄荷类的植物。现在简易种植套装很容易买到。

• 孩子在有了一定的运动控制能力后，就可以让他用互动玩具和猫一起玩，切忌操之过急，因为他往往会把玩具挥舞得过快而吓到猫（而且孩子会把鱼竿式的逗猫棒当作中世纪的长剑一样耍）。

通过父母的全程监督和指导，猫和孩子都能通过互动游戏玩得尽兴，孩子还能认识原初猫的天性。

孩子可以帮着照顾猫吗

很多父母都想通过让孩子一起照顾宠物来教会他们承担责任，让孩子在完成家务的同时学会对他人的生命负责，并且懂得做宠物抚养人和爸爸妈妈的责任。但我们要记住，让孩子量力而行，任务太复杂就容易出错。

孩子可以为照顾宠物承担起多大的责任，决定权在父母。你可以告诉孩子每天照顾猫都需要做哪些事，让他了解到自己和猫的日常需求其实差别不大。要想好好照顾猫朋友，就要给猫打扫猫窝和猫砂盆，喂食和添水，让猫睡觉的地方保持温暖又干燥，生病要送去宠物医院。

可以让六岁的孩子独自清理猫砂盆吗？这取决于孩子。但一般来说你至少可以让孩子帮着做猫饭，给猫换水，和你一起清理猫砂盆。

日常生活提供了很多美好的机会来加强孩子的同理心。你要经常提醒孩子，照顾猫不仅是做家务，也是告诉猫你们有多么爱它的方法。毕竟，这就是为人父母的含义，我们通过照顾他们、喂养他们、保持他们的房间清洁等来展示我们对家庭成员的关爱。

一辈子的好朋友

在第六章里我经常强调的一点就是把神气工具箱运用熟练后，工具箱就不仅仅只是个工具箱，而是能惠及他人的福利，它能让你生命中的宠物都受益，还能传给你的后代。

如果孩子能打造自己的工具箱，你就能更直接地对他重申猫的神气的基本要点，他和猫拥有的是一段感情关系。你不是在做动物专题的教育，而是在教他感情关系的概念和本质。他将学习如何带着同情心去倾听，应该用什么方式对待他人，把别人的事看得和自己的事一样重要。他还会更深刻地认识到，感情关系（包括与人与人、人与其他动物的关系）的质量在很大程度上取决于沟通的好坏，包括你能否准确解读沟通内容，然后做出恰当的反应。

我们和猫的情感沟通，其复杂程度可谓独一无二，因为这个过程中既涉及口头交流，还涉及非口头交流。而且，我们别忘了，猫语可是一门外语。口头交流当然就是你和猫交流时用到的所有词语，也包括你在心里对猫的反馈进行描述时使用的词语。你可能忍不住在想："这些很重要吗？猫听不懂我的话，更不知道我在想什么。"不！它们的确能听懂，还能看透。

非口头交流使用的"语言"就是你创造出来的整体氛围，包括肢体语言、情感流露、手势，还有我们当着它们的面或说或议论，以为它们没注意也就无碍。不！它们的确能注意到。

你全天都在不断地和猫对话，有时是口头交流，有时是非口头交流。猫不仅能"听"到你们的对话，还经常会做出回应，所以在和猫相处时，我们要主动营造一个有爱的氛围。

在下一节中，我将教大家一些我多年来在工作中总结出的一些很有爱的技巧，以及为了和猫建立终生幸福美满的感情关系，我们可以从哪些方面进行努力。

人类情感和肢体语言

猫的心情会随着你的喜怒哀乐而变化，这些变化主要通过下意识或主动的肢体语言表现出来。你的能量会在猫的身上反映出来，如果能量已达到炙热的程度，只需要一点儿火星就能会点燃一场大火。比如你摸猫的时候害怕、迟疑，把手悬空不敢摸下去，或者手指都蜷着，猫就会察觉到你的不信任。或者，如果你在抚摸猫的时候一紧张，把手缩回去，它就会认为这是猎物试图逃跑。一个不自信的动作导致了误解，结果你可能被咬或被抓。

那么，你应该如何接近一只刚刚认识的或者有点神经质的猫呢？首先，不要害怕。只要抚养人有自信，猫自然能得到正能量。这就是能量的流动，你必须做到内心平静，做一名和平的大使，怀着友好的意愿，自信且不嚣张地走入猫科动物的领地。和"壁花猫"或"拿破仑猫"在一起的时候你更应该放松，因为它们一旦觉得不对劲就会想方设法逃跑，要么就和你拼命。

换一种说法就是，在大多数情况下，最好的接近猫的方法就是不要刻意去接近它们，尤其在面对比较胆小的猫的时候。你应该退后，把身子放低（比如蹲下，而不是俯身弯腰），等它们自己来找你。你有没有想过这样一个事实：有时屋子里全是猫从未见过的人，猫却唯独不愿接近那些自称"爱猫人"的人？它们会跑去找那些"最受不了猫"的人，或者"爱狗人"。因为这些人本意并不想和猫互动，他们被猫选出来又闻又上下前后打量都无所谓。反而是那些爱猫人却一定要弯着腰满屋子追着猫去摸，非要向你证明"所有猫都喜欢我"！猫对他们当然是避之不及。

猫的问候语

让我们来研究一下猫的问候语这门微妙的艺术，你可以用它问候新认识的猫，也能用在你家猫的身上，这一招在增进感情方面的效果非常好。

慢眨眼（猫语："我爱你"）

猫行为学家、《自然的猫》（*The Natural Cat*）一书的作者阿尼特拉·弗雷泽对纽约大街小巷中坐在窗台上的猫进行观察后，学会了一种和猫问候的方法，他对其加以完善后撰文记录下来，并给这种问候取名为"猫语：我爱你"。弗雷泽在观察中发现，当他走近猫时，如果能放松表情，温柔地望过去，猫就会慢慢地对着他眨眼睛。弗雷泽记住了这个方法，每次走近猫时都对它们慢慢地眨眼，而猫们——绝大多数的猫——也都还以慢眨眼的问候。弗雷泽把这个发现运用在工作中，他的客户很多都是受过精神创伤的、焦虑的、好斗的、不信任人类的、胆小的猫，结果他就像发现了罗塞塔石碑 [①]，得以初探深奥的猫语。

为什么慢眨眼等于"我爱你"呢？在我看来，原因是眨眼的深层含义是通过展示脆弱性来表达信任。你要知道，猫也是猎物，对着你慢慢地闭上眼睛是一件很不自然的事。在野外时，它们的神经系统要求它们每天都"睁着一只眼睛睡觉"。所以对一个"未知的实体"，一个潜在的侵略者闭上眼睛，是脆弱、信任的终极体现，用捕食者的语言来说，这就是爱。

猫传达出表示自己弱小又无害的信息后，我们人类应该报以"我信任你"

[①] 译注：罗塞塔石碑（Rosetta Stone，也译作罗塞达碑），是一块制作于公元前 196 年的大理石石碑，原本是一块刻有埃及国王托勒密五世诏书的石碑。由于这块石碑同时刻有同一段文字的三种不同语言版本，使得近代的考古学家得以有机会对照各语言版本的内容后，解读出已经失传千余年的埃及象形文之意义与结构，这使其成为今日研究古埃及历史的重要里程碑。

的回应。当我对猫咪，尤其那种攻击性特别强的猫做慢速眨眼时，我等于是在说，"你现在可以把我的眼珠子挖出来，但我相信你不会"。我通常把慢眨眼当作初次见面的问候，因为我要当场证明我真的很脆弱（猫能看得出来；你的肢体语言骗不了猫，就像你的语言骗不了测谎仪一样）。表达信任很重要。反过来说，盯着猫这样的捕食性动物的眼睛会引起战斗或逃跑反应，如果你想和猫建立信任和友谊，这样做的结果会很糟糕。

训练慢眨眼时，你的眼神要温柔，轻轻地凝视，不要直勾勾地瞪着。凝视和瞪眼虽类似，但传达的情感截然不同。你现在就可以去看着镜子试试这两个动作。你会发现凝视轻柔又放松，没有对抗性，自然而然地就能过渡到含有信任的慢眨眼；而瞪眼焦虑又生硬，表现出对抗性，如果你面对的是一只已经感受到威胁的陌生猫，结果大概是它对着你的脸就是一爪。训练眨眼时你要注意放松脸颊肌肉、下巴，甚至还有脖子和额头。如果和猫见面前时你有点不自信，可以尝试渐进式放松训练，尽量往上抬高眉毛，保持十秒，然后放松。用这个方式放松肩部以上所有的肌肉群，很快你的身体就能既不紧张也不至于太放松。

现在，去和你的猫试一试：目光轻柔地看着它，一边心想"我爱你"，一边眨眼。在想"我"的时候睁着眼睛，"爱"闭着眼睛，到"你"的时候睁开眼睛。等着猫也对你眨眼，或者至少等到它的胡须放松到不高不低。即使它做了一个不完整的眨眼也是个好兆头。如果它没反应，你就垂下目光或望向别的地方，然后再试一次。

有些猫就是不会回应你的眨眼，但有些猫可能是因为你离得太近了，试试先退后一步然后再试一次。你学习的是一门新的语言，没得到预期的反应也别放在心上。至少你们双方又一步增进了了解，这也是无声的沟通。

"三步握手法"

很多年前，我的工作中发生了一件很意外的事，我凭直觉进行了处理，于是就有了"三步握手法"。当时我在动物收容所工作，一位女士刚刚送来一只被车撞了的小猫。她负担不起治疗费，老实说，我觉得她也不想收留这只猫。她把猫笼递给我时，我就知道猫咪正在忍受巨大的疼痛，需要立刻去宠物医院。

为了帮助你理解这个故事，我现在就剧透吧：我最后收养了这只猫：本尼。我在回忆录《猫爸爸》（*Cat Daddy*）中写了我们的故事——可以这么说，它拯救了我的生命。但是，当我第一次接触到本尼的时候，我必须立刻想办法告诉这只受了伤又受惊的猫，我是来帮助它的。

我把自己想象成一个大使。我来到了一个断绝了外交，也没有对外贸易的国家。这里的公民疑心重重，而他们这么做是有充分理由的。本尼的状况就是这样。它没理由相信我，所以我必须给它一个理由。

它在评估当前情势（"我很疼，这里有个奇怪的人类，我被关在一个盒子里，盒子在车里，车一直在向前开……"）的时候，我则在思考有什么好办法能帮助它，我需要做出一个和平的、比建议两国停战更深层次的姿态，不仅仅只是承诺我们不会再朝着对方扔炸弹。这个姿态必须能告诉它："我为和平而来"。于是我开始做慢眨眼，但我还想加重这个含义的分量。

我知道气味对于猫的相识非常重要，于是我就把眼镜脚递给本尼闻一闻。眼镜上我的气味很浓，而且我们之间有一定距离，没有给它带来威胁性。它的反应很积极，闻过眼镜脚以后还用脑袋蹭了蹭，把它的气味也抹上去。我接着把一根手指伸到它鼻梁上方的地方，那里是猫科动物的"第三只眼睛"。

　　成功了！它把脸颊凑上来蹭我的手指，在抚摸下它终于放松了。就在那一刻，我明白了。这三个动作结合起来就相当于握手，就相当于化解了两国之间敌对的坚冰。我积极的外交姿态使我们成为盟友。

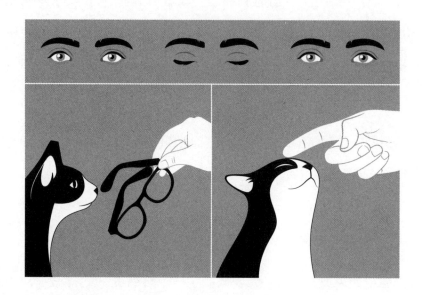

　　所以，我们来回顾一下，"三步握手法"是这样的。

　　第一步：慢眨眼，向猫表示自己完全没有威胁性。

　　第二步：提供气味，给猫闻带有你的味道的东西。我喜欢用眼镜脚或笔。

　　第三步：一只手指的握手。心情放松，把手伸过去，伸出一根手指给猫闻闻，就像闻眼镜脚或笔一样。然后把手指举到猫两眼之间，眼睛上方的位置。让它自己凑上来，它蹭你的手指的时候你就摸摸它的鼻子，往上摸摸前额（稍后我们将对这个手法进行更深入的探讨）。

让不让摸，猫说了算

　　一项研究对158个家庭中6,000多次人猫互动进行了观察。这些互动分为两种：人类主动接近猫，和猫主动接近人类。如果是人主动接近猫，互动的时间就会很短。如果让猫自由接近人，互动时间就能持续更长，猫的反应也更积极。

摸猫的指导原则

在写详细的教程的时候，如何抚摸猫这个主题让我很为难。从某种程度上来说，对猫的抚摸是一种非常个人的体验，体现的是你和那唯一的一只猫的关系。但如果你能用工具箱里现成的方法来摸猫，很快你就能弄明白你的猫喜欢什么样的抚摸，应该抚摸哪些部位，还有抚摸的时长。我经常对人们提出普遍适用的摸猫规则，次数多得我都数不清了，比如"不要摸猫肚子"！结果人家告诉我，他们的猫很喜欢被摸肚子。

在抚摸我刚认识的猫的时候，我经常会使用"三步握手法"和"慢眨眼"这些技巧。我从来不会想当然地认为某只猫喜欢被人抚摸，或者盲目地认为某只猫喜欢人摸它的某些部位。以下是我的几条指导原则：

1. 就像最好的介绍方法是有问有答，而不是一个劲地讲述，所以如果一只猫走到你身边，你把它从头摸到尾其实是很粗鲁的做法，让猫接受这种抚摸也是比较过分的要求。我使用的技巧是"米开朗基罗之手"（又叫作"指鼻撸猫法"）。如果我坐在椅子上，一只猫过来想把我打探清楚；或者我站着，而猫处在垂直空间（也就是说猫没有站在地上），我就会使用这个技巧。猫凑近后，我把手放松，掌心向下，然后伸出食指——不是僵硬地伸出去，而是轻轻地抬着，让这根手指和手掌形成一个倒"U"形，这时我的指尖翘起的角度类似两只猫之间鼻尖相碰时的角度。猫科动物之间碰鼻尖是表示友好的意思，我正在模拟这样友好的场景。

2. 不管我是在用"米开朗基罗之手"摸陌生猫，还是在抚摸一只我认识的猫，在接触的一开始必须让猫掌握主动。完成模拟猫咪之间的碰鼻尖以后，我就伸直手指，施加一点按压的力量。如果猫这时想要亲近我，它就会用鼻梁抵着我的手指。然后它就会演示出抚摸的方向——向上摸到前额,再顺着脸颊摸一摸。你只要顺应它的移动来摸就对了。这就是倾听猫的心声!

3. 我觉得一般来说,猫喜欢被摸的地方是:脸颊、下巴和额头。我把这些叫作排雷点。如果我获得了猫的信任,抚摸这些地方以后猫也表现出了愉快的反应,我就能接着抚摸肩部以下的部位,看看能不能得到同样积极的反应。

4. 我给我的下一个技巧取名叫"手指梳毛"。我会先完成前面的一些接触技巧,紧接着用这个手法,这时我们之间已经有了一定的信任。梳毛不仅是一种天性,而且还是猫的自我安抚法,如果它感到压力大或焦虑,梳毛能帮助它平静下来,而我是用手指来模拟梳毛的动作。除了让猫感到愉悦,梳毛还能巩固我们之间的感情。我先用"指鼻撸猫法"的延展动作:手指从鼻子滑到一侧的嘴巴／脸颊。从鼻子滑到嘴边的时候,我的手指免不了会沾上一些猫的唾液。然后我继续滑到鼻梁上双眼间的部位,然后向上到前额,又到颈背。很多时候,我一伸出"米开朗基罗之手",猫就会舔我的手指,手指上沾上猫自己的气味后,我又把气味扩散到已经分布了很多气味腺的部位(脸颊,额头等)。当然,这样的操作听起来可能有点儿……怪怪的? 但试试吧,然后你就会明白我这样做的原因。

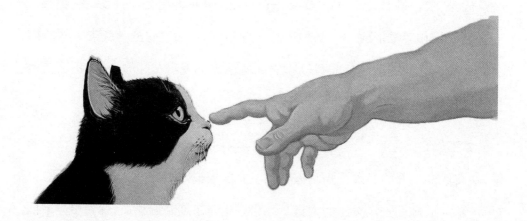

5.另一个"进阶级神气"就是"催眠耳"：和"手指梳毛"一样，在尝试之前你需要获得一定程度的信任，所以我把它叫作进阶级。我把这个技巧叫作"催眠"，因为如果操作得当，猫就会进入一种痴痴傻傻的状态。我们要做的是把拇指放在耳朵内侧，另一根手指在耳朵的外侧，进行圆形的按摩。猫耳朵的前三分之二部分绝对是最敏感的。至于按摩的具体位置和速度，还是那句话，按猫的情况决定。但我觉得力度不像爱抚猫时那么轻，而是中等力度。

我们无法认定猫身上有几个部位是所有猫都喜欢被抚摸的，或者认定某种摸法是所有猫都不喜欢的，所以你要弄清楚自家猫的喜好。之后你最需要关心的问题是你的猫是否容易产生过度刺激的反应。

过度刺激是一种攻击性的行为，经常由互动过度诱发。抚摸导致的过度刺激最常见，但某些声音和疼痛，以及吵闹也会让猫崩溃。

识别、预防和管理过度刺激

接下来我将暴露我是个老古董这个事实，但我还是要说，你们还记得"同笑乐棒棒糖"[①]广告里面的那只猫头鹰吗？为了弄清舔多少下才能舔到棒棒糖里面的夹心，它进行了一次科学含量极高的实验测试。（舔一下，舔两下，舔三下……嘎吱！猫头鹰忍不住一口咬碎棒棒糖，嚼着吃了！）你也应该列个清单，记录一下有没有哪种抚摸会导致过度刺激。当然了，最好就是能在猫被过度刺激之前就发现，就是在猫头鹰的"嘎吱"一咬之前把棒棒糖夺回来。如果是抚摸导致的过度刺激，猫一开始的表现是忽然一掌抓向你的手，或者把你的手咬一口。以下是应对过度刺激的一些建议：

---

① 译注：Tootsie Pop，美国一种享有百年历史的棒棒糖，外层是水果硬糖，里面是巧克力夹心，也是同笑乐的标志性产品，最早由奥地利巧克力配方制成。

识别症状

引发过度刺激的原因因猫而异,所以只能靠你的仔细观察来确定。下面是几种容易识别的特征,猫在正常情况下基本不会有这些表现:

- 瞳孔放大

- 毛发竖起

- 耳朵向后倒

- 快速转头

- 过于激烈地舔毛、挠痒等动作

- 尾巴甩动,通常意味着能量气球就要爆炸。如果猫尾巴从一开始的隔一会儿甩一下变成迅速地挥动,说明情况不妙。如果你不加以干预,猫会像一只快乐的狗一样甩尾巴,但它不是狗,而且这时它绝对不快乐!此刻相当于猫在对着你吼叫,很快它就会大爆发。

- "背部闪电抖"就是猫背部忽然的抽动,类似抽搐,也是一种释放压力的方式。你可能见过你的猫在房间里走着走着突然停下来,就好像有只苍蝇落在了它身上,然后它会很不自然地去舔舔毛。这种自我安抚也是在做自我调节。这也是一个可靠的信号,说明猫的能量高压罐快满了。

防止"爆炸"

对于一些猫来说,抚摸就是给它的能量气球充气,会让它很难受。一直注入能量却不放气,能量不断累积,最后……砰!本来是三到三十秒钟的享受,现在却变成随时会让猫失控的导火索。嘶嘶声、咬人、攻击、跑开,或舔毛都是猫在无计可施的情况下尽力给气球放气。你可以把这种做法看作打开气球上的安全阀。所以要小心呀！对于一些猫来说，极度的享受真的会引发过度刺激，特别是当你抚摸过度，力度也比平时更大，或者节奏比平时更快的时候。这种时候你会看到，猫翘起尾巴来蹭你的手，用的劲儿也会比平时更大。

整理一个清单吧，把猫被碰到某些身体部位时的反应记下来。试试只摸尾巴，然后从头到尾全身摸一次。之后摸摸它的肚子，碰碰它的爪子，再挠一挠脑袋、脸颊和肩膀。注意抚摸一次、两次和三次之间猫的不同反应。猫在第几次全身抚摸的时候会做出过度刺激的反应？最重要的是，如果猫表现出过度刺激，最直接的原因是什么？是什么导致它冲破了忍耐的极限？

正摸着猫的时候，你也会不愿意停手，因为看起来猫很享受，但你要想想猫头鹰那忍不住的"嘎吱"一口！如果你知道会有过激反应，也发现了迹象并及时收手，那么，猫的发狂或者我们误以为的"攻击"就不会发生。

调节猫的能量

尽量调节猫每天的能量摄入和输出。如果你每天都带它进行"活力四步走"，那么当它最后趴在你腿上休息的时候，应该已经很放松了。如果刺激指数满格是 10 的话，假设能量气球全天都处在活跃状态（也就是在你或环境的影响下有充气也有放气），指数能到 4。摸猫的时候，最好能把指数控制在 6 而不是 9，免得最后两败俱伤。我不是在替猫说话（哦，其实我是在替猫说话，我就是专业干这个的），但是如果气球爆炸了，责任在你。如果猫因为能量过度累计而发狂，你还去责怪它，那就是你的不对了，因为这样的状况你是可以学着预测，并且避免的。

一本正经的科普

为什么猫会有过度刺激反应

有一个主题我们已经比较详细地讨论过，那就是大自然赋予了原初猫所有生存必需的特质，其中之一就是猫身上到处都是极其敏感的触觉感受器。这些感受器能检测到直接的压力、空气的流动、温度，并能感知疼痛，还能将环境的信息传达给大脑。

触觉感受器主要有两种：紧张性感受器（RA）和时相性感受器（SA）。紧张性感受器能在皮肤和头发移动的瞬间做出反应（同时也能即时感知带来愉悦感的触摸），但只要刺激不断，时相性感受器就会持续起作用。时相性感受器对抚摸特别敏感，让猫最后爆发"我已经受够了！"的罪魁祸首就是时相性感受器。猫身体的下半部分有很多时相性感受器单位，所以猫不喜欢你摸它们的后腰。

原初猫同时身为捕食者和猎物，必须有敏感的触觉，但这对它的另一个自我——家猫来说，这个生存本领可能会给它惹不少麻烦。我们要求猫忍受大量的爱抚，因为我们喜欢摸猫。这是否意味着你不应该对你的猫进行爱抚？当然不是！了解猫对抚摸做出的不同反应以及原因后，你就能明白，很多时候猫表示"不要碰我！"多半是出于生理反应，而不是有意为之，所以说，你也就一笑而过就行了，可别理解为"我的猫恨我"！

言语的力量

到现在我们已经讲了很多关于肢体语言的内容，以及猫问好或互动时的动作。现在，我们来把话题转向一些更含蓄的、肢体动作之外的事请。你在当着猫的面的和背着它的时候是怎么描述它的？你在描述它和它的行为时都用了哪些词？

我们使用的词语塑造了我们看世界的方法。语言就像上了膛的枪。当我们使用诸如"攻击""好斗""莫名其妙""可恶"和"恶毒"这些词的时候，我们就给某些行为或动作赋予了我们想象出来的意图和更深层的含义，而这些想象要么不准确，要么太过夸大。

就我的经历来看，尤其是在客户家里给"问题猫"做工作的时候，我得说，我将近 90% 的工作时间都是用来直接或间接处理客户的感受。我听到的语言几乎都是："我的猫恶狠狠地（或"莫名其妙地"）攻击了我。"我不是说这些描述每次都不准确，但总的来说，这是一种无意义的抱怨。在客户们看来，他们只不过动了动嘴，但在我看来，这些话伤害了他们和猫的关系，也伤了猫的心。这些词语表明你的猫对你来说是一个陌生人，你用言语在你们之间筑起了一道高墙。我听着他们一遍又一遍地使用这些词语，但实际情况只是猫轻轻地咬了他们的脚踝，有的连皮都没破，还有的真实情况是猫连碰都没碰他们一下！

这样的伤害并没有止步于名誉损伤，如果你随随便便地就使用"它讨厌我"或"它是魔鬼的化身"这样的词语，你就让猫背负上了难以抹去的恶名。如果你把你的猫叫作"恶魔凯蒂""混蛋"或"撒旦"，帮帮忙！尤其给你的猫帮帮忙，给它另取一个有尊严的名字。或者至少是人类也能用的名字。无论猫做了什么，都不能构成给猫贴上负面标签的理由，这是一种不必要的贬低，再加上其他因素就可能进一步恶化、损伤你们的关系。

记住，如果你说它是恶意攻击，这就会变成现实。如果你说它是个混蛋，它就会变成个混蛋。贴标签扣帽子能伤它的心，语气会把它击垮。猫听不懂人话，但它们肯定听得出你的语气。我们使用的词语能反映和影响我们对某件事的感受，把情感的微澜——通常是受伤的情绪——转递给我们所爱的人，我们自己却没意识到。这些情感放到猫身上造成的伤害要高出人类的十倍。所以，如果你想保持家庭环境中的神气，你必须时刻留意你使用的语言，包括有声的和无声的。

讲脏话就罚款

　　如果你已经养成了对猫恶语相向的习惯，我有一个解决办法：脏话罚款罐。只要你或者其他人用不好的字眼儿说你的猫，比如"邪恶""魔鬼"或者"混蛋"等，就要往罐子里放十块钱。几个星期以后你就会发现里面居然有那么多钱，该反省了。

 猫爸爸的小提示

脏话
罚款罐

这些罚款怎么处理？当然是给猫买个新玩具喽！

情感投射

　　假设你今天过得很糟糕：早上一起来就和另一半吵了一架；上班路上吃了一张超速罚单；被老板骂了；午餐还掉在大腿上。晚上你回到家，又累又气，裤子上还粘着沙拉酱，然后你看到的第一个场景就是你的猫坐在地上瞪着你。忽然之间你气不打一处来，心想："什么？我怎么你了？你这是什么意思？我给了你一个家，还抱着你睡觉，你就这么报答我？去你的！"

　　但问题是，你是从一个非常不客观的角度来判断猫的想法。我们把这叫作投射。在心理学中，这个词的意思是把我们自己的感受、不安全感、冲动或愤怒强加到别人身上。在上面的故事中，你就是在把自己的负面情绪投射到猫身上，认为它忽然之间就开始恨你了。

　　人们尤其喜欢对猫进行自我投射，因为大家都认为猫难以捉摸，仿佛猫是一块空白的画布，供我们涂写各种不真实的臆想。我们在这块画布上写满了人类幻想中的犯罪故事，还有打击报复和阴谋诡计穿插其中。自我投射不一定只在我们愤怒和沮丧的时候才产生。有时候我们认为，因为有些东西我们都需要——比如上厕所的隐私——我们的猫肯定也需要。不，它们不需要。

投射的结果是由于缺乏对猫的生活、肢体语言和神气的了解，你会在这个习惯里越陷越深，形成一个恶性循环，你和猫的关系越来越糟，而这本不该发生，你们不应该变成仇人。

现在这个部分已经进入尾声，我希望工具箱系统已经涵盖了所有你能想象得到的难题。接下来，你需要一个系统来维护猫的神气，做到早发现，早解决。我们这就开始下一个概念。

"猫侦查法"

我走进客户的家门，能成功地帮他们解决问题，原因是我不受"只缘身在此山中"的局限。我就像一个侦探，走进去，细致客观地进行观察，然后分析问题。我不为这家人的大事小情所纠结，不进行自我投射，不把他们沉重的情感代入到自己身上。

举个例子：你的新男朋友只要在你家过夜，你的猫就会在它的健身包上撒尿。你觉得你的猫是在说"我恨他"。但在我看来，乱撒尿的猫想要说的是"我担心我的领地被侵犯"。不管你有多生气，都不要觉得是猫在和你们作对，也别把这事想得太严重，那样你就太给自己加戏了。我们应该从细节上找原因，弄清事件是如何发生的，包括原因、地点和时间，然后再来解决问题。就像乔·弗莱德经常在《法网》①里说的那样："我们只看事实，女士。"我把这个技巧叫作"猫侦查法"。

超然物外的观察法能帮助你和猫度过幸福的一生。作为人类，我们无从得知生而为猫的感受，也不能不懂装懂。我不是说你对心爱的猫进行观察的时候要达到冷眼旁观的程度，而是为了猫着想，你要尽量做到不臆测。

"猫知道"侦查法的基本规则是：不偏不倚。如果你走进房间，看到一摊尿，你应该先确定这的确是尿。这就行了，清理干净，原谅猫，进入下一步。平和的心态能让你更快地发现、处理和分析问题。要记得先原谅，然后去做你该做的事。原谅它，继续你的生活，不要火上浇油。

理解了这一基本规则后，我们再来看看"猫侦查法"的指导方针：

1. 用纪实性新闻"实事求是"的风格把事件简单地描述一遍，或者写下来："当时是凌晨4点，我醒过来，它坐在我胸口，我这样，它那样……"

2. 如果是乱撒尿问题，最好用的侦查工具就是黑光灯。你大概已经在《犯罪现场调查》（C.S.I.）一类的刑事电视剧里见过，这种高超的工具可以照亮犯罪现场的血迹，不仅可以定位血迹的位置，还能看出飞溅的痕迹和形状。用黑光灯寻找尿渍也和找血渍一样高效。只要等到日落，房间变暗就行。但很抱歉，很多情况下你会看见比你想象的多得多的尿渍。为了侦查需要，你把尿渍的形状记下来。比如，小滴小滴的可能是尿路感染；朝着家具或墙面垂直喷上去的、一大摊的汪在地板上的尿，都是在做领地标记（详见第四部分）。

另外你还要在紫外线光下看看尿渍的颜色。颜色越深就越新鲜。如果已经褪色，说明你之前擦洗过，或者时间已经很久了。尿液里的蛋白质链会随着

---

① 译注：《法网》，*Dragnet*，1966年的美国警匪电视连续剧，后在1987年改编为电影。

时间的流逝自然分解，颜色也就会变浅。不幸的是，由于猫尿的部分功能是用来在物体表面上做永久标记，所以清洗后还是会留下痕迹。在黑光灯下，清洗过的地方就是一块白色"污点"（只在紫外线下才能看到，肉眼是看不到的），因为尿液破坏了地毯纤维上的颜色。

3. 描述事件时，不要给猫的行为定性。如果你说它"恶狠狠地攻击了我"，但事实是它只是因为过度刺激轻咬了你一口或者抓了你一下，那你就太不实事求是了。还有的抚养人把迹象当作事实，在对我描述时直接用了"攻击"这个词，原因是他认为猫即将对自己发起攻击。这种粗暴的解读不能用在"猫侦查法"中。我在之前讲过，猫不会打击报复（至少不是人与人之间的那种打击报复）。我们之前还说过，措辞很重要。不要使用夸张、恐怖或下结论性的语言。要记得，现在我们只是在搜集事实。

4. 根据你对原初猫的了解，把可能导致猫行为异常的因素列一张清单。清单里应该包含这些问题：是什么事情引起了猫的焦虑？猫情绪低落的原因是什么？猫打架了吗？是不是它最爱吃的猫粮没有了？是因为它看见猫笼了吗？还是你的行李箱？家里是不是来过客人？或者来过外面的猫？

5. 做好准备，保持耐心。对解决问题的过程要有信心，操之过急往往会适得其反。这种事情并没有解决的期限，因为很多因素是不可控的。不管你有多想早日解决问题，猫有猫的速度，不以人的主观意志为转移。

尽量从观察到的行为中寻找线索，从压力和焦虑这些方面去想，把相关的行为记录下来，找找看是否存在固定模式，把细节写下来。猫不会做无目的的事情，也不会针对你、对你进行打击报复。猫所有的问题行为都源于恐惧、焦虑和疼痛，或者几种皆有。

"猫侦查法"："失乐图"

我在第八章里介绍过"寻乐图"，我们可以把这项技巧很好地运用到"猫侦查法"里。不过现在我们要画的是"失乐图"，当错误的行为发生在错误的地点时，我们就在这里标记"X"。不管是随地大小便的问题，还是攻击行为等，只要在确切的发生地点打个"X"就行了。我说准确地点的时候，我是很认真的，你要标记清楚是沙发的哪一侧，前面还是后面，如果是靠右侧的前沙发腿，是在这条沙发腿的左侧还是右侧……对于一个好侦探来说，细节决定成败。

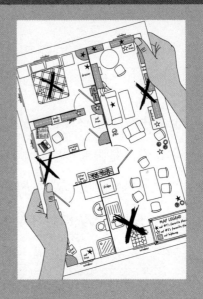

你要在标注过程中运用分类法，发生一个事件就画一个 X（或贴一个彩色星形贴纸），并写上数字。用"我们只看事实，太太"的态度把事件、时间和日期、你对事件发生之前和之后的观察、距离喂食时间或家里的能量高峰期的时间写在地图侧边。把我在这个部分列出的技巧都用上，一边观察，一边记录。坚持客观公正，记录并建档。如果已经排除疾病原因，我几乎可以保证，只要能坚持记录数天，你就能从"失乐图"上的"X"号中看出一定的模式。所谓"莫名其妙"其实都事出有因。

"猫侦查法"之先发制人

如果我像电视购物上卖 ShamWow 牌魔力吸水抹布的主持人那样浮夸地大喊大叫，告诉你我有屡试不爽的好办法，可以根据猫的肢体语言——步态、耳朵的动作、睡觉或吃食的模式来预测乱撒尿或攻击性的行为，你可能会动心，然后上钩。毕竟大多数人都觉得自己的猫有各种问题，只想找一个一劳永逸的方法把它们"治"

好。可惜这是不可能的。现在你已经知道应该用超然物外的艺术和科学的观察法来解读猫的各种问题，发现每个猫案件不同的起因、地点和时间和答案。

早些时候，我特地强调过，一个好的侦探不会被案件的情节所迷惑。你要明白，故事情节只是为了帮助你更好地理解实情。问题不可能凭空发生，也就是说，你要客观地根据你家猫身上的故事——它的疾病史、遇见你之前的生活经历（如果你能够幸运地得到这些信息的话）、它遭遇的创伤以及疗伤的过程，把这些信息利用起来，就像真正的侦探对受害者、嫌疑人或证人进行问询时一样，当某个嫌疑人讲着讲着忽然开始一边用脚叩击地板，一边冒汗，这时候你就抓住了真凶。你和猫在一起的生活、你了解到的它过去的生活，都能用于解读它现在的异常行为。

我们要达到的更高的一个层次——未雨绸缪，这在"猫侦查法"中叫作先发制人，即避免某些破坏神气的行为的产生。其实，保持高度警觉，捕捉猫在出状况前表现出来的蛛丝马迹，比事后处理犯罪现场要容易得多。你一定要细致、专注，因为有时"猫侦查法"并不是为了拯救地毯不被撒尿，而是为了拯救猫的生命。

紧急呼救：猫爸爸的警告

原初猫总是时时刻刻保持警惕——这就是身处食物链中端的生活状况。它必须一边追捕猎物，一边躲避身后的捕食者。因此，猫绝对不能表现出痛苦的样子。痛苦等于脆弱，捕食者知道脆弱的味道，一旦嗅出，猎物便在劫难逃。

你家里的猫天性坚韧，身上还遗留着许多祖先传下来的生存策略。这就是为什么我们必须密切关注猫的行为变化，因为它们可能预示着猫的健康状况的恶化。

　　我在下面列出了一些猫行为上的危险信号，这些信号主要是我在工作时观察到的或者是在我自家猫身上看到过的，要全面考察的话远不止这些。我们在这边处理猫乱撒尿的问题时，猫在那边已经举起了警告的小黄旗。我想要提醒你们的是，我们只顾着埋头做假设、谈理论，把如山的问题搬出来一个个暴力破解的时候，可能会听不到猫在喊"好疼啊"。所以如果你发现猫在大小便方面有异常状况，或者只是本能地觉得猫不对劲，都要先带猫去看兽医。

　　猫躲在冰箱上或床下：表明生活环境中的某些因素对它产生了威胁。我之前也讲过，原初猫在因疼痛或疾病而感到脆弱时，会选择藏起来甚至一直躲着不见人。

　　在猫砂盆外面排尿或排便：可能由一些疾病导致，包括膀胱炎、尿结晶、感染、肾病、消化问题和糖尿病等。如果发现猫具有这两种行为，基本上猫是生病了：猫在猫砂盆外面不远的地方大小便；把尿点点滴滴地撒在猫砂盆外几步远的地方。

　　咀嚼非食物的东西：有关异食癖或吃非食物的东西详见第十七章。

　　行为异常，例如突然发作的攻击行为：如果你生命中的某个人性情大变，你会非常担心。如果你的猫突然开始攻击人或其他动物家庭成员，原因和我们发脾气一样，很大概率是因为疼痛或身体不适。

　　异常夜间活动或频繁叫唤：甲状腺功能亢进是老年猫的常见病，症状就是夜间活动增加和叫唤得比平时要多。老年猫的视力和听力日益下降，还有的患有痴呆症，这些都会导致它们在夜间关灯后变得吵闹或分不清方向。

　　瘙痒、抓挠，自己咬自己或舔毛舔到秃或皮肤发炎：我们已经讨论过，猫的皮肤非常敏感，糟糕的是潜伏在这些症状背后的原因非常多：过敏（对食物、空气和环境过敏），皮肤疾病或跳蚤感染，甚至压力过大，都会产生过度梳毛的行为。

睡眠过度：你现在知道了，猫不会成天都睡觉。如果你的猫对曾经给它带来欢乐的人或活动完全失去了兴趣，那就是它在发出求救信号，人类有这样的表现的话也需要帮助。

第十二章 共同越过"挑战线"

如果现在还把我们和陪伴动物的关系描述成朋友关系,无疑失之偏颇。实际上,我们很难用任何词语来概括这种关系。

这就让我想到一个我曾被问了无数次的问题:"为什么我的猫要把吃了一半的猎物叼给我?是给我的礼物吗?如果是的话,我是不是要收下?"这个问题背后有各种解释和理论。我一直都觉得猫送猎物给你这件事非常奇妙,其中有浓浓的善意,但也很让人挠头。

首先,是的,这是一件礼物,就像你的小孩在二年级美术课上用通心粉和胶水创作了一幅你的画像,然后送给了你。但它还有另一层含义,根据我们对猫的了解,我们知道猎物就是食物。猫妈妈给它的幼仔带回来的各种不同的"测试性"食物,鼓励它的小孩断奶,尝一尝将来自力更生得到的果实会是什么味道。换句话说,送猎物这个简单的姿态既可以是孩子对父母,也可以是父母对孩子。情感关系是很复杂的,每一方都可能扮演多个角色。与其花心思给它们定义一个标签——最好的朋友、抚养人、父母,不如实实在在地付出努力、做出牺牲更有价值。

显而易见,猫并不总是需要好朋友,它们需要的是好父母。而且你还要冷静地接受一个事实:很多时候,父母不是家里最受欢迎的人。

我花了很多时间让你跟随我敞开心扉,为了和猫建立真正的情感关系勇敢地承担风险,摒弃将猫看作所有物的想法,欣然接受养育猫的艰辛和回报。

敞开心扉后,我们就要进一步发现深藏的问题——关于我们自己的问题。在一些有猫家庭里,猫像是一个摆设,这当然够不上做合格的父母、养育有神气的猫。在本章中,我希望你们能随我深度挖掘神气的宝藏。

我们在第九章中谈过我们应该如何帮助猫跨越关键"挑战线",让它们享受更高质量的生活。我把这个过程比作"逼着"我们的人类孩子做他们不愿做的事情(比如去上学,即使他们一开始很害怕),帮助他们跨越"挑战线",得到个人成长。现在也轮到我们抚养人跨越"挑战线"了,尤其当我们因为无谓的担忧而忽视了心爱的猫咪的利益的时候。当然,前提是我们"逼着"猫咪们做的是正确的事情。比如,也许你从来没有成功地把猫关进外带笼,因为你认为它非常讨厌笼子。但如果你明天有急事,必须赶时间把它带出家门怎么办?或者给猫喂药让你焦虑,因为你认为每天往猫喉咙里塞一颗药也会让猫焦虑。但如果不吃药就会得病,甚至威胁生命,你就必须把这药喂下去,对不对?

与其回避那些猫不喜欢、进而导致我们也不喜欢的事物,不如想方法克服一下。我们要学习的不只是怎么具体去做这些棘手的事情,还有应该怀有怎样的心态,才能不给自己和猫造成坏的联想。如果这个任务你光是想想都害怕,请记住:即使实际操作起来让你痛苦万分,我们还是有办法"排除万难,去争取胜利"的。

不能承受之生命之重:打败肥胖症

导致猫肥胖症的根源之一是我们。我们大多都是在"食物就是爱"的家庭氛围里成长起来的,所以习惯用这种方法养育下一代。有些零食不利于健康,猫却很爱吃,而我们又很难拒绝这些毛孩子,于是我们就对节制零食产生了抵制心理,并将它划分为"不愉快的事"。但是,对于有损健康的食物,我们一定不能多喂。

伴侣动物的肥胖问题和人类的一样严重，最近的数据表明，儿童、猫、狗的肥胖症和 2 型糖尿病患病率都有类似的增长。如果这个事实还不能让你下定决心，请再看看下面这些数据：

• 在我写这本书的时候，已经有超过 58% 的猫超重、15% 的猫诊断为肥胖症。根据宠物肥胖症预防协会（Association of Pet Obesity Prevention）的统计，8000 万美国猫狗患因肥胖导致的疾病，如糖尿病、骨关节炎、高血压和多种癌症等的风险在逐渐增长。

• 在过去的 20 年里，从超重恶化为肥胖的猫狗数量大约翻了一番。

• 肥胖导致猫的关节磨损，带来疼痛、不适和行动不便。我发现肥胖经常引发行为问题，如拒绝使用猫砂盆，因为自身重量就已经让猫吃不消，蹲在猫砂盆里，以及跳进跳出都会导致关节疼痛，这些猫就对猫砂盆产生了负面联想。肥胖还会减少捕猎式的运动，因为动起来很痛苦。越是不运动，体重增加就越快，形成一个恶性循环，除非我们能够打破这种行为模式。

• 超重的猫几乎无法梳理被毛。做不了自我清洁的话，不管是猫还是人都会很痛苦。

朋友们，现在大家都明白了，猫肥胖症已经成为一种严重的流行病，但也不是无药可救。你可以采取以下的措施：

1. 停止自由喂食，不要再给猫吃垃圾食品，尤其是干粮。你应该按时给它们喂生物适宜① 的肉类食物（也就是生食或至少无谷物的湿粮）。

---

① 译注：生物适宜，bio-appropriate，一种宠物原始饮食法，把干粮完全从猫狗的饮食中去除，只喂湿粮；不再使用营养价值不高的植物蛋白质（如大豆）、块茎类蔬菜（土豆、红薯）、水果、谷物等原料，而是尽量接近猫狗的祖先的饮食习惯，使用更利于猫狗的肠胃吸收、消化，能量转换率更高，适口性也更好的高质量蛋白质，即纯肉类。

2. 使用慢食碗和益智喂食玩具来防止它们狼吞虎咽。猫就和人类一样，吃饱以后要过一会儿才能意识到自己已经饱了，只有细嚼慢咽的时候才能很好地控制进食量。

3. 别忘记"活力四步走"（捕猎、追逐、杀戮、进食），把游戏和以上建议结合在一起就能让猫保持理想体重。它们会变得更快乐，因为它们更健康，能更长久地陪伴你，你也会变得更快乐。

如果你担心一旦停止喂垃圾食品，猫就不再爱你了，看看这个：在最近的一项调查中，研究人员对给猫咪改喂纯肉食的抚养人做了调查，结果表明他这些猫不但都减肥成功，大多数还和抚养人更加亲密，更经常地跳上大腿求抚摸，更经常地发出满足的咕噜声。所以，你以为限制猫粮会让猫生气，实际上，结果正好相反。

有病要早看

平均下来，猫抚养人带猫去看兽医的次数只有狗抚养人带狗去看病的一半，但花的钱更多。其实很多病如果发现得早，不仅可以省去一笔费用，治愈起来就更快，比如肾病、糖尿病、口腔疾病、视力下降、甲状腺功能亢进和心脏病。这些病都是能治好或者能控制住的，发现得越早就越容易医治。健康的成年猫应该至少每年做一次血液检查。

这个要求不难做到吧？但如果你还是不带猫去体检或看病，到底是什么阻止了你呢？也许对于你和你的猫来说，整个去宠物医院的过程都是一场折磨。这些年来我见过太多、多得让你无法想象的人从来没带猫去过医院，从来没有！猫都十岁了还没去过医院！最后我恳求这些抚养人停止这种得不偿失的行为，他们的猫终于在小时候做完绝育手术之后第一次进入了宠物医院。真是把躲避"不愉快的事"做到了极致。你该如何以这些反面典型为鉴，做到最好呢？

首先，考察目的地：宠物医院。弄清楚这个环境里的什么因素让猫发飙，有的诊室本身就足以让猫感到紧张。所以你可以把家附近的宠物医院都去走访一遍，看看医院的环境是吵闹还是平静？猫和狗病患的比例一般是多少？有没有给狗和猫分开的入口？向医护人员提出你很头疼自家猫一去医院就烦躁的问题（这是选择医院的试金石），他们听了有没有回应？他们是不是真的很在乎这个问题？我很幸运，因为给我家猫看病的好多医生都知道我的猫会很紧张，于是催着我们快快穿过候诊室去检查室，免得受刺激。关键是不要委曲求全。如今宠物医院很多，你可以多去几家，做好详尽的调查。

猫笼可以是猫的好朋友

有数量超过一半的猫没有一年做一次体检，超过 1/3 的猫抚养人一想到要带猫去看兽医就头疼。接下来，我们要聊聊去医院最让人发怵的问题，最难跨过去的一个坎儿：把猫装进猫笼，然后去医院。

猫不喜欢猫笼的主要原因是它们关于猫笼的所有联想都是负面的。想一想，如果你小时候家里有两辆车，一辆是红色敞篷车，你每天都坐这辆车去学校、朋友家、看电影。而另一辆车是黄色旅行车，专门用来带你去看牙医。看了几次牙以后，你头脑中就形成了关联。之后，只要你妈妈一拿起旅行车的钥匙，你便感觉大祸临头——心跳加速，手心冒汗。你被一片不祥的乌云所笼罩，你会使出十八般武艺拒绝坐上那辆该死的黄色囚车的后座。这就是很多猫（甚至大多数猫）对猫笼的看法。那么，我们该怎么办？当然是把旅行车的乘车体验变成敞篷车！

现在的猫笼象征着一个恐怖又可恨的目的地，首先，我们要把它变成一个便携的大本营。

1. 先把猫笼拆开。这样可以让猫笼看起来不像原来那辆黄色囚车了，负面联想因此减弱。保留猫笼底部，把笼子改装成猫窝。在里面放一些带有猫和你的气味的垫料。

2. 放上一点零食，把猫吸引过来。只要猫到猫笼周围转转，就给它一点零食，即使它只是来闻闻就走了。还记得"中大奖了！"零食那一招吗？这时就能派上用场。猫必须来到猫笼旁边才能得到奖励，当然，最好是让猫在猫笼里吃食。你可能要花上一段时间才能把它引进去，每次只把猫碗移过去一点，要有耐心，每天往"挑战线"迈出一小步！

3. 一旦猫对猫笼形成了正面预期，认为在笼子里面能吃东西还能玩，即使它在里面时间很短，你也可以着手重建关联了。先把笼子的顶部装回去，用相同的奖励技巧持续巩固正面关联。然后是门。把门关起来几秒钟。许多猫会被笼子门闩的声音吓到。在这种情况下，不要把门闩锁上，之后再逐渐让它适应门锁的声音。如果它可以做到在关着门的笼子里吃食，那么黄色旅行车就变成了红色敞篷车！

4. 在接下来的关联训练中继续使用有效的奖励技巧,关上门锁,拿起猫笼(猫当然是在猫笼里的),走出门待 30 秒钟。然后回家,打开猫笼,放点儿零食进去,让猫自己在里面总结一下这次体验。提示:哎哟不错哦！

5. 下一步就是把装着猫的猫笼放到车上,开车出去简单地兜一圈,不用走远。之后再次重复。你要确保每次出门回来——不管路程长短、训练完成的顺利还是困难——都要以"中大奖了！"零食收尾。

我们在做的是什么? 我们在做的就是告诉你的猫,走进猫笼不等于会发生灾难。坐在车里,或者和很多其他猫狗待在一个候诊室里,不一定就要打针。猫笼不是敌人。如果猫走进猫笼 50 次,但只有一次是去看兽医,那也不是太糟。

玛丽·波平斯 ① 的启发

不管我们的主题是带猫去宠物医院、让它进猫笼、喂药、剪指甲、上班以后把它独自留在家里、改自由喂食为按时喂食,总有一种情感与这些事务纠缠交错——内疚感。内疚感让我们执着地认为,我们的猫吃的苦头都是我们导致的,我们给它带来了痛苦(即使这种痛苦只是暂时的)。

但如果我们不去做这些"不愉快"的事情,最后倒霉的是我们的猫。事实虽然如此,我们还是会下意识地一错再错,这时需要跨越"挑战线"的人就变成了你。在给猫做训练时,内疚感会让你感觉手足无措,但如果你想让你的猫过上健康幸福的生活,你就得跨越这条"挑战线"。(我不会带着偏见评价任何

---

① 译注:Mary Poppins,《随风而来的玛丽·波平斯阿姨》里有趣、怪异,无所不能的完美保姆。小说于1964 年被翻拍成歌舞电影,主演是朱莉·安德鲁斯。

人。相信我，如果我把这件事讲得太严肃了，那是因为我也得跨越这条线。）

我们如何跨越自己的"挑战线"，同时让我们的猫接受剪指甲、看兽医、吃药以及其他所有"不愉快"的事？答案就是玛丽·波平斯所说那样："用一匙糖帮你把药吃下去。"

我为什么要用玛丽·波平斯来做例子？因为她代表了那种做事沉着冷静、有条不紊的保姆。她对工作的方方面面了然于胸，也熟知必要的工作方法。对于猫爸爸、猫妈妈来说，她是一个很好的榜样。

"用一勺糖……"

在完成诸如喂药之类的艰巨任务时，内疚感渗透进了我们的声调和我们选择的词语。我们在上一章里讨论过，措辞很重要，其实从语气到身体状态都很重要。如果你把这些事想得很严重，这些事就会变得很严重。如果你正在做一件让你心惊胆战的事，例如给猫喂药，然后你开始了这样的内心独白："我的猫很可怜，是我让它受罪，我没当好家长。"你的焦虑会从你的动作语气里表现出来，而猫能感觉到。你小心翼翼地走向你的猫，手里握紧着药瓶或指甲剪，开口说话的时候从肩膀到下颚的每一块肌肉都收得紧紧地："好了，宝贝，没事的……"

这个时候就用得上玛丽·波平斯的技巧了。我们可以给压力巨大的场景有意识地加上"一勺糖"，减轻恐惧感，轻松完成任务。加一点糖，这就是我们排除万难的方法。

"……帮你把药吃下去"

我不知道哪一类事件会让你为难到只能呆站在"挑战线"之外。我们已经给出了应对各种情况的方法,比如如何带猫去看兽医。但具体到那件让你手心出汗的麻烦事,就需要具体分析了。是剪指甲? 喂药? 还是你离开家十个小时? 或者,换粮? 无论是什么,你都希望能在日常处理这些问题的时候能轻松一些。这个时候我们就需要有条不紊的办事技能了。关键就是熟悉具体问题的解决方法,处理起来要有信心,尤其是对那些让你产生抵触情绪的问题。

具体做法：

1. 弄清楚是什么让你停步不前,记下你的"挑战线"。

2. 研究解决方法,把阻力分解为一步步可以完成的任务。做详尽的调查,比如网上搜索,但不要忘记发掘你周围专业人士的知识和经验。你经常去看的兽医、兽医护理人员、宠物美容师或宠物保姆不仅能回答你的问题、做示范,还能提供有价值的信息。

3. 方法有很多,你可以选择让你觉得舒服的方式。比如,市场上的动物指甲剪多得我都数不过来,但普通的人用指甲钳我用着就十分顺手,因为我知道该怎么用,焦虑感立即就降低了。

4. 使用我在第十章中讲过的"消防演习"的概念。如果你能在做事之前把处理步骤在脑海中演练多次,想好出了差错时的补救措施,在实际行动的时候就不会有太多意外,你就能把压力释放出去。

5. 在你找猫之前先花点时间让自己平静下来。再想一遍你们自己的"消防演习",做几次深呼吸,快速感受全身,找出哪个部位还很紧张,有意识地去放松。

把这些超级保姆的特质——知道自己在做什么,也清楚解决方法——结合起来,你就能把这些必须要办、但又让你发怵的事情变成另一次和你家猫的亲子互动。这只不过是一次生活体验,让超级保姆的歌声就像在电影里一样响起:用一勺糖帮你把药吃下去! 现在你可以走到猫身边,弯下腰去,就好像要摸一摸它,问个好一样,然后就把药喂下去了。完美得好像一道魔法——它还没反应过来呢,药就咽下去了!

猫零食的管制方法

这个过程中有一个你可以自己灵活掌控的部分,那就是奖励。喂完药以后能给猫"中大奖了!"零食吗? 当然可以,你可以把它当作"消防演习"中的一个步骤。只要能冲淡你对喂药的内疚感,你想怎么奖赏都可以。但我自己给过猫多少次喂药奖赏? 一次也没有。对这种较容易的目标给奖励其实会让我更紧张,因为这样一来就提高了整件事的重要性。根据我的经验,上面那些步骤完成得越好,就能更快地把"消防演习"变为肌肉记忆,我认为就越没必要颁发大奖。

刚开始就营造出一种紧张的氛围,"好了,宝贝,没事的……"你就会过分夸大猫的努力和成就。奖赏太慷慨,就等于你把普通事件升级成了重大事件。对于低难度、无须巨大毅力的成绩,就不用过分嘉奖了。

话虽如此,要越过"挑战线"的是你,制订步骤的也是你。在寻找高效的解决方法时,关键是要全身心投入,以及做好准备工作。满足了这两个条件,只要是让你觉得得心应手的方法,我都举双手赞成。

给小猫的那勺糖

如果你养的是小猫,我们可以从小让它们习惯这些"不愉快"的事。从现在就开始把这些麻烦事变成常态,说不好明天还是后天就用得上了。如果你把猫用毛巾抱起来,或者抓住它后颈、把它压得动弹不得,然后强制喂药,你这是给自己埋了一个定时炸弹。之后你每次喂药,它都会挣扎得更加厉害。所以,你最好先调整心情,找到内心的平衡。如果人们认为自己要做的事情是猫所厌恶的,他们往往会做过头,或者干脆不去做。不管是哪种情况都对双方无益。

让猫待在室内

如果说和猫有关的话题里，有一个话题根本聊不得，一聊就会引发骂战，那就是猫应不应该放养的问题。一方认为，如果把猫放出去，处处都会遭遇危险，猫的生命会被缩短。另一方认为，猫回归原始的生活环境能更快乐，而且猫喜欢待在户外，限制它们的活动是违反自然规律的。生命很长，但如果生活质量不高，熬这一辈子也就没了意义。

公平地说，两边都有一定的道理。但如果能到户外活动，猫就会发自内心地感到更加快乐吗？我相信是这样。家里的原初猫"活力四步走"是不是很难替代野外活动？而野外活动却有利有弊？和前一个问题一样，答案是肯定的。有人认为，猫必须生活在户外，被关在家里的生活十分悲惨。但与此同时，人们也承认外界的危险很多，可能危及猫的生命。在外面免不了要和周围社区的猫打架，容易患上像猫艾滋这样的传染病，还要小心避开车、人、天上飞的和地面跑着的捕食者……外面的生活很艰苦。

我支持哪一方？我认为猫应该生活在室内。我认为在这个主题上，我们甚至不应该把更长的生命和生活的质量拿来做对比。即使生活在室内会有缺憾，我们还是可以靠更主动地参与猫的生活来进行弥补。我希望我的宠物孩子们能和我终生相伴,这也就决定了我的养育模式。它们喜欢跑去户外吗? 那当然。但我十多岁的时候还喜欢坐地铁环游纽约呢。

话虽如此,放不放猫出去是你的个人选择。但如果你支持的是户外放养一方,你可以采用以下措施,放猫出门的时候也尽量保证它们的安全:

猫咪庭院:这是一项革命性的发明。猫咪庭院就是把阳台或院子封起来,或者只把院子的部分封起来,建一个迷你小天井,你和你的猫都能在这里娱乐。猫咪庭院里可以有各种超棒的垂直空间,你可以在里面放木制物品给猫来抓挠,种几种猫喜欢的草,如果有小动物钻进来,猫还可以捕猎。

遛猫绳训练:不是只有狗才能戴上狗绳出来溜达。如果你的猫表现得非常非常想要到外面去(而不是因为你认为它应该到外面去),你可以训练它戴上遛猫绳,每天带猫在家附近溜上一圈,也是很有益的活动。

猫咪窗笼:也许你受条件限制不能遛猫,因为你工作安排太紧张或者公寓太小;或者你觉得猫并不是很想出去,没必须训练它用猫绳;或者它们学会了戴猫绳,但户外情况又不允许你出去遛猫。你可以在窗外或阳台外搭建一个像空调箱一样的小阳台,猫可以坐在里面观赏风景。猫会很喜欢这个休息点,因为这相当于是坐在包厢里看"猫电视"。

把后院封起来:有好多家公司都提供现成的板材,简单几步就能把后院封起来。你可以在现有的围栏上安装顶篷或买单独的围栏,这样猫跑不出去,也隔绝了户外的危险。

你还是想把猫放出去吗?那么为了防止意外发生,你至少要做到以下几点:

有准备、有计划地放猫

- 一定要给猫植入微型芯片，把身份牌挂在宠物安全项圈上[①]。

- 一定要按时接种疫苗。

- 你在家的时候才放猫出去，万一发生了什么你才能及时处理。

- 太阳下山后就把猫喊回来。

- 停止自由喂食。按时喂食，这样猫才会记得回来，我再强调一次，你可以在一定程度上决定猫什么时候出去、什么时候回来。

- 给你的猫多拍一些漂亮的照片，彩色的、黑白的都拍，各个角度都要有。如果猫跑丢了，你在附近街区张贴寻猫启事的时候就得用上这些照片了。

- 你要知道你的猫可能会影响到周围邻居的猫。如果你邻居家的猫是一只养在室内的"拿破仑猫"，然后你的猫跑去人家院子里拉便便，就会把"拿破仑猫"气得暴跳如雷，然后在自己家里到处乱撒尿。在这种情况下，如果你想做一个好邻居，就用猫绳遛猫吧，或者把猫养在室内。

怀着爱与感恩道别

几年前，我在密尔沃基做了一次演讲，地点在帕布斯特剧院，那是一个充满魔力的地方。我永远不会忘记那一晚。会场里座无虚席，当时的气氛已经达到了——我无法用更好的词来形容——狂热的程度。很多艺术家在它们的演

[①] 译注：宠物安全项圈，即 breakaway collar，一种有特殊接口的项圈，大力拉扯时会时自动断开，防止猫狗遭受窒息的危险。

艺生涯中也会有几次这样难得的经历：他们与观众心灵相通，没有任何界限。对我来说，那天晚上在密尔沃基的演讲就是这样。我们因为对猫的爱而相聚，歌颂我们的爱，那晚的两个小时演讲变成了一场1200人的大家庭团聚。

我成功地和台下观众打成一片，交流气氛十分融洽，然后按惯例进入了当晚的最后一个环节，回答观众提问。主办方在剧场正中的走道上立了一个麦克风，还给这个位置打了一道聚光灯。观众很快就排起队来，从剧院中心一直顺着过道排到门口。我回答了几个问题（当然主要是猫咪大小便问题喽！）以后，我看到麦克风后面站了一个小女孩，看着大约有十岁。她个头太小，差不多被麦克风支架给挡得看不见了。她站在这么多人面前，表现得非常害羞，极不自然。我记得当时我心想，无论她要问我什么问题，这个问题一定十分重要，因为她的肢体语言告诉我，她不愿意待在麦克风后面，站在聚光灯下，还要让目光穿过一片黑暗，投向台上的我。

我还记得前一个问答引起了大家一阵欢笑，笑声伴随着我和那个观众的一问一答回荡在会场里。但那姑娘一走到麦克风前，会场忽然安静了，仿佛一阵微风把大家嘴边的话吹出了窗外，和空中的小雪花儿一起飘散而去。

她站在原地换了换腿，开始问问题，但我完全听不清。我请她声音大一点儿。然后她说：

"杰克森，我家有一只猫，我从出生后就和它在一起。它现在有十五岁，身体很不好。我知道它不快乐，还有点害怕。我什么时候可以让它走？"

然后会场里变得非常、非常安静。那个小女孩的勇气让我十分震惊。她那么小就能直面生死！对她来说，弄清楚如何帮助她的朋友（和她自己）度过生命中最艰难的时刻是如此重要，以至于她愿意走到我这个陌生人，以及其他近 1200 个陌生人面前。她对朋友即将逝去这个事实的豁达让我想哭。我没哭——她需要一个强大的对话者，我要成为她需要的那个样子。在接下来的十分钟里，只有我和她的对话，以及我一定不能向她掩饰的真相——死亡。

你们知道我们都会走到那一步，对不对？我们所有与宠物互相陪伴的人都知道那个女孩的感受，孤身一人，对着空洞的宇宙问道："我该什么时候放手？"

我们应该什么时候和伴侣动物说再见？

这个问题直击我们的内心。宠物对我们付出了无条件的爱，我们则有能力在它们能得到解脱的时候帮助它们。我们必须记住，对安乐死精神最好的定义也许是这个希腊词语的字面翻译：善终。

本着毫无保留的精神，我要告诉大家，与其他人一样，我的看法都是由过去的经历造就的。我在一家动物收容所工作了大约十年。之后我也尽可能深度参与动物福利事务，所以我了解安乐死，也有过相当的体验。

我工作的那家收容所为抚养人提供给猫咪安排安乐死的服务。在进行过程中，有些抚养人会选择不在场，但大多数抚养人接受了我们的鼓励，留在现场，和它们一起度过。在那里工作的岁月里，我见过太多抚养人由于没有勇气在最后时刻陪着猫咪而导致终生遗憾的故事，多得我都不想去回忆。我觉得没必要再重述那些悲惨的故事，我只想告诉你们我的工作——在宠物的生命即将结束时安慰它们，同时协助手术的进行。这些都是我心底悲伤的回忆。那些深爱自己宠物的抚养人害怕失去它们，但无能为力，也不忍心眼睁睁地看着他们的朋友受苦。放手是最难跨越的"挑战线"，如果真的没跨过去，结果就是抚养人让伴侣宠物太久地挣扎着活的，到情况最糟时，自己也悲伤到无力陪伴它们度过最后的时光。但每一次的结果都是一样的：只能靠一个陌生人来帮抚养人放手，并且代为表达关爱，因为抚养人自己做不到。

这些让人叹息的故事上演了一遍又一遍，更加坚定了我在密尔沃基那场晚会上的态度，于是我给了那位站在麦克风后面的勇敢的女孩一个坚定的答案：

不要等到它们状态最糟的那一天。

这个回答十分明确，也十分沉重，那是肯定的。但以我几年里和心爱的伴侣动物生死离别的经历，以及在帮助其他很多人度过最悲伤的时刻的经历来看，这个方法会有很大帮助。你不用一个字一个字地来解读这个答案。你只要把它看作自我控制，你应该着重处理眼前的情况，清醒地做出这个最艰难的选择。

我经常回忆起这句话来帮助我回到当下，就好像"啪"地拉了一下套在手腕上的橡皮筋：

啪——这不是我的事。

啪——痛苦的人不是我，受伤的人也不是我。

啪——失去最好的朋友的人不是我，我不会像他们一样好几天甚至几个星期都无法从情绪崩溃中走出来。

我们要考虑的是它们。

做出最终的决定很难，原因之一不一定是那不可逆转的结局，而是"它们状态最糟的那一天"这个定义比起实际情况来，会带上更多的主观色彩。在我看来，虽然它们身体每况愈下，但还在奋力挣扎，因为心底还有一句话没对我们说出来；它们希望我们能听到这句话，而我们，只要在那一刻到来时能和它们在一起，就能听到。这是否意味着你的猫会告诉你"是时候了"？从我的经验来看，是的。只是可能会和你想象的不一样。你们就和朝夕相处的亲人一样，你们也有你们彼此的沟通语言。在这种时候，你们的沟通会很安静，也许一个微弱的动作，就能让你心领神会。

我再强调一次，一定要有临终的陪伴。只有先把你杂乱的思绪、想要回避的念头和恐惧都放在一边，你才能顺利地完成最后的陪伴。

我在这方面的认知部分源于我相信生命短暂，我们都只在此世稍做停留，然后就要奔往下一段旅程。临终陪伴的过程就是陪着我们的动物伴侣走向下一站。当我想到"不要等到它们状态最糟的那一天"的时候，我也在思考它们即将离开的这段特别的时光。我希望它们最后时刻的记忆里能有爱和光明，而不是痛苦和折磨。我也相信，由于你们有神圣的感情，它们要知道你能放下了，才能安心去续后缘。如果它们觉得你们还是放不下，它们就会硬撑着，而多拖一天，它们就多受罪一天。对，也就是说，这种时候，让它们听见你在隔壁诊室哭，或者让它们察觉到你的其他难以割舍的情绪，也都对它们没好处。

我的意思绝对不是不相信科学或医学，也不是说我们不应该勇斗病魔，把它们抢救回来。但任何医生、朋友和家人都不如你那样了解它的内心情感和身体状况。能做决策的只有你。只有你能保护它们免受恐惧和痛苦的折磨。从你成为宠物抚养人的那一天起，你们就达成了这个协议，你得到的回报就是无条件的爱。而爱，是有代价的。

这是我们和猫咪伙伴们总有一天将要面对的最复杂、最令人心碎的选择，显然，我们并没有简单的"是或不是"的答案。但你要记住，这本书里有各种技巧和知识，这是一个工具箱、一个爱心形状的容器，你需要的东西都在这里了。把它们都用上，永远心怀同情，你就不会再把时间浪费在来来回回地与自己辩论（或争吵）现在做决定是为时太早，还是太晚，而是能同猫咪一起从容地走向最后那平静、明亮的时刻。

我知道这个问题很难，但我们也在学习停下来想一想，我们以为自己对宠物伙伴已经十分了解，但事实是不是这样？在下一个部分，我们要讲讲我们的"挑战线"，以及如何勇敢地迈出一步又一步，最后越过"挑战线"。现在，做一次深呼吸，再一次确认我们的关系，检查工具箱——里面的东西一件不少，我们已经准备好把学到的所有知识付诸实践，去解决那些最常见的猫咪问题。

第四部分
疑难杂症

第十三章　家具破坏者

猫爸爸秘方之一：猫最爱的抓挠玩具

问题

沙发的一角已经被猫抓成了一堆很具艺术感的破布条；昂贵的床垫侧边就好像在碎石路上被拖着以 150千米的时速跑了一圈；你最喜欢的咖啡桌的桌腿快要变成一把能给恐龙用的牙签了……你被这一切气得想发飙！简而言之，你的猫到处练爪子，唯独不去碰它漂亮的猫抓柱，那猫抓柱放在家庭活动室的角落里，就和新的一样。

现实

你无法阻止猫抓东西的冲动。我们在第二部分讲过，抓挠是猫的天性，每只猫都这么做，而且，会抓挠才更好，这是它们的生理需要，还是有神气的体现。练爪子是猫在练习自信心，是在以一种自我肯定的方式标记领地。不自信的领地标记是在沙发的角落撒尿，而不是威风凛凛地坐在沙发上。不过你可以通过纠正，改变猫抓挠的目标，让你和你的家人能接受猫的这种冲动。

解决方法

一般来说,用"可以/不可以"化解法就能解决乱抓东西的问题(见第九章)。你可以对抓家具说"不可以",对抓猫抓柱说"可以"。我建议用以下解决步骤。

1.变身猫侦探,观察抓挠特点:首先,我们必须确认家里的猫抓玩具适合猫独特的抓挠方式。不同的猫喜欢不同的表面,这也许就是它不愿用你买来的猫抓柱,却偏偏喜欢抓沙发的原因之一,所以家里的沙发才受罪了。

• 观察沙发受损部位结不结实。抓沙发的时候,猫会把前腿搭在沙发高处,然后向下划拉,拉伸胸肌,把指甲外层的钝壳磨掉,再做一些猫的伸展运动,沙发则岿然不动。猫喜欢沙发,不喜欢猫抓柱的主要原因是沙发更加牢固。

• 注意看看沙发套的材质,是哪一种织物。是不是和家里现有的猫抓柱区别很大?如果你打算买新的猫抓玩具,注意选择和沙发套类似的质地。

2.阻止猫抓家具:"可以/不可以"化解法的基本原则是阻止猫犯错,对它说"不可以",但随后要教给它正确的做法,告诉它那样做"可以"。你可以告诉猫,不许抓沙发。我很喜欢下面这个拯救沙发的方法,因为这种方法是利用环境,而不是由你来告诉猫,这个地方抓不得:在家具上贴双面胶,猫就不敢抓了。另外,锡纸、地毯塑料保护垫和丝质家具罩也能暂时让猫难以下爪。每次提出这个解决方案时,我脸上都是一副迫不得已的表情,因为大家以为只要按这个方法做就行了,但其实这只是解决问题的一个步骤,那些表示"不可以"的双面胶只是学习中的辅助工具,只有在学习期间才有存在的必要。猫养成用新的猫抓柱的习惯后，就能把辅助工具撤掉了。

3.猫抓玩具放在哪里：把代表"可以"的猫抓柱放在常被猫抓的代表"不可以"的家具旁边。毫无疑问，这个位置肯定是人类常待的地方。这就是为什么在猫最爱抓的家具里，沙发排第一，床排第二——这些家具上都有你们浓浓的气味。猫挠抓东西是为了把你们和它的气味混合在一起。它在家具上留下了视觉和嗅觉的标记，于是这件家具就等于你们双方共有了。

4.寻找合适的猫抓柱：我之前讲过，我们要根据被抓过的家具的材质和抓挠的位置来决定买什么样的猫抓柱。我先用沙发的抓痕来举例：

• 猫抓柱要有一定高度，底座要够宽，猫抓起来才能和抓沙发感觉一样（记住要牢固、质地要类似等）。我对市场上单柱式的猫抓柱都不太满意，它们在设计上都没考虑牢固的问题，猫一抓就摇晃，而且高度对于小猫来说都不够。在选购猫抓柱时，想象一下你的猫全身伸展开有多长，在此基础上再加上25厘米就是猫抓柱的理想高度，底座则至少要有129平方厘米。

• 如果沙发底部间隙较小，你可以把猫抓柱的底座插到沙发下面，或者压在沙发脚下就不会摇晃了。这样你就创造了一个猫抓着顺手、功能又完善的猫抓柱。

5.如何鼓励猫使用猫抓柱：

你可以贴着猫抓柱耍逗猫棒，让猫来扑抓，或者撒一些猫薄荷，让猫自己去蹭。

无论用什么方法都不要用强迫的手段。把猫抱过来，把它的爪子按在猫抓柱上，这只会把它惹毛！

另一种思路：通过这个办法，我成功地教会了很多猫用猫抓柱。虽然在猫抓柱上撒猫薄荷是一个常用技巧，但我觉得成不成功完全靠运气；如果用带你气味的东西擦一擦猫抓柱，比如旧衬衫或毛巾，就我所知，成功率非常高，因为这样一来就促成了猫想要达到的效果，也就是把你们的气味混合起来。

6. 正面强化训练：为了让猫认定新的猫抓柱不变心，每次它用完新猫抓柱，你就要夸奖它，给它零食奖励。但要记住，"中大奖了！"的零食只能用在最初几次的训练里，让猫快速建立正面的联想。

关于"秘方"的其他提示

A. 关于猫的抓挠天性和猫抓柱，请看第八章。

B. 如果你真的很在意猫抓柱的艺术感，或者普通猫抓柱和你的家居设计相冲突，你可以自己动手，制作符合你审美的猫抓柱。可别找借口哦！（在我的《猫宅大改造》里有大量案例和灵感，里面有很多设计猫抓柱的点子，都是由和你有相同需求的猫咪抚养人提供的。）

C. 经常给猫剪指甲。

其他零碎的小问题

我能不能阻止猫"踩奶"的行为？

我不是很赞同阻止猫"踩奶"，因为这是它发自内心的爱与信任的举动。"踩奶"有"揉面团""猫按摩"等别名，小猫出生不久后就会有这种举动，它们对猫妈妈做揉捏的动作，目的是帮它分泌乳汁。这也是原初猫的仪式！如果猫在你大腿上"踩奶"把你抓疼了，你可以在腿上盖一块柔软的毛毯。

我要不要给猫用指甲套？

我觉得指甲套是万不得已才采取的措施，只要还有其他办法就别用指甲套。戴了指甲套你也还是要给猫剪指甲，而且尺寸合适的指甲套不好配，另外，指甲一长长，指甲套就会被顶脱落，你还得重新把它套上去。所以我建议还是配合原初猫抓挠的天性，让它表达领地的所有权，不要过多阻止。

能不能做去爪手术，一劳永逸地解决猫抓家具的问题？

绝对不可以！不，永远不行，无论发生了什么都不可以！下面就是去爪术的真相。

对去爪术说不！

我们爱我们的猫。我们和它们同床共枕，我们把它们的照片存手机里，它们生病了我们会哭，它们去世时我们会十分悲伤。但美国大约有 25% 的猫咪抚养人仍然给它们的猫咪做了去爪术。如果你不是很清楚什么是去爪术，让我来给你讲解一下。去爪术就是（用外科手术的环状刀、激光或手术刀）把猫脚趾头至第一个关节整个截断！不要这样做！

• 去爪手术刚做完就会带来巨大的疼痛（所以有时会被用来测试止痛药药效），还有长期的幻肢疼痛。

• 被去爪的猫被剥夺了自然行为的权利，它们不能以自然的方式标记领地，不能伸展背部肌肉，不能爬上树躲避捕食者，在想要表达爱意的时刻也很难做出"踩奶"的动作。

• 你把猫的脚趾截掉以后，也改变了它行走的方式，因为猫天生用脚趾走路。被去爪的猫终生都要忍受关节炎的痛苦（想象一下你一生都只能弯着腰走路）。

最近塔夫茨大学（Tufts University）在《猫科动物内科与外科》（*Journal of Feline Medicine and Surgery*）上发表了一项研究，详述了猫去爪术会导致的并发症。研究对象共 139 只猫，其中超过一半的猫因为接受了质量低下的去爪术，在脚掌里留下了骨头碎片，终生都要忍受"鞋子里有碎石头"的疼痛感。此外，被去爪的猫更容易患背痛，还经常随地排泄，和有爪猫的对照组相比表现出了更强烈的攻击行为。

• 去爪术只是为了人类的方便，从本质上来说是为了保护沙发而去残害另一种生物。我觉得这种行为太恐怖了。与动物一起生活是需要你做出妥协的。然而，许多猫甚至都没有机会使用合适的猫抓柱，就被去了爪。

没有猫会愿意接受去爪术。猫需要爪子做很多事情：拉伸、锻炼、标记土地、玩耍、保护和狩猎，这些全都是能增加神气的事情！

如果伤害已经造成

也许你以前就给猫做过去爪术，我明白，这不是个大手术，在有些地方甚至是受鼓励的。我愿意原谅那些去努力认识去爪术、再也不让他们生命中的任何一只猫咪做这种手术的人。这是你加入反对去爪术的战斗、让大家永远废弃这个手术的机会——把去爪术的真相告诉你的朋友、家人和邻居；也让你的兽医知道你对去爪术的感受！

第十四章　猫和猫无法相处

猫和猫打起架来的时候,抚养人可能犯下的最严重的错误就是相信"让它们多打几架就好了",甚至为此会在自己不在家的时候也给交战双方提供接触的机会。这不就是让病人来管理精神病院嘛! 面对

现实吧,如果靠它们自己就能解决分歧,那它们早就和好了。我们要明白,这种关系会随着时间的推移变得越来越难以修复,我们应该出手掌控局势,正确处理猫咪们的需求,让它们都能获得领地所有权,生活在一个安全的世界里。

猫爸爸的秘方之二: 如何修复你和猫的关系

问题

如果你一打开书就直接翻到这一章,你家里一定到处都是尿渍、便便、一缕缕带皮的猫毛,甚至血迹。你或许也已经把家里的猫隔离开了,因为你担心你不在的时候它们会咬死对方。

现实

所有家里有猫的人都知道,猫和猫之间无法相处会给人和猫都带来巨大的压力。我就有过这样的经历——猫们一言不合就打起来,破坏性行为一天比一

天严重，家里所有的宠物都深受其害。宠物混战会加重你的焦虑感（还有让你血压升高），还会持续恶化变成"五级龙卷风"，所到之处生灵涂炭，寸草不生。如果我上面的话精确地描绘了你家里的惨状，那是因为我有切身体会，我都懂。

我用下面的方法解决了这些年来遇到过的大多数和猫相处的问题。在具体案例中，我会做出不同的调整，这些我们之后还会再细说。但就目前而言，这些方法已经足够让那些同室操戈的猫咪握手言和。

解决办法

1. 交换大本营：中国哲学家老子在说"千里之行，始于足下"时，他心里想的肯定不是如何解决猫打斗的问题，但这句话在这里绝对适用。第一步是你——人类，亮出家长身份，摆出明确立场，控制住局面。也就是说，把两只猫隔离开。在训练结束前，不要让两只猫再见面，现在连远远地望一眼都不可以。它们才可以在交换大本营的时候安全地共享领地。

2. "门的那一边"喂食仪式：这个训练的要点就是在门的两侧划出"挑战线"。两个冤家闻到彼此的气味时，也能闻到晚餐的味道——让它们知道只要对方在场，就有猫粮可以吃。你通过建立正面联系来创造和平，引导猫发挥克服困难的能力，迈着坚定的步伐、和平地跨过"挑战线"。

3. "美食、游戏和爱"：猫咪们顺利完成"门的那一边"训练后，你们就可以开始"美食、游戏和爱"训练了。过程简单但很重要。我们让敌对双方进入同一个房间，给它们完全的自由，中间没有门或隔栏。然后我们施展出高超的逗猫技巧，让它们沉浸于各自的游戏中。这样你能从"美食，游戏和爱"训练中学到很多预测及避免冲突的方法。最好能找人帮你，这样才能同时和两只猫更好地做游戏。

进行步骤 1、2、3 时的注意事项：

A. 让两只猫分开进行"活力四步走"（捕猎、追逐、杀戮、进食）。我们要让两只猫能不受对方的干扰，尽情地做一只原初猫，得到神气的滋养。"活力四步走"中有"进食"的部分，所以我们应该按照进餐时间来安排训练时间，让游戏和进食无缝连接。还有，别忘了不同的猫的游戏需求也不一样。我们的游戏理念是"先烧开再慢炖"，猫可能会在晚餐后变得十分兴奋，那你就得在那个时候进行最后一轮游戏。认识到这一点，就等于铺就了和平相处的大道，因为等猫见面时它们的能量气球就没那么鼓了。

B. "住宅猫化"：扩大空间，促进和平。一定要有逃生路线和安全通道。把藏猫洞堵起来，注意不要形成埋伏区。要注意，堆满杂物的房间只会变成猫互相伏击的战场。在收拾房间的时候，我们应该开辟足够的空间，让两只猫能舒适地共存。

神气时刻

训练两只猫和平相处大功告成之时，我们就能享受神气时刻。刚开始"美食，游戏和爱"训练时可能还没尽兴就被迫结束了，只能第二天再继续；之后一次比一次时间长，终于有一天，当夜幕降临时，猫咪们和平地在共享领地上吃晚餐，平静地看着对方，然后你发现你也该去吃晚饭了。忽然，这一切不再是训练，而是变成了真正的生活。恭喜你，合家欢乐的时刻终于到来了。

关于"秘方"的其他提示

时间安排：每一个步骤所需的时间长短差异可能很大，所以你要关注每只猫在"挑战线"上的进展，以及全家人的适应度，以此掌握进度。单个步骤所需的时间可能从数天

到数周不等,具体取决于猫的意愿和猫的习惯根深蒂固的程度。关键在于,除非当前的训练已经取得了成功,否则不要心急进入下一步。

失败了怎么办:不管是吃饭时两只猫互相嘶声威胁,还是严重到在做"美食,游戏和爱"训练时打起架来,你只要往后退一个步骤,回到上一步成功完成的"挑战线",再做一次就行。换句话说,回到上一个里程碑,不用回到"千里之行"的第一步。重新来过的诀窍是什么呢? **重整旗鼓,东山再起!** 重创纵然令人灰心丧气,但不要让这一次失败影响到你带领全家前进的脚步。如果你需要时间恢复创伤(心理上的或身体上的),就休息一会儿吧,然后回来继续挑战!

正面联想:一遍又一遍地向猫咪们证明另一只猫对它的身体安全和领地安全都不造成威胁。只要我们在培养感情的全程中都保持气氛和谐,再传递到下一阶段的训练里,坚持下去,就算获得成功了。

每次游戏都要见好就收:如果我们想要让两只敌对的猫握手言和,一定不能在游戏后给它们留下坏印象,即使游戏期间双方表现淡漠,也可以算作尽兴。你可能很难准确界定"见好就收",但你要相信你的直觉。我们的游戏就是每天的挑战,挑战的目的就是拥抱和平。

避免打斗:"美食,游戏和爱"训练中,最重要也是最难达成的目标就是避免打斗。我们可以从一开始就避免这些情况的发生,最好的方法之一就是(利用"可以/不可以"化解法)干扰眼神接触,分散猫的注意力。换句话说就是阻止两只猫怒目对视,然后发展成打斗,甚至血战。猫与猫之间可以有短暂的眼神交流,一旦它们不把眼神收回,变成瞪眼,危险也就不远了。早发现才能早控制。你要做的就是让"拿破仑猫"转过头去。转过头以后,它就能看到那边有更值得关注的东西在等着它,这样较弱的一方就能知道,虽然那个小恶霸就在对面,但它并没有蓄意谋害的意图。

启用关系修复程序

关于猫和猫相处的问题,下面是四种最常见、最容易修补的不和谐关系。看看哪种适合你家猫的情况,然后再参考修复要点进行修复。

其一:恶霸和受气包——一只猫欺负另一只猫

问题

你有一只恶霸猫,家里还有其他猫,那么其中至少有一只总受它欺负。

现实

无论是闹着玩还是抢地盘,只要谁逃跑就会被追打。我们当然不能责怪那个逃跑的,但也不能给追打的那个扣上坏蛋的帽子。我们一直都想改变"拿破仑猫"(恶霸猫)的行为,关键就是让它知道过度霸占是没有意义的。而原初猫世界里的现实就是,如果你躲躲闪闪地像个猎物,对方就会把你当作猎物。虽然我们可以采取一些措施来改变"拿破仑猫",但不管是在它们的世界里,还是在我们的世界里,有一个道理是相通的:一旦恶霸发现受气包有了信心,它们就不会贸然出击。

解决办法

1. "活力四步走"是解决恶霸和受气包问题的要点。我们给它们分开进行"活力四步走",消耗攻击者(恶霸猫)的能量,一点点提高受气猫的自信心。一段时间以后,受气猫会变得更加自信,恶霸猫看见它有底气的样子,也就不会再把它当作猎物了。

2. 必不可少的"住宅猫化":在追打时,捕猎的一方会预测被追的猫会怎么逃。所以，最好的改良途径就是扩大领地面积。试试通过受气猫的视角来看这个世界，胆小的猫需要安全感，对于一些猫来说，高处就是自信据点，比如爬到高架子上，就能高高地看着其他猫在地上玩。我们在第八章里讲过，胆小猫可以把高处当作有利的据点，从不同的角度观察曾经欺负过它的猫。当它看到对方也只是一只普通的猫——吃食、玩耍，它便能提升自己的自信。

3. 预防措施：虽然我们希望修复措施能药到病除，但以防万一，我们还有几个备用的招数：

- 给攻击者戴上铃铛项圈：可以给被攻击者提前预警。

- "壁花猫"的"无影龙爪手"：我赞成给"壁花猫"（受气猫）

留指甲。我们的很多训练都是为了让受气猫能给自己出口气。所以何必把它的利爪剪掉呢？"拿破仑猫"吃过一次"无影龙爪手"的亏以后，下次就不敢轻易挑衅了。

生旦净末丑

"拿破仑猫"、恶霸猫、"惩戒教官"、领头猫

猫中的"惩戒教官"经常被误以为是"领头猫"（我不认为有所谓领头猫存在）。爱欺负其他猫的恶霸猫通常都是"拿破仑猫"，它寸土必争，咄咄逼人，总是一副不可一世的样子，在内心深处，"拿破仑猫"并不是一只幸福的猫。而"惩戒教官"则既是"莫吉托猫"，也是领导者。它有强硬果敢的一面，但很少展现出来。比如它会在下午3:37走到家里猫都喜欢的晒太阳的位置，如果位子已经被占了，它就会用鼻子碰一碰那只躺着的猫的后背，相当于掏出怀表看时间，意思是"你的时间到了"。它就是用这种姿态来推行分时分享系统，让多猫星球得以顺利运转。"惩戒教官"不用费多少力气就能做好管理工作，它能把握好权力的分寸，这就是它和"拿破仑猫"的区别。多猫家庭里如果能有一个"惩戒教官"，你们的生活就能多几分幸福。

提前发现欺凌的信号

你可以通过这些线索来判断家里的猫是不是关系不好，有没有欺凌的行为：

回避：躲在橱柜下、冰箱下和床底下的猫都会表现出回避行为。这些猫并非天生就是"壁花猫"，而是受环境所迫，在追踪骚扰下形成了回避的反应。即使没有流血受伤，没有毛发撕扯，双方也没做出像"塔斯马尼亚恶魔"袋獾那样张大嘴嘶吼的表情，被长期追踪骚扰依旧是一种心理上的折磨，会导致身体上的疾病，至少会让受害者活得很累。你可以用本书前面提到的工具来弄清楚欢乐的嬉闹和求助的呼喊之间的区别。

对垂直表面撒尿或便便：一般发生在柜子、灶台、桌子，甚至冰箱顶上。我在做猫侦查工作的时候，一看到这种线索我就知道是怎么回事。通常情况下说明有猫受了欺负。可能的场景就是，受欺负的猫被追打，被逼到了那个地方，它在逃离进攻者时，在最惊恐的那一刻大小便失禁了。另一种情况则是受气猫认为离开垂直空间中的窝是不安全的，而去猫砂盆就像要穿越死亡山谷。它唯一的选择就是在这个安全的地方大小便，因为进攻者就坐在地板上等着它下来。

争夺家中的重要社交区域：我在第五章里列出了几种典型的猫。如果你读到"拿破仑猫"觉得似曾相识，可能是因为你在家里见到过欺凌的行为。最明显的迹象是一只猫本来在重要社交区域里待着，然后忽然毫无来由地跑掉。重要社交区域指对猫和人同等重要（比如床和沙发，在这两个地方，你的气味和猫的气味一样浓）的地方，或比较抢手的领地（有食物资源、利于猫巡逻，还有"猫日晷"那样舒适的休息处）。

其二：初来乍到，新猫和一只到多只旧猫都无法相处

问题

你最近收养了一只新猫。你完成了第十章中的猫和猫的介绍步骤，但还是没能解决问题。或者，你没按步骤来，所以现在麻烦大了。

现实

有些猫比其他猫需要更长的时间融入新环境。也就是说数周甚至数月。在绝大多数情况下，我们对新猫的过去几乎一无所知，尽管我们很想知道它的过去。它有过怎样悲惨的经历？也许它曾流浪街头，或生活在一个宠物太多的家里，拼了命才能抢来一口饭或者一个落脚的地方。它是不是过早地离开了妈妈和兄弟姐妹，所以缺乏与外界沟通以及和平共处的能力？我们别忘记，猫来到新家后，需要努力适应这里存在已久的生活方式，它必须在新环境中学习新的生活规则，这一切都已经很不容易了，我们还苛责地摇着头说："怎么就是学不会呢？"人类真是头脑简单。

解决办法

重点在于纪律性。我们并不能随便地给"秘方"增减成分，必须按列出来的步骤一步步来，直到猫咪证明自己通过了训练，才可以进入下一步。或许你新收养的猫真的只适合在单猫家庭中生活？也许如此。但在考虑给它重新找一个家时一定要反复确认，因为一旦把它送走，它就带了"无法和其他猫相处"的评语。不管最后它能不能得到一个温暖的家，为了了解它的个性和偏好，你也应该全身心投入训练的每一个步骤。

其三：你变了！——好伙伴反目成仇

问题

两只猫曾经是彼此最好的朋友，或者能够互相容忍。现在它们不分昼夜打个不停。

现实

过去的好朋友，如今却反目成仇，发生这种情况，肯定事出有因。最常见的两个原因是非识别性攻击和转向攻击。

• 当猫从宠物医院或者寄养处回来，或在外面走丢了一两天之后回到家里时，身上的气味会和平时明显不一样，这就会引发非识别性攻击。猫用气味来分辨朋友和敌人。它们看到的是朋友，但闻到的是敌人的味道，这种困惑会让原初猫异常紧张，立刻错误地拉响大脑中的警报。

• 转向攻击通常由突如其来的刺激导致，或者在压力巨大、即将爆发的气氛中受到突然的刺激，结果猫在惊吓中做出了攻击的反应。举一个例子：两只猫并排坐在窗前，看着外面，时光飞逝。突然间，一只社区里的猫不知从哪里跳了出来，猫体内的原初猫印记就会立刻被唤醒，它惊声尖叫，马上就要做出决定，战斗还是逃跑，生存还是死亡？家猫的那部分思维被它那部分经历过出生入死的猫科动物本能接管了。它想扑向目标，但目标遥不可及，怒火只能朝着身旁发泄。这个时候，另一只猫就遭殃了。

解决办法

1. 如果转向攻击的起因是外面的猫，请看"墙外的麻烦"（第十八章），并执行本章开头的秘方之二。

2. 无论根源是什么，如果猫之间关系在那一刻受损，除非你立即采取行动，否则将永远无法修补。其实，我处理过的最难的案件之一就和上面的例子一模一样，而且两个主角是一窝猫，一起长大到了七岁！

我相信你对这样的画面一定有同感：想象你和你的另一半或其他家人在一起吃晚饭。但烟雾报警器突然被触发了，和你一起吃晚饭的人全都朝你扑过来，一拳又一拳地打在你脸上。说真的，将来你肯定很难再继续信任这些人，因为在内心深处，你觉得你已经不认识这些人了。

总结：不要低估瞬间的意外对一段关系造成的伤害。我们的"秘方"需要很长时间才能起作用，就像给很细的针穿线一样难。你要把它们当作陌生猫来重新介绍，并且建立正面联系，这需要很长一段时间。

其四：我看你不顺眼——无论如何都没法相处的猫

问题

你想尽办法都无法让猫咪们融洽相处。

现实

有些猫永远无法接受其他猫进入它们的领地，有些猫的个性就是拒绝抱团。在很多我处理过的多猫家庭的案例中,我和抚养人想尽办法在两只猫之间建立正面联系,但不管我们费了多大力气,它们还是一见面就打架,打得在地上滚来滚去,两边都像魔鬼一样龇牙咧嘴,毛皮在空中飞扬,最后打得小便失禁,有时还得送医院。在这种情况下,你得知道,猫的确会把另一只猫看上一眼就认定:"我看你不顺眼!"

重要的是我们要设身处地地为它们想一想,更好地理解当它们站在生活的十字路口时如何做出决策。想想你的大学室友,或者和你分配到一个办公室的同事。室友总是按时支付账单,用过厨房就打扫干净;那个同事从来不早退,从来不让你帮他干活——完美得挑不出一点毛病。但他们的笑容或他们吃东西的样子,就是让你没法忍受。你看他们不顺眼,只想离他们远一点。在这件事上我们和猫的区别是什么?我们可以选择搬家,或换办公室。但猫不能。

解决办法

1. 没有人会喜欢谈论把猫转送去新家的话题,我更不喜欢。但我们需要陪伴,猫也需要个舒适的家,我们在满足自己的需求的同时也要能满足它们的需求。什么时候可以开始考虑给猫找个新家?是家里的猫天天打架,你已经反反复复给它们做了好几个月的介绍训练以后?或许是。但还是先看看下面的权宜之计吧。

2. 互不往来的大本营:在给猫重新建立关系时,你已经花了大量时间给它们做交换大本营的训练,如果你能习惯这样的安排,不做过高的期待,接受也许两只猫永远不能相处的现实,也明白训练期间的门和围栏在以后都不可能拆除(很多抚养人最后都适应了),那么,你可以把两只猫都留下,就这样继续生活下去。不这样的话,你就要从抚养人转变为寄养人,并且开始给家里其中一只猫寻找你认为合适的新家。

我不建议你草率地下结论。哪怕只是讨论一下不得不转送猫的问题，前提也必须是你用尽了各种方法但都行不通（下面还有一些办法和工具）。我多年从事和猫相关的工作，也和它们产生了深厚的感情，所以这种情况是我最担心的，我会很容易就让心底那个爱猫如命的另一个我替我思考，我会一心只想维持这段不快乐的"包办婚姻"。我的工作、我的首要任务，就是成为一个猫咪大使，如果实际情况就是互相看不顺眼的两只猫，或有一只猫对我说，"杰克森，我看它不顺眼"，那么，不管之前做过多少调解和正面联系的训练，我们都要尊重它们的反对意见。也许你读到这里就摇摇头说，不管怎样，你永远不会放弃你的家庭成员。相信我，我明白，但是这个家庭成员也有它的发言权。

"什么办法都不管用！"——再试试这些吧

你已经完成了一整套介绍（或重新介绍）的训练，但猫咪们还是处在敌对状态，家里就像爆发了第三次世界大战。但在你做出一拍两散的决定之前，应再试一下这些办法。

对训练的反思：你至少完成了一次猫与猫的介绍训练，对不对？别急着下结论，先用批判的眼光把训练回顾一遍，找找你有没有跳过或省略的步骤。你是严格按步骤执行的，还是时不时"自由发挥"了一下？你有没有觉得某些步骤不适合你的猫或者当时的环境？你有没有因为等不及这种愚公移山的进度，遇上小问题干脆就得过且过了？是不是这么回事儿？如果是这样的话，想想这样做会带来什么后果，然后再完整地做一次重新介绍的训练。确保每一步都有具体的目标，不达到目标就不要继续下一步。一定要找出之前搞砸了的部分，再进行到这几个部分时，就着重训练。

对"住宅猫化"的反思：我们解决纷争的主要方法就是创造更多资源。如果家里能考虑全面、以猫为本地进行改装，基本就能把领地争夺的频率降到最低。猫主要是为了各种资源以及方寸土地而争夺，如果供给不那么紧张，战火也就烧不起来了。

行为问题的药物治疗：光这一个主题就够写一本书了。与此同时，我想要你们知道，我不会轻易推荐药物治疗。如果我建议你给有行为问题的猫做药物治疗，首要的出发点是为了减轻猫的痛苦。我也建议在猫与猫相处出问题的时候使用药物，帮助它们调整心态，释放对正常刺激做出的攻击性反应或极度恐惧的反应，短期内使双方都受益。这种时候没有简单的对与错。我认为用药物治疗行为问题非常有效，但药效总是有限的。

我还十分推崇自然疗法（我在几年前就推出了一个精油芳疗品牌），还有针灸和颅骶疗法等理疗。把药物和我列出的训练技巧结合起来，确实可以帮助攻破各种顽疾，最终找到解决方案。

我永远都不会推荐你给猫终生服药，除非出于治病止痛的需要。如果你给猫咪们吃药只是为了让它们能够和平共处，我认为这样是很过分的。

此外，你一定要先找兽医咨询，看看家里打架的猫是不是都有必要服药，以及猫的身体状况是否允许用药。但是，请不要让兽医，或者我，或者任何其他人来替你和你的猫做这个决定。你要自己去做详尽的调查，全方面地研究，比如问问为什么开了这种药，而不是另外一种。事实上，动物行为的药物辅助治疗在不断进步，有的医生可能在这方面比其他医生要更加专业。如何才能放心释虑地做出决定？唯一的方法就是让自己成为一个专家，从而为你的猫赢得福利。你可以研究一下动物行为和不同的医疗方法，这样你就可以问正确的问题，采取正确的措施。

第十五章　咬人、抓人的猫

养猫的人，不管养一只还是好几只，都会有被"放血"的经历。大多数情况下是意外，比如逗猫的时候，或者你在被窝下面动了动脚趾，或者猫扑虫子的时候伤及无辜，等等。当然，有时猫伤人是有意的，但不管有意无意，最受伤的不是你的皮肉。如果你没能弄清楚猫攻击的原因，后续也没理性地对待这件事，最受伤的是你们的关系。感情的伤口比咬或抓的伤口都更深。我们最好还是防患于未然吧！

猫爸爸的秘方之三：消消气儿，去去火儿

问题

你或你所爱的人已经吃过尖爪利齿的苦头，多半还留下了疤痕作证。朋友和家里人开始给猫取绰号，比如"地狱恶猫"（都怪我，对不起）[①]，于是你开始逐渐疏远你的猫。大家都说这只猫的行为"完全没想到""毫无预兆"，或者"莫名其妙"，如果再不采取措施，你们的关系以及信任将被消磨殆尽。

---

① 译注：杰克森·盖勒克西在动物星球频道主持的节目叫 *My Cat From Hell*，《地狱恶猫》，或《家有恶猫》，以上门一对一的方式处理家猫的各种问题。

现实

我们已经讨论过，猫不会毫无来由地进行"攻击"，有时个中原因只有它自己才清楚。不管是玩得过火、转向攻击、过度刺激或领地遭到入侵导致的恐惧、焦虑、疼痛，我们都可以利用"秘方"尽快分析以解决问题。

解决办法

1. 排除疾病原因：如果你觉得猫的攻击行为可能是疾病导致的（比如你用某种方式把它抱起来的时候它忽然对你又抓又咬），应该先带它去做检查。另外，如果攻击行为的对象不明确或不合理（请根据第四部分的"猫侦查法"来进行判断），那猫可能有生化失衡或其他神经问题，也应该带去找医学专业人员解决。

2. 注意猫的自然身体节律（又称昼夜节律）是否正常："猫侦查法"的任务 1：把每次攻击的情形都记录下来，包括发生的时间。如果你的猫在早上你一醒过来，或者晚上你下班一回到家就出现攻击行为，是因为这两个时间段在一天中能量值最高（详见第四步的"猫侦查法"）。好消息是，这说明你们俩的生物钟是同步的，它也在晚上睡觉，你可以根据这样的自然身体节律制订应对方法。如果不是这样，也别着急，办法总是有的。（请回看"日常三程序"的部分，见第七章）

3. 在猫的生活中，玩耍不是奢侈品，而是必需品：如果你有一条狗，却不给狗系狗绳、戴项圈，别人会觉得你有毛病。因为如果你不每天遛狗，不满足它们天生的需求，麻烦事就会找上门来。你必须给它们发泄精力的渠道。现在，把"狗"换成"猫"，把狗绳和项圈换成"互动玩具"。我认为和猫做游戏就是有那么重要。我能肯定地告诉你，如果你不仅能坚持每天和猫做游戏（必须的！），而且投入地去逗猫，把这个捕

猎者的能量消耗光,那么打闹时的过激举动,还有其他坏行为都能基本绝迹。没有人愿意受伤流血,和猫玩耍就是一个很好的预防措施。任务 1 的后续工作:如果猫的攻击行为的确有一定的时间模式,那么将这个时间倒退 30 分钟,进行"捕猎、追逐、杀戮、进食"仪式。

4."猫侦查法":我让我所有的客户都给猫创建非常详细的日志,目的是为了把他们自己从故事情节中剥离出去,单纯地记录猫的行为、发生时间、地点和模式。收集到一定的信息后,你可能一看就知道,你的猫在游戏时是否有过激举动,这种举动是否每天发生的时间都一样。如果情况的确如此,主动权就已经在你手里了。也就是说,你看了一下日志,说:"我早上六点起床上班,早上八点出门。猫就在那段时间里咬我的脚踝。"很好——我知道下面的话你不爱听,因为你早上有很多事要做——但是早上抽出几分钟时间来和猫玩一会儿是非常重要的。千万别等它开始咬你了你才开始和它玩。要掌握主动权!

5.地点的问题:用上你的"寻乐图"! 攻击在窗边发生,说明是外面的猫导致了某种形式的转向攻击。相关的解决方案,请看第十八章的"门口的野蛮人"。

如果你的猫经常从桌子下面咬你的脚踝,说明这是一只"钻草族",它的狩猎天分在隐蔽的地方能发挥得最好。如果是这样的话,就陪它在桌子下面玩吧。在地上用羽毛玩具和它玩,模仿地面的猎物而不是在空中飞的鸟儿。它的狩猎目标,至少激起狩猎欲望的目标,可能更倾向于地面猎物。

6.自讨苦吃：有时候你真的是活该挨咬。比如在这些时候：

• 粗暴玩耍：如果你以为猫和狗一样喜欢疯玩打闹，那你就犯了一个天大的错误。

要记住，猫是狩猎玩家，它们的乐趣是捕猎、追逐、杀戮、进食，不像狗一样喜欢和人打闹。没错，猫会对粗暴的刺激做出反应，而且反应和你想象的完全不一样。粗暴玩耍可能会让猫感到恐惧，或者做出防御性动作，或者往地上一躺，四爪抱着你的手踢蹬，那种攻击力度能让你终生难忘。

• 过度刺激：一种由某种抚摸方式或持续一定时间的抚摸诱发的攻击行为。如果发生的话，就又是你"自讨苦吃"的一个例子了。详见第十一章。

• "把手伸到粉碎机里"：我建议不要用手给猫拉架，猫发怒的时候也不要去安抚、拥抱或把它抱起来带走。应该把它引到一个安静的地方强制休息。（关于强制休息，详见第九章。）

• 经常给猫修剪指甲：当你不小心被猫的"剪刀手"划到，或者结结实实被抓到的时候，你就能知道常给猫修指甲的好处了。

别用手当玩具

如果你的猫已经习惯把你的手当作玩具，你的手一靠近，它就会兴奋起来。那么要改变它的反应，可以试试这些方法：

1.让猫知道你的手不是用来打闹的。如果猫已经处在极度兴奋的状态，你还把手伸过去，那受了伤就是自找的。你应该在晚上，猫有睡意的时候去爱抚猫，而不是在它劲头十足准备玩耍的时候。

2.如果你的猫一见你的手就很警觉（就是你的手一靠近它，它就退缩），那么你应该慢慢靠近它，从比较低的地方，最好手里还拿着食物以建立正面联系，别从它的头顶靠近它。

我们有时怕被猫咬，就只敢小心翼翼地摸摸它们的脑袋。但这是个危险动作，会让猫感受到威胁，引发战斗或逃跑反应。所以，试着用从较低的位置把手伸过去，如果可能的话，使用"米开朗基罗撸猫法"（见第十一章）。

在帮猫纠正这个行为时，全家人都要参与进来。如果每个人都坚持训练，遵守规则，但是有一个人不服管，继续粗暴玩耍，或用手逗猫玩，其他人的工作成果就都泡汤了。在做书中的所有训练时，人类家庭成员都要齐心协力，目标一致。

神气时刻

想要帮助猫得到它的神气时刻，最重要的是不再随心所欲。了解了你的猫，你就迈出了帮助它的第一步，帮助它的同时又意味着你们的关系重新回到了正轨。现在你就能对它的举动做出预测，及时阻止攻击行为了。如果问题的源头是疾病，它现在肯定感觉好多了——可喜可贺。

关于"秘方"的其他提示

冷静一点：如果猫攻击了你，不要做出太激烈的反应，比如又叫又喊，或者去推你的猫，这些动作都会让情况更糟。这也解释了为什么猫总是会去追打家里的某一些人，它们倾向于"欺负"那些胆小的、被抓或被咬后反应很大的人。

温柔一点：猫被逼到无路可走和感到威胁时就会咬人，所以环境是个诱因。如果你家猫是一只"壁花猫"，更要对它温柔一些。

宽敞一点：家里要有足够的垂直空间、"气味吸收器"和路标，让"拿破仑猫"不再四处征战。

好客一点：鼓励猫咪和客人友好相处。详见第十九章的"家里来了客人"。

不要惩罚：惩罚是没用的。我们之前讨论过，猫并不知道你为什么惩罚它，惩罚只会破坏你们的感情。

第十六章　故意捣蛋，吸引注意力

老实说，我的工作归根到底就是解决三件事：猫随地排泄、猫抓人咬人，和本章中各种让人头疼的捣蛋行为。

最后一个问题通常能比另外两个更快地把抚养人逼向崩溃的边缘，有些小烦恼更让人心烦意乱。有的客户可以和猫的乱撒尿问题"同呼吸共命运"长达数年，但如果半夜被猫闹醒呢？实在难以忍受。我呢，这个时候喜欢起来去吃点儿童营养谷物麦片——嗯，我就喜欢，你管不着。

猫爸爸的秘方之四：捣蛋鬼

问题

你的猫会爬窗帘、爬墙、在吊灯上晃荡、乱抓家具、把各种东西推倒，干尽坏事，也就是网上说的"拆迁队"，快把你逼疯了。更糟糕的是，它似乎知道这样做会让你发疯。

现实

对此，我们要泰然处之，先不去理会这个

捣蛋鬼。在许多情况下，猫明目张胆的捣乱行为其实是被我们惯出来的，正所谓"会哭的娃娃有奶吃"。如果你的猫不停地喵喵叫，半夜把你叫醒，挡住你的电脑显示器，或者在你看报纸的时候坐在你的大腿上，或者抓你、咬你来试探你的耐心，原因就是最后它们总能得到好处。当你对它的行为感到恼火时，你会用某种方式表达你的不满（一般是大喊大叫），或者拿出来好吃的、好玩的来安抚它。不管你用的是哪种方式，猫都得逞了，因为你对它的关注就是奖励。

为了放眼全局，弄清楚猫究竟为什么要来烦你，我在下面给出了一些建议。然后我会讲讲最常见的烦人行为，以及如何修复你和你家"拆迁队"的关系。

解决办法

1. 对抗无聊：做好游戏环节，一定要每天按时完成，把游戏充分融入我们的日常。你的猫每天都需要做有建设性的运动来把能量消耗掉。记住我们的口号：游戏 = 捕猎。我们每天都应该在能量高峰期和猫做游戏。

2. "日常三程序"：如果你仔细回忆一下，猫其实总是在同一时段把架子上的东西推下来。它们还总是在同样的时间段跑去厨房柜上闲逛。通常都是你在家的时候，整个家庭的能量值都在上升，即大家早上起床时、下班回家后，或者晚上准备睡觉的时候。所以你要有针对地安排游戏开始的时间，合理地延长游戏时长。

3. 家居布局：猫把壁炉上的东西弄掉了，可它其实只是想从那里去窗边的猫窝；猫跳上了厨房灶台，但它只是想去窗边看风景。想一想家居布局给猫带来的路线上的障碍。在猫看来，每一寸土地都可以当作"猫高架桥"，它可以走到哪儿便躺到哪儿。如果你不想让它从 A 点经过 B 点到 C 点，你就得相应地把家具按这个思路来摆放，给它安排一条从 A 点到 C 点的新路。在为猫创造完美"高架桥"的时候，注意避开有易碎品的区域，比如橱柜、壁炉架以及其他容易造成伤害的地方。

4. 猫咪居家安全：有一些东西不能让猫玩，更不能被猫打翻，那么你就要给这些东西做保护（就像在家里做儿童防护一样）。我们还是面对现实吧——我们是生活在有猫的家里。你也许出于某些原因郑重地在壁炉架上放了一件精美的瓷器，那就当自己是生活在地震频发的加利福尼亚吧，给瓷器做好防地震的保护。你可以先试试博物馆里用的那种既有黏性、又容易去除的灰泥，把摆设牢牢地固定在原位，防止意外发生。因为猫总会来拨弄几下，看它到底什么时候掉下去，以此证明一下地球引力，它只为了看看最后掉下去是什么样。把窗帘系好、电脑线捆起来，一定要把家居饰物整理好，让猫没法拿来当玩具！

5. "可以／不可以"化解法：如果你要阻止猫做这件事，那就要允许它去做替代性的另一件事。回到第九章的"可以／不可以"化解法，看看如何把这个技巧用到你家猫身上。

6. 奖励安静（或良好行为）：还记得在第九章里哭闹着要冰激凌的小孩吗？如果猫不吵不闹，让你觉得"这样的平静请多给我一点！"的话，就多夸一夸它，给它一些零食。

猫爸爸的秘方之五：在橱柜上闲荡

问题

你的猫用它脏兮兮的爪子在厨房灶台上走来走去，它可能想偷点吃的，或者只是想在你做饭的时候给你添点乱。

现实

你的猫可能喜欢爬高高，或者真的饿了，想在闲逛的时候顺便偷点零食。也可能是因为你一整天都不在家，你回来了它很高兴，只是想多跟你待一会儿。

解决办法

1. "不可以"：阻止猫爬灶台的方法就是把双面胶带粘在塑料餐垫上，把餐垫放在灶台上。猫一跳上灶台就会碰到胶带，以后就再也不会往这里跳了。在第九章中，我还推荐了一种运动感应的压缩空气罐，也非常有效。空气罐不会伤到猫，只是会让猫觉得这里不是个好玩的地方。要记住，任何训练最重要的都是持续性，但在这种事上你没法持续，因为你不可能每时每刻都在现场阻止猫爬灶台。所以你光是对着猫大吼"下去！"是没用的。它从你的吼叫里学会的就是下次等你不在的时候再去爬灶台。

2. 现在你已经学会如何对你的猫说"不可以"，那么如何对它说"可以"呢？最好的办法就是在它爱去的区域设立一个休息点，告诉它：这里可以来。在餐厅里靠近厨房的地方放一个猫爬架，它就能待在厨房里的高处。训练它跳到猫爬架上，上去以后就奖励零食。

之后它如果从猫爬架上下来，那你就再用零食引诱它上去。每次它爬上猫爬架都能得到零食奖励，那它慢慢就会明白上猫爬架比上厨房灶台能得到更多的好处。当然，前提是你没把食物留在厨房灶台上，否则，哪只猫能抗拒自助餐的诱惑呢？

关于"秘方"的其他提示

一起吃饭：把喂猫的时间和人吃饭的时间安排在一起，而且距离要近一些，就等于是对猫在灶台上找吃的说"不可以"，但在你指定的地方吃饭就是"可以"。

保持清洁：出于卫生的目的，猫在你给人类做饭的地方踩来踩去可不好，所以手边要有消毒湿巾随时备用。

灶台安全：猫爬灶台也是个问题。如果你家猫非要从灶台上走过去到达下一个打盹的地方，你可以用之前我提到过的"不可以"的方法，禁止它爬灶台。为了安全起见，给炉子装上儿童防护、给灶眼盖上罩子、煤气旋钮套上盖子、橱柜上装防儿童锁。最后，别让它们无路可走。如果猫想去的目的地，只有通过厨房灶台这一条路，那就只能怪你了。如果你不想让猫再爬灶台，那就给它开辟一条新路。

神气时刻

我们再也不心烦了，因为猫不捣乱了，猫没有过剩的精力来搞破坏了，这个时候，神气时刻终于到来了。在"秘方"的调理下，我们各让一步，得到了双赢，也赢得了神气时刻。

猫爸爸的秘方之六：解决夜游神问题

问题

你睡得正香的时候猫偏偏要过来把你弄醒。它可能从你脸上走过去、在你床上跑、叫喊着要吃猫粮、用劲抓门，各种手段，不一而足。睡眠不足让你苦不堪言，所以对很多人来说，只要能让猫晚上不闹腾，让他们干什么都行。

你可能试过把猫关在浴室里、责骂猫、朝着猫扔枕头、用喷瓶喷它、喂食、把猫抱上床、把猫关在卧室外面（然后它可能会抓门叫唤一小时）。然而第二天你的猫又在凌晨 3 点开始喵喵叫了。

我有的客户曾经半夜跑去车里，只为了安稳地睡一觉。

现实

如果你问"我怎样才能既不把猫掐死，又能好好睡一觉"，你要知道，猫在夜里比白日里更活跃其实是不正确的。人们认为半夜被猫闹醒是养猫必须付出的代价，但事实是，猫整晚不睡是因为你没能给它安排好生活节奏。

猫不是夜行动物。猫是在黎明或黄昏时分活动的动物，因为黎明和黄昏时，它们的猎物最活跃。但我们可以重置它们的生物钟。如果你想知道如何才能睡一个好觉，答案就是利用家庭生活的节奏来给猫安排"日常三程序"。

解决办法

1. 首先，停止自由喂食：先做游戏，再喂食。如果你在 11：00 上床睡觉，那就在 9：30 最后一次喂食。在最后一次喂食前要完成"捕猎、追逐和杀戮"的程序，先让它玩到玩不动，然后再来一次；后面这次只需用较短的时间就能把它累趴下。然后让猫吃东西、梳毛、睡觉。再然后，你去睡觉。

2. 保持能量峰值的一致性：家里活动频繁的时候，也让猫们保持活跃度，也就是做好"日常三程序"。

3. 最艰苦的战斗：现在是凌晨三点，你的猫顽固地想要把你叫醒。你觉得它应该快放弃了，但它没有。这样做很难，但你必须无视它，完完全全地无视它，绝对不可以起床、喂食、逗猫、又起床、上厕所。完全无视它的意思就是不要喊它的名字，不要用枕头扔它——装死。是的，感觉会很揪心——但是任何回应，无论是消极的还是积极的，都是对它的奖励。如果你每一晚都让它知道这种行为不会给它带来任何回报，它就不会再闹了。可能你得揪心地度过十天到两周。然后就好了。

这两周会过得很艰难的原因见"消弱突现"（第九章）。

我可以把猫锁在卧室外面吗？

你看，在整个家里，只有在卧室里你的气味最浓。这里是有重要社交意义的区域，所以我建议你让猫进去。我认为家里不应该有猫的禁地。

尤其是如果猫习惯了和你一起睡觉，把它们关到卧室外面，卧室门就遭殃了。想一想"可以／不可以"化解法：干吗不把猫窝放在床头柜这样的家具旁边，再放上加热垫，鼓励它钻进去睡觉？有必要的话，你可以一步步地把暖烘烘的猫窝移到其他房间。前提你已经创造了一个理想的休憩处——猫窝，猫也许就不再吵着闹着非要钻被窝了。

猫爸爸的小提示

喵喵喵，我饿了

如果猫饿了就会围着你喵喵叫讨吃的，你可以用自动定时喂食器，在固定的时间猫粮"自动"出现了，猫就不会再把人类和喂食联系在一起。在你们的关系中保留喂食的部分有许多好处，但是非常时期只能采取非常措施。当然，我认为这不是最佳选择。

神气时刻

神气时刻就是闹钟把你唤醒的时候，你发现自己安安稳稳地睡了一整晚，一声猫叫都没听到。你下床，而你的猫说："你知道吗？我还不想起。我要再睡上 15 分钟。"

猫爸爸的秘方之七：想往外跑的猫

问题

你两只手里都拿满了购物袋回到家，刚打开门，你的猫就乘机冲了出去。

你家有一只"冲门猫"。

现实

猫冲到外面，然后站在原地，就好像在说："好了，然后我该干吗？"它们一般不会在街上跑远。但对于一些猫来说，跑出去相当危险。尤其是一直生活在室内的猫，一跑出去就很有可能回不来。

解决办法

1. "可以 / 不可以"化解法：如果大门旁边有诸如咖啡桌之类猫喜欢待着的地方，一开门猫就更倾向于往外跑。教给它们，这样不可以——把这种可以掩护着猫偷跑出去的物品拿走。教给它们，这样可以——在门内搭建好玩的休憩点；在更安全的地方放上猫爬架；在离门较远、但仍在主要生活空间内的地方创造猫喜欢钻的"灌木丛"式环境，放上猫小窝，让它们在空间里充分释放它们"钻草族"的天性，让它们不再想跑出家门。

2. 垂直空间：大多数"冲门猫"都是"钻草族"，你可以多给它们一些垂直空间。它们不会直接从高处往门外跳，一般要先来到地面。如果你在靠近门的地方给它们一个离地面150厘米左右的瞭望台，它们就会坐在上面看窗外来往的车辆，因为它们喜欢看会动的东西。

3. 互动游戏时间：利用互动游戏时间鼓励它们发现并记住新的休憩点。用训练敏捷度的方法，把它们引到这些垂直空间和猫小窝。游戏结束时，在这些地方放一些零食。

4. 移花接木法：想想门外面到底是什么在吸引它们。也许在房间里放个花盆，种上猫草或猫薄荷，就能满足它们的需求。给它们另一种选择，满足它们在泥土里打滚的欲望。

5. "终极"解决方案：建一个能瞭望、有草地可以吃草、可以打滚的猫咪庭院。教它们不可以破门而出，然后建一个小庭院，完美解决"冲门猫"的问题。

6. 猫绳训练：最后，如果你的猫是那种生性喜欢在室外玩的猫，你可以训练它们用遛猫绳，安全又实用。

神气时刻

你下班回到家，猫在家等你，而不是往外跑。它可能坐在你放在门旁的猫爬架上和你对视，或者在对面的猫小窝里。你知道它不会门一打开就冲过来。

关于"秘方"的其他提示

不要小题大做：我曾经做了一次上门咨询，我问抚养人，他的问题是什么？他说："这个嘛，我希望猫不要在厨房灶台上、餐桌上、书桌上走来走去，也别在我晚上睡觉时踩我的脑袋。"我只好问他："那么，你这不是让猫什么都别干吗？你有没有考虑过别养猫了，养金鱼好了？"

不要小题大做：如果我们面对的问题是不让猫在厨房灶台上走，尤其在我们做饭的时候，那当然是必须要解决的。但其他的呢？全都要斤斤计较的话，你就真把猫逼得没法继续做一只猫了。

猫的很多捣蛋行为，都明显出于无聊。为了不把猫给闷坏了，我给你提供了许多活动的建议，你要积极勇敢地去试一试。

还有，我要再次强调一下：不要小题大做！在发现猫的问题时，回想一下："猫电视""住宅猫化""活力四步走""可以／不可以"化解法和响片训练，所有这些工具都可以让猫不再捣蛋，让你不再头疼。

第十七章　焦虑相关的行为

我可以坦白地告诉你们,我遇到某些问题行为的时候,即使我知道应该如何指导抚养人,我也会有点紧张,因为总会有他们问我问题而我答不上来的时候。本章里描述的行为问题在根源、症状和"治愈"(如果能治愈的话)的方法上都充满了不确定性。这些行为问题的共同之处在于:(a) 主要症状是(或似乎是)焦虑,(b) 抚养人都有从一开始的挠头,然后是担心,最后变成恐慌的经历。即使只能弄清某个行为问题是哪一类问题,也算是不错的进展,但这距离解决问题还差很远。我对你们有万分的同情,希望我的经验能帮助你们继续前行。

猫爸爸的秘方之八:分离焦虑症

问题

你觉得你不在家的时候猫会难过。也许你一回来就发现家里一片狼藉,或者床上有猫便便,或者猫把自己舔秃了。也许有邻居抱怨说,自从你去上班,猫叫声就没停过。甚至,你跑着去了一趟商店,猫在家里也会抓狂。

现实

关于动物分离焦虑症,简单地说就是在人类不在身边时,动物会产生各种痛苦的表现。在网上你能找到无数关于狗的分离焦虑症的信息，但关于猫的就很少。部分原因是人们存在一种误解（甚至在医学界），猫那么不合群，本来就和人类不亲近，怎么会有分离焦虑呢？

而且，猫不像狗的破坏力那么大，它们不会把窗台啃掉，把门撞坏，也就是说，我们听不到猫的呼救声。但猫和狗的分离焦虑的确有相似之处：不停地叫、分离前痛苦、过度梳理、寸步不离地跟着人从一个房间走到另一个房间。猫会在你的气味很浓的物品上撒尿。尽管这种行为受遗传影响（暹罗猫和其他"东方品种"的猫更易患分离焦虑症），但过早断奶或其他经历也会导致猫的过度依赖。不管是猫还是狗的分离焦虑症，其实都和缺乏自信有关。

解决办法

1. 记录：记录猫的行为以及你和猫的互动。弄清你离开多久后猫会产生分离焦虑的症状。远程监控是收集信息的好办法，能从猫独自在家时的行为里发现潜在的症状，因为分离导致的问题行为都是你不在场的时候发生的。

2. "活力四步走"：确保每天早上都能进行一轮捕猎、追逐、杀戮、进食。我知道你早上很难抽得出时间，但即使短时间的活动都能有很大的帮助。这样做有两方面的好处：一是玩游戏能给缺乏信心的猫带来很大的激励；二是在你出门走之前喂食，你就可以在猫忙着吃东西的时候跨出家门。

3. 稍做改变：让猫看不出来你要走了，改变离家前的习惯。现在，你的猫知道：穿上外套 = 你要走了；钥匙响 = 你要走了；你每天离家之前会打开收音机 = 你要走了。所以，早上起床以后你可以把钥匙拿起来，然后在家里待着，或者出去一会儿，然后就回来。

4. 没什么大不了的：我的客户觉得最困难的就是按照我的建议头也不回地走出家门。连再见都不说，直接走出去。请复习"挑战线"部分。在离家前安慰猫会增加它们的焦虑——它们听懂的不是你的话，而是话里的内疚和恐惧，结果是它们觉得天就要塌下来了。你的担心在无意中反而造成了分离焦虑。

5. "猫电视"：你不在家的时候它们也要有娱乐活动。把猫树移到窗户旁边，猫就可以看看外面，或者在窗户外面放一个喂鸟器，给猫增加一些白天的活动。你可以给依赖感很强的猫准备几个自动加热的猫窝。最后，别忘了布置"猫日晷"。

6. 其他方案：如果你能请宠物保姆或朋友帮忙，就让他们在你外出的时候去看看你的猫，比如工作日的午餐时间过去帮你照看一会儿。还有许多药物可以有效缓解分离焦虑，如果症状不见好转并且持续加重，可以考虑药物治疗。

神气时刻

你结束了漫长的一天回到家，看到猫睡在窗边，今天的最后一缕阳光洒在了它的身上。它发现你回来了，懒洋洋地对你点点头，仿佛在说："你回来啦？"你一边翻看邮件一边往厨房走去。它伸了个懒腰，打了个哈欠，跳下窗台走过来让你摸摸，然后等你喂食。你知道你不在的时候它很想你，但你不会因此而内疚。此时此刻，世界一片祥和。

猫爸爸的秘方之九：会啃家具的猫

问题

你家猫什么都吃，似乎要把你心爱的物品全都咬坏。它啃书、铅笔、塑料、纸巾、椅子角和橱柜,把你最喜欢的毛衣和毯子上咬出了个大洞。你觉得它可能是太无聊了,或者想要引起你的注意,或者铁了心想要气死你。

现实

猫的这种怪异的行为是一种叫作异食癖的强迫症。异食癖指的是摄入非食物类物品。如果你认为这种行为很可怜,那么诊断结果会让你更心碎。对于异食癖发生的原因,科学界尚无定论。异食癖可能受遗传影响;可能部分源于错误的断奶方法或年幼时的社会经历;可能是感受到压力的反应;或上述皆有。我们现在知道,一些品种的猫(暹罗猫和它们的近亲)更易发生"羊毛吮吸"①行为,但总的来说,异食癖依旧是一个谜,没有治疗方法,并且可能危及生命。猫吃下去的布料或其他物品如果在消化道里卡住或缠绕,就必须进行花费昂贵又危险的手术。在缺乏治疗方法的情况下,我们必须尽全力避免这种事情发生。

 一本正经的科普

吃纸吃塑料,就是异食癖吗

　　2016 年的一项研究发现,猫患异食癖与频繁呕吐之间存在关联。异食癖猫可能吃下鞋带、线、塑料和织物,而非异食癖猫似乎更喜欢嚼塑料和纸。非异食癖猫中,近 70% 的猫都会咀嚼非食物物品(但不会吃下去)。也就是说,不仅仅是异食癖猫,几乎所有的猫都会咀嚼不能吃的东西。

---

① 译注:羊毛吮吸,幼猫由于过早断奶或被迫和母猫分开等原因形成不断吮吸羊毛等织物的强迫症。

解决办法

1. "猫侦查法"：

• 这种行为在什么时候发生？是你在的时候，还是不在的时候？

• 寻找咀嚼位置，并标在"失乐图"上。这些地方可能让猫产生太大的压力或挫败感。

• 哪些质地或类型的物品会被猫咀嚼甚至吃下去？

2. 保护你的异食癖猫：一定要先做一个彻底的体检，包括血液检查，确保原因不是牙病、维生素缺乏或消化问题。如果猫常有自我安抚的行为，说明它一直在受疼痛或不适的困扰。最后，医生可能会开稳定情绪的药；此类药物在减少异食癖方面也有一定的效果。

3. 每天围绕喂食时段和能量高峰时段进行"活力四步走"。

4. 对地图上标出的地方进行"猫化改造"。如果在这些区域里易产生压力，有很多经过检验的改造方案可以消除压力。

5. 给猫一些可以咀嚼的东西：把高质量、高蛋白质的零食和猫草放在"寻乐图"上的热点位置。耐嚼的东西可能更管用，而且狗玩具比猫玩具更耐用，比如硬橡胶漏食玩具，可以往里面塞好吃的，让猫可以一直忙着咬这些不会把它杀死的东西。但别忘了，有些绳子或缎带做的玩具会在肠道里绕成团，让猫玩那种玩具的结果就是送猫去急救室。

6. 异物清理：把零碎物品收好，如果你的猫爱乱吃东西，你就得勤收拾！

7. 奖励好行为：有时候猫乖乖地没有在啃东西，你反而会忘记给它奖励的关注。复习第九章，想一想在猫在没有用异食来寻求安抚的时候，你应该如何关心它。

为了在这种无法治愈的病例中得到神气时刻,你一定要做好详尽的调查,了解关于异食癖的一切,做到不管发生什么你都不会慌了手脚。完成上面推荐的步骤,就能把你家里的物品从猫嘴里拯救下来,还能减少猫的咀嚼行为,增强它的自信心。对于异食癖猫的抚养人来说,神气时刻到来之时,就是当他们休息时看了一会儿书,再抬起头来就看到猫在咬东西,被咬的对象不是羽绒被,而是喂食球。干得好!

咬电线:特殊情况

猫咬电线非常危险,可能会触电或引起火灾。你应该把电线用收纳套包起来,收纳套必须是那种很结实的硬塑料。你可以使用运动触发的空气罐,让猫一走过去咬电脑线就被喷气吓到,那它就会知道"我不能再前往走"。但是为了配合这个"不可以",你还需要一个"可以",所以给猫开辟一个有猫草和其他可以嚼的好东西的新去处吧。

关于"秘方"其他提示

异食癖和许多强迫症一样包含了自我安慰的功能,就和人类想抽烟、喝饮料、压力性进食或咬手指甲一样。当然,身心平衡的人会采用锻炼或冥想来缓解压力,但我的经验是,不适的程度越高,我们越愿意求助于快速又不费力的解决方法。对于一些猫来说,咀嚼可以赶走压力。自我安抚的行为可能在猫还在哺乳期时就开始了,小猫也会有异食癖。当然,强迫行为的另一个特点是持续恶化,缓解压力有一定帮助,但不能根治。是的,真相很残酷,上面的解决方法也只能起到缓解的作用。

不过,你也不必太过气馁。网上可以找到许多有用的资料,必要时在网上发起求助，并且积极使用在这本书里学到的知识。你要记住，你比其他任何人都更了解你的猫——你是你家猫的守护者。经过验证的科学手段对异食癖猫患者是福音，对你也是，请把你学到的知识、获得的经验传播开来。要知道，世上还有许多其他有异食癖猫的家庭也忍受着同样的折磨，甚至可能失去他们挚爱的亲人。

猫爸爸的秘方之十：追尾巴的猫

问题

你的猫讨厌它自己的尾巴，它对着尾巴又叫又吼，甚至抓咬。这种情况下，猫还可能把怒火转到你身上，突然之间它就全身紧张，嘶吼着变成一个愤怒的怪兽，变得你都认不出来。它可能一天发作好几次，还会把尾巴上的毛抓下来，直到流血。你可能会用躁郁症、没来由的发作、《化身博士》或"太恐怖了"来形容它。你为它感到难过，也担心它的……还有你的安全。

现实

这种伺机发作、毫无预兆的疾病叫猫知觉过敏症（FHS），有时被称为"猫抽搐症"。发作时猫背部肌肉抖动、皮肤严重褶皱，可能发生全身肌肉痉挛。知觉过敏症发作时，猫表现得好像身后有鬼在追，本来还和你亲亲抱抱的猫，下一秒就好像拨动了一个开关，忽然转身攻击你。

知觉过敏会让猫以为自己的身体正在攻击自己，甚至会出现幻觉。这些猫可能喜欢被爱抚，但它们的敏感度已经超出了自己的控制。有人认为尾巴的旧伤会导致知觉过敏，因为尾巴是脊柱的延伸，敏感度很高。但这个理论没有研究的支撑。其他产生知觉过敏的推测包括：基因、压力、焦虑、知觉处理、创伤、皮肤病和神经问题。

总的来说，我们不知道知觉过敏症的诱因，也不知道如何才能治愈，但有些猫在服用止痛药或抗癫痫药以后得到了好转。确诊这种病需要做很多检查，比如拍 X 光、去看神经科等。

解决办法

1. 记录每次发作：变身为大侦探，进行仔细的观察和记录。注意症状和触发因素、攻击发生的地点和时间，以及当时房间里发生了什么。

2. 拍摄视频：给医生看视频，他们就能知道具体发作时的症状。和医生讨论最合适的用药方案。

3. 控制能量：当猫身上的能量达到峰值时容易发病。注意家里活动的强度，尽可能避免发病风险（利用"日常三程序"）。

4. 创造放松的环境：给猫多个安全的藏身之处，比如多布置几个猫小窝。

5. "住宅猫化""猫电视"和"活力四步走"：给猫足够多的健康活动，让它没空去追尾巴！

神气时刻

知觉过敏症的关键在于控制，而不在于治愈。你要有和对付异食癖一样的心态，既来之则安之。你做了研究，在论坛里和其他病友抚养人做了交流。有一天，你的猫意识到尾巴只是一个有点讨厌的东西，但不再是它的敌人。它还是会攻击自己的尾巴，但次数少了，这就是你的神气时刻。

猫爸爸的秘方之十一：过度梳理

问题

你的猫把自我清洁工作提升到了一个全新的、令人担忧的高度。由于它不断舔毛，腿上出现了斑秃，肚皮上甚至全秃了。

现实

舔毛是猫的正常需求，但有的猫会过度舔毛。有时起因是有跳蚤、食物过敏或其他皮肤病，一开始舔毛只是为了解痒，后来变成了习惯。有时，过度梳理是猫焦虑的表现；有的猫把舔毛当作自我安抚，就和人类啃指甲一样。

可能的起因：猫把身上到处都舔遍的话大概是痒了。只舔一个地方的话大多是疼痛。例如，猫如果膀胱疼的话，会把肚皮舔秃。

解决办法

1. 看医生：带猫去医院，排除皮肤病或其他疾病的可能性。有时，过度舔毛的猫需要服药来进行辅助治疗。

2. 找到压力源：解决环境中的压力源，比如家庭内部的威胁（例如伴侣动物之间的冲突）、外部威胁（见第十八章"门口的野蛮人"一节）。当猫感觉自己能应付日常生活中的压力时，它就不再需要过度梳理这样的自我安抚了。

3. 加强"住宅猫化"和"活力四步走"：关键是找到猫最爱的互动玩具，这样不仅可以每天都给能量气球排气，还能让猫忙于游戏，没太多时间过度梳理。而且如果选对了玩具,它就能忙着攻击玩具了,而不是攻击自己的身体。你要注意开始舔毛的迹象,一旦开始,你就把猫的注意力引开一段时间。这样一来,过度舔毛还没开始就结束了。

4. 固定的生活节奏:不要忘记"日常三程序",固定的生活节奏可以让容易焦虑的猫获得安全感。

5. 食物过敏!猫过度舔毛的另一个原因是过敏。做一个系统性的食物过敏测试绝对有帮助,之后要长期注意饮食中的过敏成分。你的猫也可以只吃几种猫粮,但要保证家人和朋友都不会偷喂猫零食,这样效果才会好。

神气时刻

朋友们,这个幸福可以来得很快:猫的皮没受损,即使新长的毛只有稀薄的一层,也是好转的迹象,这个棘手的问题已经被你控制住了。

第十八章　墙外的麻烦

我有时候做上门咨询会遇到双重震惊。比如我告诉客户，我从他家猫乱撒尿的方式看出，它可能感受到了外面放养的猫或者野猫带来的压力。客户一听非常震惊，他们要么知道附近的确有一群猫，但没想到会影响到家里的猫；要么根本不知道附近有猫（我给他们布置家庭作业以后他们才知道了）。我一听也很震惊，这不是养猫的基础知识吗？我以为人人都知道外面的猫会对家里的猫造成很大的影响，然后我对自己说："我应该写一本书……"

猫爸爸的秘方之十二：门口的野蛮人

问题

社区里有一只或者几只猫对你家猫的地盘感兴趣，导致你的猫产生了领地焦虑。外面的猫可能是野猫，也可能是放养猫，这并不重要。总之外面的猫一靠近，家里的猫就不得安宁。

现实

想象一下，邻居家的猫偷偷溜进你家，吃你家猫的猫粮，在你家猫的猫砂盆（或盆外边）大小便，然后又溜出去。我们知道神气是怎么一回事，也知道猫的领地的神圣性，所以我们能明白这种入侵行为对于猫来说是巨大的打击。其实那些猫在你家墙外逗留和闯进来没太大的区别，因为猫不像人类那样将墙壁视为边界，只要家里的猫闻见邻居的猫，还能看见它们，就会觉得危险已经降临。

解决办法

1. "猫侦查法"：以前，解决这个问题时最难的一步就是弄清楚这些猫是从哪里钻进来的，为了设置驱赶器，你要找出它们进院子的途径。而现在，安装一个运动激活的摄像头就能掌握它们的行踪，你就能施行流浪猫犬绝育计划（TNR，诱捕、绝育、放归）、设置驱赶器，以及增加或修补围栏来增强安全性。在过去的几年里，监控摄像头技术突飞猛进，在几年前还是大多数人都买不起的高科技，现在已经有了相当高的普及度。这些摄像头除了可以靠动作激活，还有夜视功能，甚至可以为视频添加时间，保存在单独的文件夹中。而且还很便携，只需要一个插座，连上无线网就能工作。天啊，要是我刚开始工作的时候就有那么棒的工具就好了！现在做侦查工作比以前简单多了。

完成步骤 1 的同时进行下面这几步。

2. 流浪猫犬绝育计划（TNR）：这一步需要你更多的投入，但一旦解决，可以省去很多麻烦。如果这些入侵的猫是野猫，就进行诱捕、绝育、放归吧。如果你不知道该怎么做，可以找一个能提供帮助的救助团体。这是解决问题最好的方式，因为只要野猫继续繁殖，你就会不断遇到相同的困扰，要把野猫赶走也会越来越难。而且 TNR 对人猫双方来说都是正确的选择。

如果这些猫戴着项圈和身份牌，你可以去找它们的抚养人，让他们知道他们的猫在你家制造了大麻烦。这些年来，我和很多邻居都有过这样的谈话。

只要你别挥着拳头，怒气冲冲地跑过去，你们总能找到妥善的解决方法。

3. 看不见风景的房间：虽然这一招不会每次都灵验，但你还是得试试。在你家猫看得见外面的猫的地方糊上纸板、纸或窗贴。看是看不到了，但绝不意味着那些猫又来的时候，你的猫会察觉不到。如果窗户开着，它们离房间有一千米多的时候你的猫就已经能闻见了。

4. 去除诱惑：为什么这些猫会来？一般不是为了食物就是为了避风雨。如果你在家外面给野猫留了食物，就相当于邀请入侵者来吃自助餐。尽管看着野猫饿肚子我会很难过，你大概也会，但如果你家里的猫因为入侵压力而受罪，最好还是不要让野猫靠近你家的领地。如果你想要喂养野猫，那就把喂食点改到离家远的地方，到一个不会影响家里猫的地方去。

5. 如何把野猫挡在门外：辣椒粉、橘子皮和碎蛋壳都没用。市场上有许多产品可以在野猫靠近时自动喷水、吹风、发出警报或亮起闪光灯。这些工具都不错，但效果无法持久。你要选那种有训练效果的，野猫一进入你家领地就会被喷湿，不用太多次它们就会长记性了。只要这样的惩罚每次都发生，过不了多久它们就会跑去别家玩了。

但这种工具也有缺点：有人走过的时候机器也会启动。这意味着你也会被喷湿，还有你的邻居和送快递的。遇上某些锲而不舍的野猫，机器到半夜都在不停喷水。但是，根据我的经验来看，这是值得的。野猫最终会离去，问题就解决了，喷水警报也就可以关掉了。

6. 去除气味：等太阳落山后，用黑光灯把房子外围的尿迹找出来，和清洗屋里的尿渍一样把这些屋外的尿渍洗干净。清除这些压力源的时候，顺便检查一下围栏有没有损坏，之前修补过的地方是否完好。四处查看后，你就能知道为什么野猫偏爱某些地方,它们为了什么资源来占领这些地方,然后你就可以在这些地方设置驱赶器。

7. 垂直领地:要不要进行这个步骤取决于你的猫。如果它经常对着某扇窗外发狂,那么在这扇窗边开辟一片垂直领地效果会很好。猫在地板上和外敌面对面的时候很容易产生攻击性。给它一个瞭望台,它就得到了战略上的优势,俯瞰领地,"运筹帷幄之中,决胜千里之外"。

8. 加设路标:在问题区域放一个猫砂盆,也能缓解"拿破仑猫"的领地焦虑。路标可以防止猫尿涂鸦或转向攻击,还会让它觉得,哈哈,这地方是我的,谁也进不来。

神气时刻

后院战火平息，你家的"拿破仑猫"又开始爱看"猫电视"了，但再也不会处在高度戒备的状态，着急地从这扇窗跳到那扇窗，到处修建"护城河"。你偶尔还会看到有猫从院子里走过，但你认识它们，也知道它们不会逗留。它们都是做过绝育的猫，只是在去往喂食点时路过这里。你家里的猫现在已经变身"莫吉托猫"，并不担心领地上的猫来猫往。

猫保护区

我在第十二章中讲过，现在越来越多的猫咪抚养人选择把后院用围栏封起来，围栏也都式样新颖又有个性，猫在院子里玩，院外的野猫和其他动物都进不来。如果你已经完成了我推荐的方法，但猫的领地焦虑依然存在，那么你可以考虑一下使用这个解决方案。这样猫能来到户外，也能对自己拥有的物品更有安全感，领地也仿佛扩大了无数倍。与此同时，边界矛盾也少了，就像那句俗话说的："篱笆筑得牢，邻居处得好"。

第十九章　家有"壁花猫"

在职业生涯的早期，我就对"壁花猫"怀有很强的同情心。尤其在收容所那样的环境里，我能清晰地体会到它们的痛苦，而那种痛苦让我无法忍受。不管是在当年的收容所里，还是在如今的很多糟糕的环境中，怀有那样极度的恐惧和被判了死刑差不多。我设计了很多方法来帮助这些"壁花猫"，让它们不仅能接受救助，通过评估，最后被收养，还能在这个过程中找到神气的自我。我的目标是，当它们离开收容所去往新家的时候，能比刚来的时候更加自信。时至今日，不管是在收容所、寄养家庭还是在永远的家里，我都在推行这条规则。

我并不是一个人。我和你们所有人在某种程度上都认同、支持那些胆小无助的猫。我们之间的不同，就是有的人用过度的同情让它们更加胆小，有的人激励它们勇敢地走出阴霾。而我给出的这些私家秘方则属于后者。

猫爸爸的秘方之十三："壁花"的绽放

问题

你的猫表现出一种或多种典型的胆小"壁花猫"的行为（详见第五章）。

在大部分时间里，甚至全天，它都是隐身的。它躲在衣柜里、橱柜里、电器顶部、床下，甚至席梦思床架里。每当有陌生人进入它的领地，甚至当它认识的人走得太快，它都会被吓得一溜烟躲起来。出于各种原因，它可能会等到所有人都睡了才觉得安全。你从没见过它自信的样子。

解决"壁花猫"的问题，首先要解决主人的纵容问题。是的，你们的出发点是同情，而且"壁花猫"不惹麻烦也不捣蛋，你们往往就会随它去了。"壁花猫"每天都活在恐惧中，但很多抚养人谈起它的行为时却好像这是最正常不过的："它最喜欢待在这里面了，躲半天都不出来。""它在衣柜里更舒服。""没关系——它会用猫砂盆，但必须等大家都睡觉以后。"这里，我要明确的是，一直躲着是不正常的，我们不能纵容这种行为。必须先正视问题，才能解决问题。

现实

"壁花猫"的状态可能由遗传、年幼时缺乏社交、环境中存在威胁，或者多种因素组合导致的。而人们却普遍认为这是它们的"性格"。我们要让"壁花猫"成为最好的自己，但首先，我们要记住，每只猫都不一样，我们不知道它们更美好的自己是什么样子，也不知道取得那样的成绩需要多长时间。它们需要时间，还需要你认真严格地完成必需的步骤，让蜕变自然发生。你要给它们的是爱和安慰，而不是藏身处。你必须让你的猫接受挑战。如果纵容它们的话，它们的余生都将在躲避中度过，因为它们并没有其他选择。总有一天你会忍受不了，然后说"这样下去可不行"。是的，这些下去的确不行。

解决办法

1. 标记"寻乐图"：在图上标出猫经常待着的地方，也就是畏缩据点。仔细点你就能看出，它的活动范围非常小。也许你还能看出它深藏不出的原因，有时候"壁花猫"和家里其他宠物发生冲突,才被迫缩小生活范围。同时你也要看看哪些地方可能成为它的自信据点,然后划下"挑战线",帮助它克服困难。你在这一步要做的就是保持"我们只看事实,太太!"的态度,利用地图做侦查。

2. 确定"挑战线":从现在开始运用你收集到的证据,看看地图,再看看你的猫。例如,找到猫的固定的藏身点,当它走出一定距离就再也不敢往前时,就用彩色胶带在这个地方做标记,划出"挑战线",在线靠外的一边放一碗猫粮;第二天,把猫碗往外移一点。就这样每天都划下新的"挑战线"。找出它最喜欢的"中大奖了!"的零食,等它有重大突破的时候就奖励给它。渐渐的,猫不再惧怕挑战,因为挑战胜利后就能有好吃的。

3. 你的"挑战线":我们在第十二章中讲过抚养人的"挑战线",以及必须始终把猫的长远利益放在首位。即使"壁花猫"的成长十分艰难,让你看得心痛,也请坚持到底。想一想坚持下去就是成功,跨越"挑战线"后,它就能收获更美好的生活。

4. 让猫停止"地下"生活:把你在"挑战线"训练中的心得体会应用起来,投入实践。举个例子,不要在床底下喂猫,你可以给你的猫爱和舒适的生活,但绝不是用这种方式。为了帮助你家的"壁花猫",你必须采取一些温和但坚定的手段,包括把猫躲藏的那些空间封起来。

堵藏猫洞是一个渐进式的过程,不要一次性全都堵住,假设我们先堵床底下。如果它总是躲在床底下,很有可能会一直钻到床头板那里。所以,你要从最里面开始堵,从藏猫洞的深处开始填洞,逐渐往外,直到床底下没空间可钻。

研究表明,猫需要有安全的空间长时间待着。所以在堵藏猫洞的时候,你要给猫放置几个同样能提供安全感的猫小窝,这样,猫就不会像缩在床底下时一样灰心丧气。

5.（逐步）扩大领地：对"壁花猫"最有用的工具之一就是大本营。你可以按我在第八章中列出的步骤建立大本营，用"气味吸收器"、猫小窝、猫瞭望台、猫隧道，以及带有你的气味的物品，在房间中营造出舒适的氛围。在你鼓励猫走出藏猫洞时，也为它准备一个封闭的环境，它可以安全地沉浸在这里的混合气味里，滋养神气。然后，通过扩建大本营，你可以扩宽它的世界，保证这个世界还和过去一样安全。领地扩展要一步步来，把它的气味逐渐扩散到家里的其他地方，就像初探异邦国土。

6."住宅猫化"：让它知道，这里是它的领地，也是它温暖的家。你可以在建立大本营后继续进行"猫化改造"，利用"挑战线"鼓励它进入这些"舒适区"。用第九章中的技巧让猫学会用高架桥进入垂直世界，教它逃离恐惧，进入一个更自信的世界。

7."活力四步走"：游戏疗法对"壁花猫"非常有效。原理很简单——捕捉到玩具，它们就占有了那块地盘，而领地所有权就等于至高无上的神气。释放它们的活力！鼓励"壁花猫"玩游戏，按照它们的喜好，可以用一些比较小、不会发声的玩具。

神气时刻

对于"壁花猫"来说，过程比结果重要。比如我和我的猫维洛里亚的神气时刻，就是当我回到家以后，第一次看到它睡在床上，而不是猫小窝里。那时它已经六岁了。这段时间看起来是有点长，但我就是在它身上总结出了那些训练法（是的，它就是"壁花猫"的原型），是它的进步支持着我前进。我们帮助"壁花猫"成长时，只要它能变成最幸福的自己就是成功，也许它还是会胆小,但你会看到它越来越有精神,在猫小窝的帮助下,你的猫终将蜕变成美丽的蝴蝶。

家里来了客人

"壁花猫"的成长需要持续的训练,你每天都要下功夫来获得它的信任。

1.请客人到门口时打电话,不要按门铃;很多猫都认为门铃响后会发生可怕的事情。你可以出去和客人一起走进来,然后给猫一个"中大奖了!"的零食。你还可以用最基本的脱敏法,具体请看第十一章的"猫和小孩"。

2.请第一次来家里的客人不要和"壁花猫"玩,进门以后不要有任何特殊的举动。请他们使用最温和方法来和猫接触:重温"三步握手法"和"慢眨眼"。

3.我把这个非常有用的技巧取名叫"圣诞老人效应"。每次有人类来家里,它就要给猫带一件圣诞礼物。让这个人类给"壁花猫"喂食,陪它玩;于是每次有人来,家里就像过圣诞节一样。

 猫爸爸词典

抚摸传递

如果猫害怕陌生人,或者除抚养人外谁靠近它,它就抓谁,你可以利用抚养人的"自己人"的身份来扩大猫的信任圈子。猫出于胆怯表现出来的对人的攻击性会让猫自己的世界缩得越来越小,因为其他人都不敢接近它。这就造成了一种恶性循环,猫会越来越孤立,变得过度依赖它们所信任的人。

"抚摸传递术"可以打破这个循环。我们让猫信任的人(抚养人)教别人如何触摸它。抚养人先摸猫,让猫放松下来,另一个人慢慢地、轻轻地靠近,用自己的手代替抚养人的手继续摸猫。这样就扩大了猫的信任圈子,还能让猫感到安全,因为抚养人就在身旁。

社交桥梁

社交桥梁对"壁花猫"的帮助很大，而"莫吉托猫"就是"壁花猫"和家里其他猫或人之间的一座桥梁。

当"壁花猫"看到其他猫在玩，表现得很自信的样子时，它们就能进行模仿，也许也会学着去做一些能让自己放松的事情！

第二十章　猫随地大小便

如果你打开书就翻到这一页，你大概是想找一个涵盖了所有猫随地大小便问题的章节，最好是已经有详细解决步骤的，遇到紧急情况时——比如现在——你翻开就能用。但是，至少在我看来，世上并没有这种急救法。等等！先别把书合上！让我解释一下。

不论你是谁，你是如何找到这本书的，是社交媒体推荐的、朋友介绍的，或者是在书店排队时无意中发现的，都不重要。如果你说："杰克森，我的猫有随地大小便的问题。"我敢说 15 分钟以后，你还在叙述这个问题，然后我又要花 30 分钟解答你的问题，再然后我只能耸耸肩，请你带我去你家做上门查看。

如果每次有人来找我写"如何快速解决猫大小便问题"或"猫不用猫砂盆的五大原因"，我就能得到五分钱的话，我现在已经是一个死掉的百万富翁了（因为我被烦得饮弹自尽了）。

我尽可能把这本书写得通俗又实用，让你打开书就能找到各种高效的工具，足够解决你长达 15 分钟的种种问题。你现在应该明白，无论这个工具箱有多大，里面装了多少工具，中心都离不开你的猫。当然，其中包括你的人类家人和动物家人，以及把所有人联系在一起的感情。

换句话说，遇上猫随地大小便的问题，我根本没有"一方治百病"的奇药可以给你。真有这种好办法的话，我自己早就用了。

但实际上并没有，所以我还是得一家一家地解决问题。我的工具箱，其实就是这本书（电视里的工具箱是我的吉他盒，那是我的个性道具），我在工作中使用的就是书里这些工具，以及秉承猫的神气优良传统的"猫侦查法"，还有收集细节，还原事故现场，用"排除法"寻找真相。这些工作我干了二十年，还是没那么容易，我有时候还是得像侦探一样把线索列在绘图板上，把数据重新过一遍，然后一遍又一遍地尝试。

当然，好消息是办法总会有的，总有一款方案适合你。但解决方案并不是本章最重要的部分，也不是从整体上解决猫随地大小便问题的艺术。本章最重要的部分是你与你的猫科动物家人共同踏上一次改变的旅途，让你们从满腹疑问开始，一直到取到真经。我生命中的每一天都是这样度过的。一开始你在各种地方发现臭烘烘的"惊喜"：猫尿、猫便便，或者猫尿里泡着猫便便。但猫砂盆里就是干干净净的，然后你大惊失色，深陷沮丧与无助，不能自拔。但这些情绪都会在找到问题症结后消失。

别急，等我细细讲来。如果我现在给你一个妙方，结果真的药到病除，我敢说这样对你们是有害而无益的。这就等于我，和其他大约 50% 只会说大话的男性同胞一样，东西坏了只会用胶带纸来修。我家的水管不再漏水了，并不是我把它修好了。我只不过用防水胶带把坏了的水管包了起来。

所以，在这最后的一章里，不管防水胶带用着有多顺手，我还是要劝你别偷懒，为你的猫，还有你自己干点实事。记住，猫咪乱撒尿（或乱拉便便）不是问题，而是症状。你的目标是找到症结所在，然后才能知道如何解决，最终得到开启神气之门的金钥匙。

排除法

我做上门咨询时用的程序和解决我自己家问题的程序一样。我来到你的家里,掌握的唯一信息就是猫乱撒尿,那么就从这个信息入手。可以肯定地说,你是真心想要尽快改善当前的情况,你毕竟请了专业人士来帮忙,而且你和家人的心情都遭受了一定的打击。而这件工作也让我很有紧迫感,原因正如我刚才提到的,猫随地大小便有时是疾病的症状,它也许在承受着病痛的折磨,必须尽快解决问题。我们的破案程序就从最基本的调查开始,再抽丝剥茧,逐步深入。

我们用"猫侦查法"把案件的框架画出来,接着顺藤摸瓜,一举破案。大多数情况下破案并不费时间,因为这类案件大多铁证如山,一目了然。但有时候,问题会很复杂,无法进行简单归类,或者存在深层的诱因。这样的话,我们就要进行深层次的探索。处理这种问题时唯一需要的就是耐心。

但先别想太多。排除法的第一步就是问"为什么?"

猫为什么随地大小便

我把猫随地大小便的问题分成了三个伞形的大类,其中每一项都可以继续延伸细分。

1.领地压力:从猫的天性来说,大多数乱撒尿的行为都和领地焦虑有关。领地威胁是真实的还是臆想的并不重要,类似的问题我们已经讨论过不少,总的来说就是心慌慌、尿汪汪。

这一大类下还包括：

A. 来自内心的威胁：猫和其他动物或人类的关系破裂、关系终止，领地的改变、领地上活动的变化，都会使猫情感失衡。

B. 丧失领地的恐惧：感受到某种威胁正在导致自己的领地"缩水"。

2. 对猫砂盆的厌恶：猫不是出于战术的需要而到处大小便，而是单纯的不愿在猫砂盆里大小便。原因可能是体型过胖、各种大小外伤、对猫砂盆设计或猫砂的偏好，或是家里的其他人或猫导致的。

3. 疾病：很多身体不适的情况都会导致猫拒绝猫砂盆。不加以治疗会导致更严重的健康风险。（我必须再强调一次，一发现猫随地大小便就应该去看兽医。稍后我们再详细说明。）

划分完这三个类型后，我们来看看最高效的解决方案。

从地点开始

想要理性地执行解决方案，最好先分析地点。

划地盘式尿尿

精确定位：外墙上、窗户下、大门周围（还有通往车库的门）。

原因：领地压力。如果猫有"划地盘"的行为，也就是在房子周边撒尿，这就是典型的领地压力，是"拿破仑猫"在感知到压力时的反应。它从外界（通常是外面的猫）感受到一些不妙的苗头，于是它想："这是我的城堡，我得修一条护城河。"

解决方法：见第十八章的"门口的野蛮人"部分，学习如何识别来自家外面的压力以及如何平衡压力。

补充信息：在这种情况下，猫大多是喷尿，而不是撒尿。主要区别在于，撒尿就是你平时见到的地上一摊，喷尿（或做标记）是猫对着垂直平面释放膀胱。

尿在房间里

精确定位：尿在地板上，但离墙很远，周围较空旷，或在桌子或椅子下面。

原因：领地压力。很可能你的猫在家里受欺负，生活在恐惧中。它躲在桌子底下能观看整个房间的全景，所以它选择了那里，因为在这里撒尿时不会被其他猫追打。

解决方法：见第十四章的"恶霸和受气包"。

家居改造：确保猫能自由出入猫砂盆，周围无阻拦，不要让猫只能在一个有盖子的盒子里上厕所，唯一的出口还朝向墙壁。换句话说，不要有死角和伏击区！

尿在卫生间里

精确定位：尿在浴缸或洗脸盆里。

原因：不喜欢猫砂。在这种情况下，猫主要是不喜欢某种猫砂。而浴缸和脸盆的表面凉爽又光滑。它们踩在猫砂上感觉不舒服，所以找了这些更平滑的地方。当然，这还可能是疾病导致的。我见过很多做过去爪术的猫都有这种行为，因为它们有长期的幻肢疼痛，或者因为它们已经老了，爪子内部或周围有关节炎。

解决方法：发生这种情况的主要原因是猫对猫砂盆产生了负面联想，我们的解决方法就是建立新的联系。请看本章最后的"让猫重新接受猫砂盆"。

尿在个人物品上

精确定位：尿在家人的个人物品上，如衣服、包包、浴室脚垫，甚至婴儿床上。

原因：领地压力。我把这种行为叫作临界压力导致的结果，常见于多动物的家庭。当家里增加了一个动物或人类的时候，猫内心的"拿破仑"便被唤醒了。不管家里是寄养、收养了一个宠物，增添了一个婴儿，还是新男友或女友留下来过夜，它都觉得无法忍受。它感觉自己的领地不再完整，还会引发幽闭恐慌，于是只得动手抢夺土地。它的进攻方式就是在带有浓烈的新来的人或动物的所有物上撒尿，这相当于插上了自己的旗帜。

解决方法：和很多极端行为一样，这是猫为了收复失地发出的求救信号。首先要做的事情是：增加空间，减少压力，可以翻回到第八章看看"住宅猫化"的内容，然后继续看看本书中关于"拿破仑猫"的性格描述。最后，看看我们在第十九章里讨论过的"圣诞老人效应"，让焦虑猫接受那个屡屡中招的人，建立正面联系。同时不要执拗于案件的臆想情绪中，换句话说，猫乱撒尿以后，我们以为猫这样做的原因是它恨某人。但实际上猫并没有讨厌、嫉妒这些人，而是他们让它感到焦虑，缺乏安全感。

尿在过道上

精确定位：尿在家里的过道上或者房间门口。

原因：领地压力。如果你家里没有足够的路标，缺乏安全感的猫就会到处涂鸦、用尿液做标记，标明它拥有这片区域，包括过道后面的房间（是的，猫做标记的方法不是尿一摊在地上，而是喷洒出去）。

解决方法：先进行家居改造。确保这些受灾区域里有足够的路标，不仅仅在门口，还有门后的区域，那些地方对猫来说也是不可分割的领地。我们此时需要的是比猫窝等更重量级的"气味吸收器"，例如，我们可以在撒过尿的地方放猫抓柱，或者最好放一个猫砂盆。别忘了，做标记是"失乐猫"的症状。除了快速解决问题，我们还需要用"猫侦查法"找出问题的根源。

尿在大件家具上

精确定位：床、沙发、椅子上，即大件的"人类"气味"吸收器"。

原因：领地压力。这种情况经常被我们误解为"它恨我，因为它尿在我睡的这边"，其实你可以把尿在你这边的尿看作一种赞美。在家里的时候，不管你承不承认，我们的活动基本上只围绕着两个"气味吸收器"——沙发和床。你的猫在这两个地方撒尿，其实和"莫吉托猫"蹭你的物品、在上面留下它的气味是一样的，只不过前者是缺乏神气的表现，留下自己的气味时内心惶恐。"莫吉托猫"表达的是"我爱你，我拥有你"，而这只猫说的是"我爱你，我迫切地想拥有你（因为你被别的猫霸占了，或者我担心别的猫会霸占你）"。猫与猫长期不和时也会用这种方法抢夺领地。

解决方法：重读本书介绍"拿破仑猫"的部分，了解和你家猫类似的症状，然后使用后面提供的工具给猫重建信心。"住宅猫化"对这类问题帮助很大。另外，你还可以用"可以/不可以"化解法，不让猫在大件家具上撒尿，但给它在这些家具旁边放上其他"气味吸收器"，比如猫窝、猫爬架和猫抓柱。

补充：如果猫在材质特殊的家具上撒尿，原因可能是疾病或讨厌猫砂盆。如果使用上面的快速方法还是解决不了，可以考虑从疾病和猫砂盆入手。

尿在猫用品上

准确定位：尿在猫的"气味吸收器"上，如猫窝、猫爬架、猫抓柱。

原因：领地压力。这是典型的"失乐猫"涂鸦，干这种坏事的猫可能觉得自己遇上了竞争对手，对方可能是猫或狗（有时也会是小孩）。这个行为显示出过度的占有欲，是典型的"拿破仑猫"行为，也可能是心生绝望的"壁花猫"以为它拥有的所有珍贵的东西都要被抢走了。

解决方法：要想解决这个问题，我们必须先找到焦虑的来源，而不只是弄清楚到底是家里哪只猫在干这件坏事。

在家里多放几个猫喜欢的"气味吸收器"，那些猫家具之所以被撒尿，基本上是由于放置位置优越、受欢迎度高。你要让猫们知道，家里还有更多这样的猫家具，大家都有份。如果起因是猫狗不和，可以看看第十章的促进猫狗和睦相处的方法。

垂直尿在物体表面

精确定位：桌子、炉子、厨房灶台等。

原因：领地压力。猫在各处乱撒尿都各有不同的原因，但这个情况基本上是关于一个恶霸和受气包的故事。要么受气包在地板上或在猫砂盆里感到不安全,因为它经常遭到伏击和追逐,要么它在"猫下象棋"的对垒中总被将死。受气包/"壁花猫"只有逃往垂直空间,才能得到一丝平静。如果它在垂直空间里被追打时撒尿或拉便便,有可能是被吓得失禁了。

解决方法:主持公道。把交战双方隔离开,从头开始做重新介绍的训练,见第十章。

补充:领地压力导致的随地大小便不一定都发生在垂直空间,还有:(a)小便或便便排列成一条线,而不是在同一个地方;那是因为受气包被追逐(或它遭到了伏击,以为会被追打,所以逃跑)时,它会放空膀胱或肠道;(b)粪便上粘了毛发,说明猫是一边打斗一边清空膀胱和肠道。

尿在猫砂盆附近

精确定位:尿在猫砂盆外约 60 厘米内。

原因:不喜欢猫砂盆或疾病。这是那种我只要看一眼就知道前因后果的情况,我当然会有出错的时候,但这一种我基本不会猜错。猫和猫砂盆存在负面联系时(通常是因为排泄疼痛),猫不会心想,"哎哟,尿尿真疼"。而是会想,"在这个地方尿尿很疼"。怀有这样逻辑的猫怎么还会继续用这个猫砂盆?但它知道它应该在那里上厕所,所以它排泄时会尽可能靠猫砂盆近一些。还有些猫虽然使用猫砂盆,但也存在同样的问题,它们在排泄时会站得太靠近猫砂盆的边缘,大小便就都落在了地上。它们也一样想要避开猫砂盆。

解决方法:见本章下面"回归基础工作"一直到"让猫重新接受猫砂盆"部分。同时,我还是要再次提醒大家带猫去看医生,免得我们埋头做行为纠正的时候却看不见猫已经举起了警示的黄旗。

回归基础工作

　　如果你拿不准如何从乱撒尿的位置入手解决猫咪的问题行为，不用担心。毕竟这是一个逐步推进的过程，我们还要继续前行。下一站去哪儿？回归。我们先复习并巩固一下"猫砂盆十诫"。在我见过的一些案例里，抚养人刚执行完第一诫就解决了猫乱撒尿的问题。

猫爸爸的猫砂盆十诫——简洁版
（完整版见第八章）

不可只有一个猫砂盆

　　猫砂盆数量应为猫数量 +1。例如你有两只猫，你就要有三个猫砂盆，以此类推。

不可同一位置放多个猫砂盆

　　猫砂盆应放在对于猫来说最合适，而不是对你来说最合适的地方。

不可用香味掩盖猫砂盆的味道

　　我只推荐无味猫砂。猫砂里不要放除臭剂，也别挨着猫砂盆放上一罐空气清新剂。我也不赞成其他试图掩盖猫砂盆的行为——例如把猫砂盆伪装成盆栽植物。

应遵守猫砂的极简原则

　　想想大自然里的原初猫的情况，就能得出选择猫砂的原则：最简单的就是最好的。猫砂的花样越多,出问题的可能性越大。

不可盲目地把猫砂盆填满

我觉得把猫砂盆填得太满是一个我们常犯的错误;我们以为既然是好东西就该多多益善。不是这样的!你可以先放到3~5厘米的高度,看情况再做调整。

你要尊重猫喜欢的那个盆

要记住,猫砂盆对猫来说应该既有吸引力又方便——换句话说,应该是一个友好的地方,让猫能一来就直奔主题。猫砂盆的长度应至少是猫身长的1.5倍。

不可给猫砂盆加盖子

加了盖子的猫砂盆可能造成伏击区和死角,特别是在有狗、小孩或其他猫的家中。用过一段时间后,盖子就脏了,洗起来还很麻烦。此外,长毛猫或体型较大的猫在出入时毛碰到盖子两侧会产生静电,使猫受到惊吓。

不可用猫砂盆套

你可能以为在猫砂盆底套上猫砂盆套能方便清理,但实际上,很多猫都不喜欢猫砂盆套的材质,拨拉猫砂时,爪子还经常会被钩住。

你应该保持猫砂盆的清洁

比起满是尿坨坨和便便的猫砂盆,猫肯定更喜欢干净的猫砂盆。

找到猫最喜欢的那一种猫砂

找出猫喜欢的猫砂的最佳方法就是给它多种选择,把颗粒大小、形状和类型都不同的猫砂放在不同的位置，跟踪记录使用状况，相应地进行调换。

接下来我们复习一下这些知识点：

猫爸爸的"猫砂盆三定律"

遇上想要纠正猫乱撒尿问题的客户，我让他们做的第一件事就是去回忆，然后问自己：猫是在什么时候开始乱撒尿的？那段时间家里的生活都有哪些变化？

1. 猫砂盆的变化

处理大小便的问题当然要从猫砂盆开始入手。你有没有对猫砂盆做过什么改动，比如猫砂的类型、放猫砂盆的位置，或者换过猫砂盆？如果是的话，对比一下新旧状态，到底改变了什么，然后把改变的那些再改回来。

2. 日常生活的变化

你是不是换了一份新工作？你待在学校里的时间是不是更长了？你是不是开始或结束了一段轰轰烈烈的恋情？基本上，所有导致你在家里的时间更长或更短的事情都会改变家庭生活的节奏，这时我们就要使用最重要的"日常三程序"（见第七章），为新生活编写新节奏！

3. 人猫关系的变化（家庭成员的变化）

家里增添了新的人类、动物（猫或狗），都会给家庭关系带来翻天覆地的改变，如果没做好双方的引见工作，或者现有关系不稳固的话就更糟了。关于动物之间的关系请看第十章，动物与人的关系见第十一章（包含所有年龄段）。和睦的家庭氛围可以缓解领地压力，让猫不再越界倾倒它的"有毒垃圾"。

高级侦查学：复杂案件的处理

我在这里给出的例子就是那些我觉得无法顺藤摸瓜、迅速破案的案例。有一些猫乱撒尿的问题完全符合我们归纳出来的某个类型，但大多数情况下并非如此，至少不能完全符合，但针对复杂的行为问题再专门写一本手册的话纯属事倍功半。在高级"猫侦查法"的实际运用中，我们会发现在各家各户中会遇到数不清的变数，而出问题的不只是猫，还有可能是家里的其他人类和动物；问题的根源可以追溯到家庭往事、当前状态和家中领地归属的复杂性等原因。

那么，如果你家里的尿渍遍布各个区域，同时涉及多种"原因"怎么办？从基本线索入手并不能得到明确的答案，但你不必因此而气馁。在我处理过的上门咨询里，尤其是在多宠物的家庭里，至少有 50% 的案例的答案和解决方案都是混合型的。所以我们要把"猫侦查法"提升到一个新的水平，巧妙地演绎推理，多方收集证据，把"排除法"运用到极致。我们最好的深入探索问题的工具就是：寻乐图。

"寻乐图"闪亮登场

我们在第八章中讲过，"寻乐图"基本上就是你家房子的图纸，上面标出了猫的生活空间：每个房间里的家具、猫砂盆的位置、（人和动物的）交通流，还有"猫侦查法"必要的线索，如打架和对峙发生的地点和猫乱撒尿的地点。

第一步是画地图。用不同的颜色标注打架的地方、乱撒尿／排便的地方、猫喜欢聚集的地方、最受猫欢迎的几个休息点、猫砂盆的位置、喂食点和猫最喜欢玩互动游戏的地方。

记住,猫的行为也需要一段时间才能形成模式。只要你坚持不懈地花上一两个星期的时间记录猫的来来往往,就能得到一张模式图。这时我们就看到了高级"猫侦查法"的一个关键点:有些行为我们一开始以为是随机发生的,现在看来其中有不变的模式。

猫爸爸对猫砂盆的补充意见

从观察猫砂盆的使用,我们可以得到关于猫的大量信息(你自己一定也深有体会)。猫砂盆是最重要的"气味吸收器",也是猫领地的核心组成部分,也是神气的核心。下面的小提示、技巧和方法对于扩展猫咪知识、增强猫咪的神气来说绝对是关键。

去看医生

我把这一点强调来强调去,都成复读机了,但我并不介意。如果你打电话请我上门咨询,我会把日期安排得非常靠后,让你有时间先去看医生。即使你告诉我你几个月前才刚给猫做了年度体检,体检时什么问题都没查出来,我还是会让你再去一次,因为常规体检的目的性不强。体检是我咨询工作的一部分,而且是真正从头到尾的检查,包括全血细胞计数和甲状腺水平,这两项非常重要,还有尿液分析(如果是排尿方面的问题)或粪便检查(如果有排便方面的问题)。我不是想要掏空你的钱包,但我可能会在第一次咨询后就让你带猫去看医生。

有一些重要信息是医生无法掌握的,那就是猫在家里的状态,它行走、上下楼梯、进出猫砂盆等的姿势(顺便说一句,这就是我强烈建议你在附近找一位上门医生的原因之一）。从血检能看出糖尿病、肾脏问题、甲状腺功能亢进甚至癌症的迹象。这些疾病在损害健康的同时都会极大地、突然地改变猫的行为模式。在多年的工作经历中，我见过有猫因为牙龈肿痛显示出强烈的攻击性，还有的因为断尾或肛门腺体阻塞，几个月不肯用猫砂盆。猫会强忍疼痛，这是原初猫的天性，我们可不能一边埋头执行"猫侦查法"，一边却看不到猫一直高举警示的小黄旗喊着"好疼啊""我真的不恨你的新男朋友"。

有这些症状就是病了

- 在猫砂盆里叫
- 拉完便便就跑掉（说明有疼痛或不适）
- 便便很小，硬得像石块；或者相反，软得像布丁
- 恶臭的便便
- 尿里带血
- 尿液里有深色结晶

让猫重新接受猫砂盆

对使用猫砂盆有过创伤经历的猫，无论根源是疾病、行为困难，或两者都有，在问题解决之后，都不可能立刻接受猫砂盆。这不难理解。假设你每天乘地铁去上班。地铁忽然连续脱轨，不只是一两次，而是连着六次。我敢说你会改步行上班，而且要花一番功夫才能让你愿意再次乘坐地铁。

让猫重新接受猫砂盆的最佳方法是给它不同的选择，它就可以选择让它不那么害怕的一个。旧猫砂盆肯定要用上，同时加上几个从形状到质感和旧猫砂盆完全不一样的新猫砂盆。我就用过烘焙盘（里面放上狗尿布）、圆形盒子、有边角的盒子、乐柏美（Rubbermaid）储物箱，等等，不同的质地、外形、高

度，绝没有重样的。你可以在旧猫砂盆里放旧猫砂，在新猫砂盆里放不一样的猫砂。一个种类不同品牌的猫砂对猫来说感觉不一样。我一直都说，千万不要用有香味的猫砂、水晶猫砂，或者任何有黏性的猫砂。现在市场上有各式各样的天然猫砂。我不推荐带盖子的猫砂盆，也不推荐在盆里套猫砂盆套。我还希望你能在猫砂盆的摆放位置这方面灵活一些。接下来我又要给你一条你大概不会爱听的建议，但这条建议非常管用，我无论如何都要推荐给你：把新猫砂盆放在那些你最不愿意放猫砂盆的地方，比如房间正中，或者你的卧室里。这个做法是为了切断猫对猫砂盆的负面联想，也避免我们习惯性地把猫砂盆放在同一个区域。让猫重新接受猫砂盆时，照胜算较大的经验来做就是把猫砂盆放在和以前截然不同的地方，让猫在上厕所时再也不会联想到过去的创伤。

到底是哪只猫干的

我接下来要说的话让我感觉自己太老了，但是，天啊，我刚开始工作那会儿要是能有现在这种便宜的监控摄像头，解决问题的效率不知能翻多少倍。对付持续发生的乱撒尿行为，你可以找出几处"重灾区"，然后在这些地方装上带动作传感器的摄像头，当猫走入拍摄范围时，摄像头就会开始工作。现在真是一个全新的时代，你们会玩高科技的年轻人可以大显神通了！

收集数据时你会遇上各种意想不到的情况。我那些养了很多只猫的客户最常犯的一个错误就是以为乱撒尿的只有一只猫。这就是不了解"猫涂鸦"规则的体现。猫经常会像那些街头帮派占地盘一样，一遍又一遍地在同一个地方做标记，宣布所有权。即使最初只是一只猫乱撒尿，其他猫也会产生误解。例如，一只猫因为身体上的问题把尿撒到了猫砂盆外面，其他猫以为这是对它们的领地的蔑视,忽然之间就演变成了一场小便大战。

监控设备价格越来越便宜,给养猫家庭带来的另一个好处就是,终于不会再有冤假错案了。我合作过的一些客户家里有三到六只猫,而他们常一口咬定就是某一只猫在家里随地大小便,即使他们拿不出任何证据。光是看性格就给猫定了罪,这样的客户真是多得数不清。在过去几年中,我只拿了一个摄像头去给客户们收集数据,结果其中至少四分之一都错怪了无辜的猫。摄像头永远不会说谎!

犯罪现场:黑光灯

在处理猫砂盆相关的案件的时候,如果我没有黑光灯来收集数据和线索,老实说,我真的不知道该怎么破案。如果你家的猫也有乱撒尿的问题,那你一定要配备黑光灯。如果你不会使用黑光灯,请看下面的说明:

1. 黑光灯要在黑暗中使用,或者尽量让房间里的光线暗一些。光线干扰会导致获取的信息不可靠。

2. 尿迹发出的荧光色会因时间的推移而变化,随着蛋白质逐渐分解,尿迹会从深橙黄色变为白色。

3. 尿痕如果是漩涡形,说明你用清洁剂擦洗过这个地方,比如地毯清洁剂,看着好像旋转艺术的画作,可惜这是一摊尿迹。

4. 当你发现即使你洗了一百万次,你依然能在黑光灯下看到尿迹的时候,别慌,这是因为猫尿会分解地毯上的染料,所以纤维永远都会发出荧光(即使气味和污渍都已经基本消失了)。

5. 比起擦洗过的尿迹,新鲜的尿迹发出的荧光更明亮。

6.把每一块尿迹的边界都照清楚,尤其是在踢脚板这些地方,要把整块尿迹都看清。

发现解读:

- 如果地板上的尿迹是一个圆,说明猫在这里尽情地释放了它的膀胱。

- 喷尿一般都是喷在垂直表面上,尿液的量各不一样。

- 一滴一滴的尿,通常滴在不同位置,说明猫的泌尿道有问题。

谈了那么多乱撒尿的问题后,让我们用几条"万万不可"来结束本章的内容。

万万不可

没有什么比久攻不下的乱撒尿问题更让你精神紧张了。但在这种时刻,不管问题有多严重,最重要的是不要手动纠正猫咪!请记住,这样做的结果只会增加猫的焦虑。你以"训练"或"教训"的名义惩罚它,而它完全不知道为什么。所以请记住:

- 不要把猫抱起来,放进猫砂盆里。

- 不要把它的鼻子按在小便上。

- 你看见猫往猫砂盆外面撒尿的时候,不要阻止它。

- 不要给它一碗猫粮,然后把它关在浴室里,一关就是三天。

- 不要大声训斥猫。

乱撒尿行为发生两秒后,猫就根本不明白你为什么会气成那个样子,为什么要对它们进行"管教"。其实这个时候你能做的只是收集信息,做一下清洁,然后该干什么干什么。你不能仅凭整个事件中的几个镜头就妄下定论,更不能根据这一鳞半爪的证据就采取行动。另外,惩罚猫是不起作用的,我们在第九章里就讨论过,所以,别这么做。

第二十一章　这就是神气

几年前，我站在布宜诺斯艾利斯的那个舞台上，逐渐意识到没人明白我到底在说什么的时候，我记得自己仿佛努力从这一片演讲的愁云惨雾中探出头去，对自己说："我应该写一本关于猫的神气的书，至少能让我摆脱这种麻烦。"

不管你对神气的理解是来自《周末夜狂热》，还是来自人见人爱的"莫吉托猫"，我希望你和你的猫现在也都神气得快要飞起来。我也希望你遇到糟心事时能更多地一笑而过，而不是气得呼天抢地。我还希望你的言辞能有所改变，不再使用"莫名其妙""一点预兆都没有"这样的语言来描述猫的行为，也不再错误地把猫拟人化，得出猫恨你、恨你的丈夫、妻子或孩子的结论。

当我一人时，通常是深夜，在收容所那个老地方，身边围着成群的……小家伙，我常发现自己作为一个人类的推理能力已经到了山穷水尽的地步。我当时的体会就和你们一样，觉得猫们都躲得远远地盯着我、笑话我——我恨透了这一座座长着四条腿的冰山。

我读书的时候不是个好学生。一年到头学得磕磕绊绊，成绩忽好忽坏。遇上纯理论性的科目，要把书啃透的那种，那别想了，我上课就是去做做白日梦，然后等着放学。但如果遇上能给我发挥创造力的科目，我就能一头扎进去，学得非常开心。

在做和猫有关的工作时，我就像装上了双引擎，干劲十足地咆哮着冲出过去的阴霾,活在当下。对原初猫的研究,就是富有创造性的工作,能给予我动力——随着对猫的了解逐步深刻,猫的祖先跃然出现在我面前,它们桀骜不驯,迈着得意的步伐走进我们的生活,跟随生命的演化历程一天天融入现代世界。我不仅仅只想研究猫,我还想要为猫服务,把猫的魅力展示给我遇到的每个人。其次,我能感觉到一种紧迫感,如果我不能破译猫在日常生活中的种种神秘行为,把原初猫的理念和现代家猫结合起来,那么原初猫只能消亡。我虽然已经付出了我最大的努力,但每次结识新的客户家庭、结识到新的猫咪时,我都会觉得自己需要变得更强大才行,因为这些无助的小家伙需要我帮助它们重获欢乐,甚至挽回性命。

正如我在整本书里一直说的,我们的目的从来不是寻找解决方案,而是就像歌里唱的那样"把漏雨水的洞补起来"①,保护你的家人不受雨淋,组建并且不断充实你自己的神气工具箱就是一个长期的解决方案。你对猫咪付出的爱和同情得到回报,于是你开始探索猫咪的守护之道,而守护是双向的,是一种价值关系,在这种关系中,你们能通过妥协而不是统治实现相处的和谐。

也许你把这本书草草翻了一遍,只是为了给一个让你抓狂的问题寻找答案。当然了,这就是我特地整理出来几套"秘方"的原因,希望在你的耐心接近极限时,帮你恢复理智,挽回即将破碎的家庭。话虽如此,我希望你能把书里的操作指南仅仅当作一个跳板,等你充分了解了猫这种动物后,能从这里跃入另一片天空,探索你的猫的世界。书里的"秘方"的作用是有限的,形成直觉,培养出想象力以后,你就能创造出属于你的秘方,你可以为之自豪,因为这是你的心血之作。所以,度过危机后,我希望你能再多花点时间去认识你家猫的世界的方方面面。而当年的那个后进生,他后来恨不得能和所有人分享他

---

① 译注:披头士的歌 *Fixing A Hole* 里的歌词。

精彩有趣的发现，他在猫的世界中漫游，把好奇变成了专注，爱意变成了斗志，终于在大约 25 年前变成了一个专业猫痴。

你和猫的相处就和所有感情关系一样，有些问题让你想破了头，或者气得撞破了头；有时你们的日子风和日丽，下一秒就变成了狂风暴雨。下面我要给你一些神气箴言，供你在未来的生活中学而时习之，掌握好人生航船的楫桨：

首先，有疑问时直接回到建立原初猫信心的部分："日常三程序"、自信据点和"活力四步走"。不管猫的年龄大小，曾遭受过怎样的伤害，或有什么影响正常生活的特殊需求，这些工具都能一如既往地帮助它们释放天性。其次，随时记得停下来，告诉自己，世上并不存在完美的答案。如果你想要控制感情关系，结果只会把这段感情毁掉。记得保持谦虚，在相处的过程中继续学习——这是我在过去学得最艰难的一课，但现在却是我快乐的源泉。

最后一点，我有责任说一说，我们都是猫的神气的支持者，我们有责任将它传播出去。世界上有太多的猫，数以百万计的猫，它们愿意付出一切来成为我们的家人，来拥有自己的大本营。还有很多人说他们不喜欢猫、怕猫，或者天生只爱狗，我们也需要和他们成为盟友。在爱猫还是爱狗这个问题上，我们可以选边站，但为了能有更多的领养人把更多无家可归的猫咪带回家，我们也应该站在爱狗人的角度帮助他们了解猫，消除误解。此外，我们需要进行更积极地宣传对家猫进行绝育，对野猫进行诱捕、绝育、放归等认识，让它们再也不用因为数量太多而被捕杀。

一些抚养人意识到对猫的养育和爱护不应该只局限于自己家的猫，而是应该把爱传递到各自的社区，他们给猫的抚养增添了人性的光辉。野猫也是我们的猫，无家可归的猫也是我们的猫。最后，让我们塑造出一个能给予爱的世界，搭起遮风避雨的亲情的屋檐，收获无数倍的爱的回报。

行动起来吧,让世界充满神气!

致谢 *Acknowledgements*

我清楚地记得我去找米克尔·德尔加多的时候,那时她正忙得不可开交——一边做私人顾问一边攻读博士学位。我请她给我的新书帮忙,并把这件事说得很简单——策划和编辑而已,也就是把我在这几年里所说过的关于猫的话、拍的剧集、录的视频、写的笔记等理一理,攒成一本书。说真的,这能有多难?但如今,我有了一个新的业余工作——寻找各种特别的方法去请求她的宽恕。我把我的空闲时间全花在了这个工作上。《养一只神气猫:猫咪养护及猫行为完全指南》是一本耗费了 18 个月的心血之作,在此期间,我还制作了两档不同的电视节目,让杰克森·盖勒克西基金会挺过了艰难的第一年,我也终于没有被这一年的个人危机打垮。

显然,仅靠我的个人力量根本无法完成这项工程浩大的艰难工作。我要对下面提到的人致以谢意,他们有的是出版人,有的对本书给予了积极的支持,有的为我留出空间,让我在一段时间里能尽情沉迷在猫的世界。他们每一个人都让我意识到,为动物投入的工作是值得的,且回报远远超过预期。大家的点点滴滴的努力,最后汇集成了这本书。一句"谢谢"是远远不能表达我的感激之情的。

要感谢的人包括(嘿嘿,我的清单很长):

感谢"神气猫工作组"——米克尔·德尔加多、波比·洛克和杰西卡·马尔蒂拉。在这段史诗般的征途中,我们领悟到,愿景只能将你引到山脚,信念、坚强的意志和对大山的敬畏将带你走完后面的路途。我们每天都在更高的地方扎下营地。有时我们像大学新生一样熬夜(然后残酷的现实提醒了我们,不管从精神上还是体力上来说,我们都再也不是大学生了),打磨每一个词、每一幅图。我们是一支钢铁的队伍,耗时的工作、他人的疑虑、我的完美主义追求(有时候是追求逻辑的严密性)都别想把我们压垮,什么样的大风大浪我们都能挺过来。

你们自始至终的坚定意志打败了我内心黑暗角落里那个诱惑我放弃的恶魔。我可以肯定地说,是你们促成了这本书的诞生。你们的才华令我敬佩,你们的奉献精神让我自愧不如,你们对动物工作的热情经得起时间的考验。

乔伊·图泰拉,你从一开始就没把我看作一个撸猫狂 / 音乐人 / 电视名人,而是看作一个你最信任的作家。我们合作了 4 本书后——尤其在这一本别具一格的作品之后,我很高兴你(还有大卫·布莱克)仍然信任我。你无数次拯救我于水火之中,在我灰心丧气的时候给予我支持,再三地激励我说:"这本书将帮助无数猫咪和它们的主人。"所以我庄严地承诺:下次我再对你说"我想请你做一本书"的时候,你就用路易斯维尔牌的棒球棍对着我的膝盖来一下!然后我们就再做一本书……怎么样?

感谢 TarcherPerigee 出版社和企鹅兰登书屋的团队,乔安娜·Ng,布里安娜·山下,萨布里纳·鲍尔斯和凯蒂·里格尔:你们为全书的内容提供了精美的设计,帮助读者深刻地了解了神气猫——能把我的文字交给你们,是我永远的荣幸。

还有萨拉·卡德尔,我知道这本书让我们都心力交瘁,对我们来说是一次真正的考验。谢谢你对我的支持,你是我永远忠诚的队友。

还有来自全球各地的非凡的艺术家团队 —— 奥斯纳特·法特尔森、埃米·伦诺克斯、弗兰齐斯卡·佩措尔德、伊藤佐也子、奥马卡·舒尔茨、布兰登·佩奇、凯尔·普特卡默及斯科特·布拉德利。感谢你们对这本书倾注的巨大热情及展现的个人才华,你们流畅、完整地创造出神气猫咪基本法和完美猫世界。

感谢洛里·富萨罗,你总能在我们毫无防备时捕捉到最精彩的瞬间,拍下我们和动物在一起的宝贵时刻。我把你为我和维洛里亚拍的那张照片看了无数次。即使在我们都离开尘世后，那也将永远是我们爱的见证。语言已经无法表达我的感激之情。

米诺，感谢你始终如一地关爱大家。你是我内心和理智的守护者，我们为共同的使命奋斗，即使在我力不从心的时候，你仍然支持我。另外……我给乔伊的那根球棒，下次我再提到想写一本书的时候，你也能拿来给我几棒子。

谢谢我的兄弟马克在我们这艘远航之船遭遇大风浪时及时出手掌舵，带我们闯过了几十个巨浪。感谢你在天翻地覆时还坚守岗位、计划前行路线。你如此信任我，保护我不受风浪吞噬，我爱你。

我的动物家人——莫斯塔、奥德丽、帕沙、韦洛瑞亚、卡洛琳娜、皮什、莉莉、加比、萨米、埃迪、厄尼、奥利弗、索菲（排名不分先后），我的孩子们！谢谢你们每天提醒我坚持下去的目的；谢谢你们每一天都给我真挚的爱，让我有前行的动力。

我的父亲和我所有的人类家人，感谢你们给我这个总不在家的浪子不变的爱。温暖的家庭给我的支持，能抵消所有打击带来的震荡。

斯蒂芬妮·拉斯班德，谢谢你帮助我保持体型，让我能走到这一步，取得现在的成绩。

RDJ 和他亲如家人的团队，谢谢你们提醒我只要尽人事、听天命就好，谢谢你们对我这个无助又不安的家伙付出的爱。

还有我的《探索频道》和《动物星球》节目的家人，谢谢你们长久的支持，以及对神气猫的宣传，我将长久地、衷心地感谢你们。

桑迪·蒙特罗斯、克里斯蒂·罗赫罗，以及杰克森·盖勒克西基金会不断壮大的队伍和志愿者团队，感谢你们致力于将神气猫介绍给所有需要它的猫，以及关心它们的主人。

伊沃·费希尔、卡罗琳·康拉德、约瑟芬·坦及他们在威廉莫里斯奋进娱乐公司的团队，施雷克、罗斯、达佩洛和亚当斯及约瑟芬·坦管理公司的团队，谢谢你们一如既往地让一切运作如常，让我们无后顾之忧。

西恩娜·李·田尻和托斯特·田尻，你们都是很棒的人，我们的公司、我们的愿景和我个人都因为你们受益匪浅，谢谢你们。

另外，我还要感谢苏西·考夫曼，谢谢你高效准确的录音文字输入；还有朱莉·赫克特，谢谢你细心地给出狗狗视角的反馈。

通常在这个时候，我做的第一件事就是打电话给我妈妈，把这份致谢清单读给她听。无论这是出于习惯还是迷信——即使我知道这本书已经写完，可以付印，但必须得到母亲大人的恩准（当然是每次都能得到）。她总是暖心地提醒我，知不知道我是多么幸运。然后她会告诉我，我无愧于身边所有共事的美丽的人们，之后才是一个完满的结束。

是的，我正在学习——只要我注意倾听，我总能听到你们的声音。乐天知命，故不忧。我还正在学习如何应对物质上的损失，学习如何从日复一日的心碎中挣脱出来，但我不可能一觉醒来就什么都学会了，我的书也是永远都写不完的。我也将学会对这一点泰然处之。

我想你，爱你，谢谢你让我变成现在的我。